線形代数学入門

平面上の1次変換と空間図形から

桑村雅隆 著

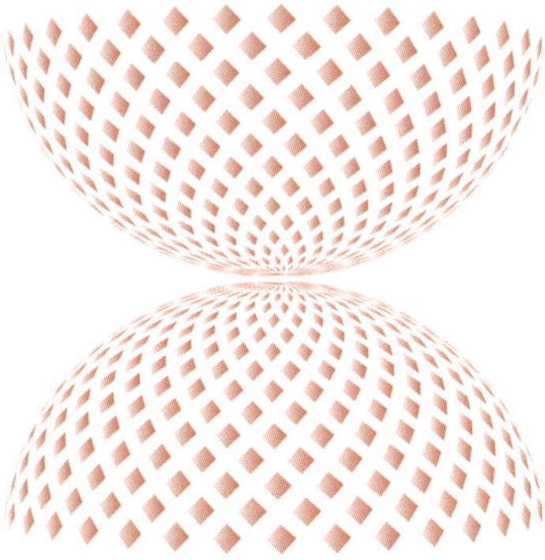

裳 華 房

INTRODUCTION TO LINEAR ALGEBRA

by

MASATAKA KUWAMURA

SHOKABO

TOKYO

まえがき

本書は，大学１年次で学ぶ線形代数の基本的な内容を高校数学の教育内容を考慮して，平易にまとめたものである．

本書の構成は標準的なものであり，平面上の１次変換と空間図形を学んだ後に，連立１次方程式と行列の基本変形，行列式，ベクトル空間と線形写像，行列の固有値問題を学ぶようになっている．本書で使用する記号や用語は佐武一郎『線型代数学』（裳華房，1974）と齋藤正彦『線型代数入門』（東京大学出版会，1966）に従った．これらは数学を専門にする学生向きであり，線形代数の教科書の規範として定評がある．また，三宅敏恒『入門　線形代数』(培風館，1991）は一般的な学生向けのコンパクトな教科書として定評がある．本書では，これらの本を参考にして，線形代数の基本事項を一般的な学生が実際に自習できる（講義終了後であっても読み返せる）ように解説した．それゆえ，一般的な学生が大学２年次以降の専門課程において線形代数を利用するときにも本書は役立つだろう．なお，数学的に技術的な証明を要する命題や定理については，証明を割愛する代わりに，その意味や使い方を詳しく説明した．数学を専門にしない場合は，それらを理解すれば十分であると思われる．一方，数学を専門にする場合は，冒頭で挙げた本格的な教科書へ進み，命題や定理の証明を自ら調べて理解するように努めてほしい．

本文中の 問 は理解を助けるためのものであるから，読者は自ら解いてみるようにしてほしい．章末の練習問題は理解を確実にするためのもので，標準的な問題を集めた．なお，式番号の使用は最小限にとどめた．式番号は各節ごとに独立しており，異なる節をまたぐ式の引用はしていない．

最後に，本書の出版までお世話頂いた（株）裳華房の亀井祐樹氏と久米大郎氏に厚くお礼申し上げます．

2016 年 1 月

桑村雅隆

目　次

第1章　平面上の1次変換

1.1　平面ベクトル…… *1*
1.2　2次の正方行列 …… *6*
1.3　平面上の1次変換 …… *12*
1.4　1次変換の一般的性質 …… *19*
1.5　合成変換と逆変換…… *24*
1.6　行列の固有値と固有ベクトル …… *27*
1.7　ベクトルの線形独立性…… *31*
1.8　基底と座標…… *36*
1.9　行列の対角化の意味…… *39*
練習問題…… *41*

第2章　空間図形

2.1　空間ベクトルの内積と外積…… *44*
2.2　空間内の直線と平面…… *48*
2.3　空間上の1次変換 …… *54*
練習問題…… *57*

第3章　連立1次方程式と行列の基本変形

3.1　行列の計算…… *59*
3.2　連立1次方程式の分類…… *68*
3.3　掃き出し法…… *71*
3.4　逆行列…… *79*
3.5　行列の基本変形とランク …… *82*
3.6　連立1次方程式の解の構造…… *96*
練習問題…… *103*

第4章　行列式

4.1　2次と3次の行列式……105
4.2　n 次の行列式……110
4.3　行列式の基本性質……113
4.4　行列式の展開……117
4.5　行列式の計算法……121
4.6　行列式の応用……126
練習問題……130

第5章　ベクトル空間と線形写像

5.1　ベクトル空間……134
5.2　ベクトルの線形独立性と行列のランク……139
5.3　基底と次元……147
5.4　ベクトル空間の直和……152
5.5　線形写像……156
5.6　線形写像の像と核……159
5.7　線形写像の行列表示……164
5.8　基底変換……169
5.9　内積と計量ベクトル空間……174
練習問題……181

第6章　行列の固有値問題

6.1　固有値と固有ベクトル……184
6.2　行列の対角化……191
6.3　対称行列の対角化とその応用……194
6.4　行列のジョルダン標準形……208
練習問題……213

付　録

A　集合と写像……216
B　代数系の基本用語……218
C　複素ベクトルと複素行列……220

D　線形方程式の可解性 …… 223
E　命題 5.8 の証明 …… 225

問題の略解とヒント …… 228
索　引 …… 248

1 Chapter

平面上の1次変換

この章では，平面上の1次変換を取り扱う．平面上のベクトルと図形のパラメータ表示について述べた後，行列という概念を導入し，その計算方法を説明する．次に，図形を移動する基本的な方法である1次変換を説明する．行列を利用することによって，1次変換を見通しよく扱うことができる．また，ベクトルの線形独立性，座標変換，行列の固有値などについても説明する．この章の内容は線形代数の概観を与える．

1.1 平面ベクトル

1.1.1 有向線分とベクトル

向きをつけた線分を有向線分といい，図のように矢印で表す．有向線分ABにおいて，Aを始点，Bを終点といい，その向きはAからBへ向かう向きとする．また，線分ABの長さを，有向線分ABの大きさという．

有向線分の位置の違いを無視して，その向きと大きさだけに着目したものをベクトルという．ベクトルは向きと大きさをもつ量[*1]である．例えば，物体に働く力や速度などはベクトルである．

有向線分ABで表されるベクトルを$\overrightarrow{\mathrm{AB}}$で表す．また，ベクトルを$\vec{a}, \vec{b}$もしくは$\boldsymbol{a}, \boldsymbol{b}$などのような太文字で表すこともある．本書では，主にベクトルを

[*1] 大きさのみをもつ量をスカラーという．

太文字で表す．

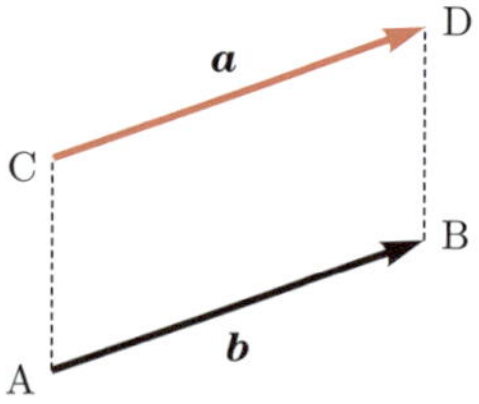

向きが同じで大きさの等しい2つのベクトル $\boldsymbol{a}, \boldsymbol{b}$ は等しいといい，$\boldsymbol{a} = \boldsymbol{b}$ と書く．例えば，$\overrightarrow{\mathrm{AB}} = \overrightarrow{\mathrm{CD}}$ のとき，有向線分 AB を平行移動して有向線分 CD に重ね合わせることができる．

大きさが0のベクトルを零ベクトルといい，$\boldsymbol{0}$ で表す．零ベクトルは始点と終点が一致した特別な有向線分で表されるベクトルと考えられる．すなわち，$\overrightarrow{\mathrm{AA}} = \boldsymbol{0}$ である．零ベクトルの向きはないものとする．

1.1.2　ベクトルの演算

実数 k とベクトル $\boldsymbol{a}$ に対して，$\boldsymbol{a}$ の k 倍のベクトル $k\boldsymbol{a}$（スカラー倍）を次のように定義する．

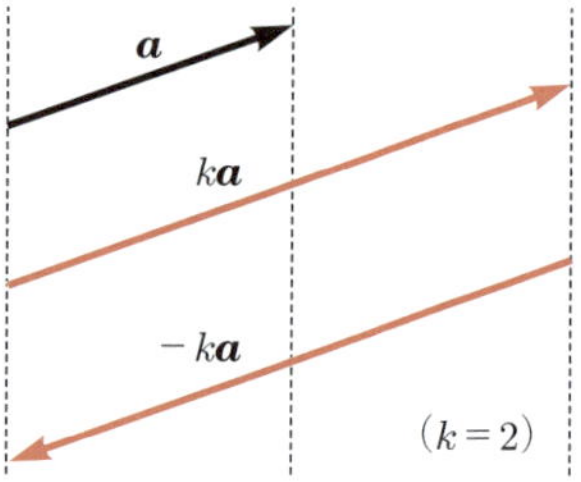

(1)　$\boldsymbol{a} \neq \boldsymbol{0}$ のとき

- $k > 0$ ならば $\boldsymbol{a}$ と向きが同じで，大きさが k 倍のベクトル．とくに，$1\boldsymbol{a} = \boldsymbol{a}$ である．
- $k < 0$ ならば $\boldsymbol{a}$ と向きが反対で，大きさが $|k|$ 倍のベクトル．また，$(-1)\boldsymbol{a} = -\boldsymbol{a}$ と書く．
- $k = 0$ ならば $\boldsymbol{0}$ とする．

(2)　$\boldsymbol{a} = \boldsymbol{0}$ のとき，どんな k に対しても $k\boldsymbol{0} = \boldsymbol{0}$ とする．

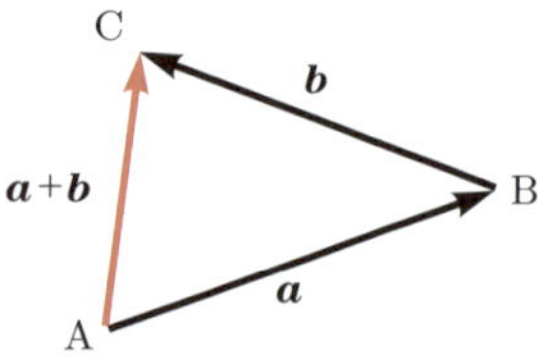

ベクトル $\boldsymbol{a} = \overrightarrow{\mathrm{AB}}$ と $\boldsymbol{b}$ に対して，$\boldsymbol{b} = \overrightarrow{\mathrm{BC}}$ となるように点 C をとる．このとき，$\overrightarrow{\mathrm{AC}}$ を $\boldsymbol{a}$ と $\boldsymbol{b}$ の和といい，$\boldsymbol{a} + \boldsymbol{b}$ と書く．したがって，

$$\overrightarrow{\mathrm{AB}} + \overrightarrow{\mathrm{BC}} = \overrightarrow{\mathrm{AC}}$$

である．また，ベクトルの差は $\boldsymbol{a} - \boldsymbol{b} = \boldsymbol{a} + (-\boldsymbol{b})$ と定義する．

ベクトルの加法とスカラー倍について，次の演算規則が成り立つ．

$$\boldsymbol{a} + \boldsymbol{b} = \boldsymbol{b} + \boldsymbol{a}, \qquad (\boldsymbol{a} + \boldsymbol{b}) + \boldsymbol{c} = \boldsymbol{a} + (\boldsymbol{b} + \boldsymbol{c}),$$

$$k(\boldsymbol{a}+\boldsymbol{b}) = k\boldsymbol{a}+k\boldsymbol{b}, \qquad (k+\ell)\boldsymbol{a} = k\boldsymbol{a}+\ell\boldsymbol{a},$$
$$1\boldsymbol{a} = \boldsymbol{a}, \qquad k(\ell\boldsymbol{a}) = (k\ell)\boldsymbol{a},$$
$$\boldsymbol{0}+\boldsymbol{a} = \boldsymbol{a}, \qquad \boldsymbol{a}+(-\boldsymbol{a}) = \boldsymbol{0}.$$

1.1.3 ベクトルの成分表示

座標平面上のベクトル $\boldsymbol{a}$ に対し，$\boldsymbol{a} = \overrightarrow{\mathrm{OA}}$ である点 A の座標が (a_1, a_2) であるとき，

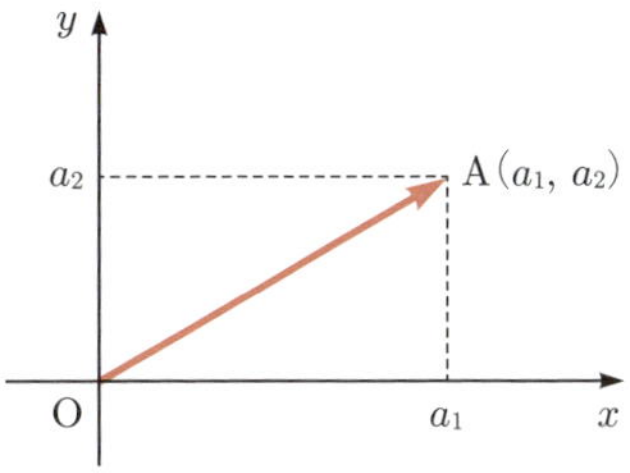

$$\boldsymbol{a} = (a_1, a_2)$$

と書く．a_1, a_2 を $\boldsymbol{a}$ の成分という．このとき，2 つのベクトル $\boldsymbol{a} = (a_1, a_2)$, $\boldsymbol{b} = (b_1, b_2)$ に対して

$$\boldsymbol{a} = \boldsymbol{b} \iff a_1 = b_1,\ a_2 = b_2$$

が成り立つ（$\iff$ は 2 つの条件が同値であることを示す記号である）．また，ベクトルの加法とスカラー倍については

$$\boldsymbol{a}+\boldsymbol{b} = (a_1+b_1, a_2+b_2), \qquad k\boldsymbol{a} = (ka_1, ka_2)$$

のように計算できる．ベクトルの成分は横書きでなく，縦書きにすることもある：

$$\boldsymbol{a} = \begin{pmatrix} a_1 \\ a_2 \end{pmatrix}, \quad \boldsymbol{b} = \begin{pmatrix} b_1 \\ b_2 \end{pmatrix}, \quad \boldsymbol{a}+\boldsymbol{b} = \begin{pmatrix} a_1+b_1 \\ a_2+b_2 \end{pmatrix}, \quad k\boldsymbol{a} = \begin{pmatrix} ka_1 \\ ka_2 \end{pmatrix}$$

ベクトルの成分は，横書きと縦書きのどちらを利用してもよいのだが*2，本書では縦書きにして具体的な計算を行う．

1.1.4 ベクトルの内積

2 つのベクトル $\boldsymbol{a} = (a_1, a_2)$ と $\boldsymbol{b} = (b_1, b_2)$ の内積を $(\boldsymbol{a}, \boldsymbol{b})$ と表し，

*2 後で学ぶ行列とベクトルの演算を考えると，本来は縦書きにすべきであるが，紙面の制約上，横書きにするときもある．

$$(\boldsymbol{a}, \boldsymbol{b}) = a_1b_1 + a_2b_2$$

と定義する．

✔ **注意 1.1**　ベクトルの内積の記号には，いろいろな種類のものがある．例えば，

$$\boldsymbol{a} \cdot \boldsymbol{b} = a_1b_1 + a_2b_2, \quad \langle \boldsymbol{a}, \boldsymbol{b} \rangle = a_1b_1 + a_2b_2$$

のように，ドット記号 · やブラケット（山括弧）$\langle\ ,\ \rangle$ が利用されることも多い．

ベクトルの内積を用いると，ベクトルの大きさや 2 つのベクトルのなす角度を測ることができる．すなわち，ベクトル $\boldsymbol{a} = (a_1, a_2)$ の大きさは，

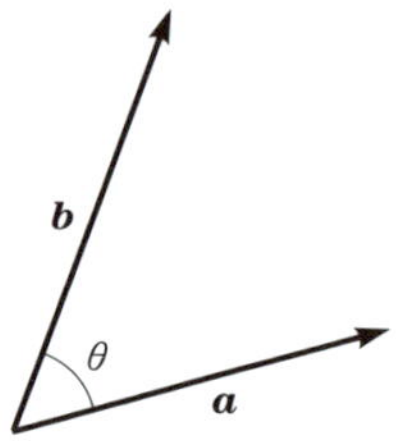

$$|\boldsymbol{a}| = \sqrt{(\boldsymbol{a}, \boldsymbol{a})} = \sqrt{{a_1}^2 + {a_2}^2}$$

で与えられる．

また，2 つのベクトル $\boldsymbol{a}$ と $\boldsymbol{b}$ のなす角 θ（$0° \leqq \theta \leqq 180°$）は

$$\cos\theta = \frac{(\boldsymbol{a}, \boldsymbol{b})}{|\boldsymbol{a}||\boldsymbol{b}|}$$

で求められる．とくに，$\boldsymbol{a}$ と $\boldsymbol{b}$ が直交（$\theta = 90°$）するための条件は，

$$(\boldsymbol{a}, \boldsymbol{b}) = a_1b_1 + a_2b_2 = 0$$

である．

1.1.5　図形のパラメータ表示

平面上の図形で最も基本的なものは直線である．直線は出発点と方向ベクトルを与えることによって描かれる．

例えば，点 $\mathrm{P}_0\,(3, 2)$ を通り，方向ベクトルが $\boldsymbol{v} = (2, 1)$ の直線は，

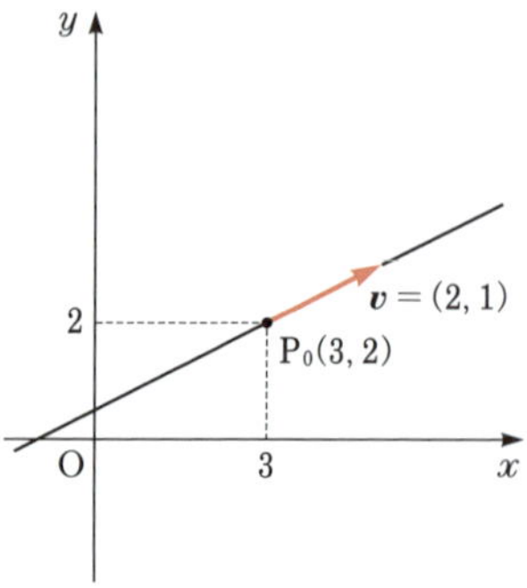

$$(1) \quad \begin{pmatrix} x \\ y \end{pmatrix} = \underbrace{\begin{pmatrix} 3 \\ 2 \end{pmatrix}}_{\text{出発点}} + t \underbrace{\begin{pmatrix} 2 \\ 1 \end{pmatrix}}_{\text{方向}} \quad (t\ は実数)$$

の形に書ける．これを**直線のベクトル方程式**という．また，t をパラメータ（媒介変数）という．式 (1) はベクトル記号を用いて，簡単に

$$\overrightarrow{\mathrm{OP}} = \overrightarrow{\mathrm{OP_0}} + t\boldsymbol{v} \qquad (t \text{ は実数})$$

のように表されることも多い．ここで，O は座標平面の原点で，P は直線上の点である．

問 1.1 式 (1) で $t = -2, -1, 0, 1, 2$ としたときの点を平面上に描き，t を実数の範囲で動かせば，式 (1) が点 $\mathrm{P_0}$ を通り方向が $\boldsymbol{v}$ の直線を表すことを確かめよ．

例題 1.1 直線 ℓ： $y = 3x + 1$ を直線のベクトル方程式の形で表せ．

解説 ℓ は点 $(0, 1)$ を通り，方向が $\boldsymbol{v} = (1, 3)$ の直線であるから，

$$\begin{pmatrix} x \\ y \end{pmatrix} = \begin{pmatrix} 0 \\ 1 \end{pmatrix} + t \begin{pmatrix} 1 \\ 3 \end{pmatrix} \qquad (t \text{ は実数})$$

の形に書ける．しかし，答えはこれだけに限らない．例えば，

$$\begin{pmatrix} x \\ y \end{pmatrix} = \begin{pmatrix} -1 \\ -2 \end{pmatrix} + s \begin{pmatrix} 2 \\ 6 \end{pmatrix} \qquad (s \text{ は実数})$$

も直線 ℓ を表している．実際，$t = 2s - 1$ とすれば，上の 2 つの式が同じ直線を表していることがわかる．両者の違いは，出発点と方向ベクトルの「選び方」の違いに過ぎない．それらは自由に選んでよく，ベクトル方程式による直線の表現には「任意性」が含まれる． ◆

問 1.2 次の直線をベクトル方程式の形で表せ．

(1) $y = -2x + 3$ (2) $y = \dfrac{1}{6}x + \dfrac{1}{3}$

問 1.3 次の 2 直線 ℓ_1, ℓ_2 の交点を求めよ．

$$\ell_1 : \begin{pmatrix} x \\ y \end{pmatrix} = \begin{pmatrix} 1 \\ 0 \end{pmatrix} + t \begin{pmatrix} -1 \\ 2 \end{pmatrix}, \qquad \ell_2 : \begin{pmatrix} x \\ y \end{pmatrix} = \begin{pmatrix} 3 \\ 4 \end{pmatrix} + s \begin{pmatrix} 1 \\ 1 \end{pmatrix}$$

問 1.4 2 点 $(2, 1)$ と $(5, 8)$ を結ぶ線分をベクトル方程式の形で表せ．〔**ヒント**：パラメータの動く範囲が制限される．〕

問 1.5　3点 A, B, C でつくられる三角形 ABC は

$$\overrightarrow{\mathrm{OP}} = \overrightarrow{\mathrm{OA}} + s\overrightarrow{\mathrm{AB}} + t\overrightarrow{\mathrm{AC}} \qquad (s \geqq 0,\ t \geqq 0,\ s+t \leqq 1)$$

の形で表されることを示せ．ここで，P は三角形 ABC 上の点である．

以上のように，直線や線分という基本的な図形を例として，図形をベクトル方程式で表現することを述べてきた．このとき，重要なのはパラメータの役割である．パラメータの値を変化させることによって，図形が描けるのである．この考え方は，直線以外の図形にも適用できる．例えば，放物線は，

$$y = -3x^2$$

のように表されることはよく知られているが，図形を移動する操作を行うときは，パラメータを利用して

$$\begin{pmatrix} x \\ y \end{pmatrix} = \begin{pmatrix} t \\ -3t^2 \end{pmatrix} \qquad (t \text{ は実数})$$

のように，ベクトル表示したものが利用される．

問 1.6　次の式で与えられる図形はどのようなものであるか．ここで，パラメータは θ であり $0^\circ \leqq \theta < 360^\circ$ の範囲を動くものとする．

$$\begin{pmatrix} x \\ y \end{pmatrix} = \begin{pmatrix} a \\ b \end{pmatrix} + r\begin{pmatrix} \cos\theta \\ \sin\theta \end{pmatrix}.$$

1.2　2次の正方行列

下のように「数」を並べたものを**行列**という．

$$\begin{pmatrix} 1 & 2 \\ 3 & 4 \end{pmatrix}, \qquad \begin{pmatrix} -3 & 2 \\ 0 & 1 \end{pmatrix}.$$

行列は大文字のアルファベットで表すことが多い．

$$A = \begin{pmatrix} 1 & 2 \\ 3 & 4 \end{pmatrix}, \qquad B = \begin{pmatrix} -3 & 2 \\ 0 & 1 \end{pmatrix}.$$

行列において，数の横の並びを**行**といい，上から順に第 1 行，第 2 行という．例えば，

$$(1 \ \ 2), \qquad (3 \ \ 4)$$

は，A の第 1 行，第 2 行である．同様に，縦の並びを**列**といい，左から順に第 1 列，第 2 列という．例えば，

$$\begin{pmatrix} 1 \\ 3 \end{pmatrix}, \qquad \begin{pmatrix} 2 \\ 4 \end{pmatrix}$$

は，A の第 1 列，第 2 列である．行，列のことを，それぞれ**行ベクトル**，**列ベクトル**ということもある．上の 2 つの行列は，2 つの行と 2 つの列からなる行列である．このような行列を 2×2 行列，または，2 次正方行列という．

行列を構成する数を**成分**という．成分を指定するには，対応する行と列の数で示せばよい．例えば，A の 2 行 1 列目の数 3 を A の $(2,1)$ 成分という．

2 つの行列 A, B が等しいとは，A, B の対応する成分がすべて等しいときをいう．

2 次正方行列は

$$A = \begin{pmatrix} a_{11} & a_{12} \\ a_{21} & a_{22} \end{pmatrix}$$

のように表されることも多い．成分における添字の数字は，左側が行数を右側が列数を表している．a_{11}, a_{22} のように正方行列の左上から右下へのななめ対角線上にある成分を**対角成分**という．この行列 A の各成分を c 倍して得られる行列を

$$cA = \begin{pmatrix} ca_{11} & ca_{12} \\ ca_{21} & ca_{22} \end{pmatrix}$$

のように定義する．また，2 つの行列

$$A = \begin{pmatrix} a_{11} & a_{12} \\ a_{21} & a_{22} \end{pmatrix}, \qquad B = \begin{pmatrix} b_{11} & b_{12} \\ b_{21} & b_{22} \end{pmatrix}$$

の和 $A + B$ と 積 AB を

$$A+B=\begin{pmatrix}a_{11}&a_{12}\\a_{21}&a_{22}\end{pmatrix}+\begin{pmatrix}b_{11}&b_{12}\\b_{21}&b_{22}\end{pmatrix}=\begin{pmatrix}a_{11}+b_{11}&a_{12}+b_{12}\\a_{21}+b_{21}&a_{22}+b_{22}\end{pmatrix},$$

$$AB=\begin{pmatrix}a_{11}&a_{12}\\a_{21}&a_{22}\end{pmatrix}\begin{pmatrix}b_{11}&b_{12}\\b_{21}&b_{22}\end{pmatrix}=\begin{pmatrix}a_{11}b_{11}+a_{12}b_{21}&a_{11}b_{12}+a_{12}b_{22}\\a_{21}b_{11}+a_{22}b_{21}&a_{21}b_{12}+a_{22}b_{22}\end{pmatrix}$$

で定義する（差 $A-B$ は $A+(-1)B$ と考えればよい）．例えば，

$$A=\begin{pmatrix}2&1\\3&4\end{pmatrix},\quad B=\begin{pmatrix}1&2\\-1&1\end{pmatrix}$$

に対して，

$$A+B=\begin{pmatrix}2+1&1+2\\3+(-1)&4+1\end{pmatrix}=\begin{pmatrix}3&3\\2&5\end{pmatrix}$$

である．積 AB については，次のように書いて計算するとわかりやすい．

$$\begin{array}{cc} & \begin{pmatrix}1&2\\-1&1\end{pmatrix}\\ \begin{pmatrix}2&1\\3&4\end{pmatrix} & \begin{pmatrix}2\cdot1+1\cdot(-1)&2\cdot2+1\cdot1\\3\cdot1+4\cdot(-1)&3\cdot2+4\cdot1\end{pmatrix}\end{array}$$

であるから，

$$AB=\begin{pmatrix}2&1\\3&4\end{pmatrix}\begin{pmatrix}1&2\\-1&1\end{pmatrix}=\begin{pmatrix}1&5\\-1&10\end{pmatrix}$$

である．さらに，行列 A の 2 乗 $A^2\,(=AA)$ も自然に定義される．すなわち，

$$\begin{aligned}A^2=AA&=\begin{pmatrix}a_{11}&a_{12}\\a_{21}&a_{22}\end{pmatrix}\begin{pmatrix}a_{11}&a_{12}\\a_{21}&a_{22}\end{pmatrix}\\&=\begin{pmatrix}a_{11}a_{11}+a_{12}a_{21}&a_{11}a_{12}+a_{12}a_{22}\\a_{21}a_{11}+a_{22}a_{21}&a_{21}a_{12}+a_{22}a_{22}\end{pmatrix}\end{aligned}$$

である．同様にして，$A^3, A^4, \cdots,$ も定義される．また，上の行列の積の定義をよく見れば，行列とベクトルの積を

$$\begin{pmatrix} a_{11} & a_{12} \\ a_{21} & a_{22} \end{pmatrix} \begin{pmatrix} c_1 \\ c_2 \end{pmatrix} = \begin{pmatrix} a_{11}c_1 + a_{12}c_2 \\ a_{21}c_1 + a_{22}c_2 \end{pmatrix},$$

$$(c_1\ c_2) \begin{pmatrix} a_{11} & a_{12} \\ a_{21} & a_{22} \end{pmatrix} = (c_1a_{11} + c_2a_{21}\ \ c_1a_{12} + c_2a_{22})$$

と定義してよいことがわかる．

問 1.7 次の式を計算せよ．

(1) $3\begin{pmatrix} 1 & 2 \\ 2 & 4 \end{pmatrix} - 2\begin{pmatrix} 2 & -1 \\ 3 & 5 \end{pmatrix}$ (2) $\begin{pmatrix} 1 & 3 \\ -2 & 1 \end{pmatrix}\begin{pmatrix} 4 & -2 \\ 0 & 3 \end{pmatrix}$

(3) $\begin{pmatrix} 2 & 1 \\ -1 & 2 \end{pmatrix}^2$ (4) $\begin{pmatrix} 1 & 2 \\ 3 & -2 \end{pmatrix}\begin{pmatrix} -1 \\ 3 \end{pmatrix}$ (5) $(-1\ \ 2)\begin{pmatrix} 1 & 3 \\ 2 & 4 \end{pmatrix}$

▶ **参考 1.1** 2 つの文字 x, y についての連立 1 次方程式

$$\begin{cases} a_{11}x + a_{12}y = b_1 \\ a_{21}x + a_{22}y = b_2 \end{cases}$$

は，行列とベクトルを用いて

$$\begin{pmatrix} a_{11} & a_{12} \\ a_{21} & a_{22} \end{pmatrix} \begin{pmatrix} x \\ y \end{pmatrix} = \begin{pmatrix} b_1 \\ b_2 \end{pmatrix}$$

のように表される．ここで，行列

$$A = \begin{pmatrix} a_{11} & a_{12} \\ a_{21} & a_{22} \end{pmatrix}$$

は連立 1 次方程式の**係数行列**とよばれる．連立 1 次方程式を行列とベクトルを用いて表しておくと，見通しよく計算や理論を進めていくことができる．行列を利用した連立 1 次方程式の扱い方については，第 3 章で詳しく学ぶ．

このようにして，2 次正方行列の和と積が定義されたが，これらの演算は普通の数と同じような次の計算規則にしたがう．

$$(A + B) + C = A + (B + C), \qquad (AB)C = A(BC),$$
$$A(B + C) = AB + AC, \qquad (A + B)C = AC + BC,$$

$$A+B=B+A.$$

問 1.8　上の計算規則が成り立つことを確かめよ．

行列の積については，一般に $AB=BA$ は成立しない．例えば，

$$A=\begin{pmatrix}2&1\\3&4\end{pmatrix},\quad B=\begin{pmatrix}1&2\\-1&1\end{pmatrix}$$

のとき，具体的に計算してみるとわかるように

$$AB=\begin{pmatrix}1&5\\-1&10\end{pmatrix},\quad BA=\begin{pmatrix}8&9\\1&3\end{pmatrix}$$

であるから，$AB\neq BA$ となる．よって，等式の両辺に行列を掛ける場合は，左側から掛けるのか，右側から掛けるのかを必ず区別しなければならない．

普通の数と同様に，行列についても，「0」と「1」の役割をするものがある．

$$\begin{pmatrix}0&0\\0&0\end{pmatrix}$$

のように，すべての成分が0である行列を**零行列**といい，O で表す．行列に零行列を加えても，行列は変わらない．すなわち

$$A+O=O+A=A.$$

また，

$$\begin{pmatrix}1&0\\0&1\end{pmatrix}$$

のように，対角成分が1で他の成分がすべて0である正方行列を**単位行列**といい，E で表す．行列に単位行列を左側から掛けても右側から掛けても，行列は変わらない．すなわち，

$$AE=EA=A.$$

問 1.9　上の等式が成り立つことを確かめよ．

さて，数の世界には「逆数」という概念がある．例えば，2の逆数は

$$2 \cdot x = x \cdot 2 = 1$$

をみたす x として定義され，それは $1/2$（指数記号で表せば 2^{-1}）と書かれる．2 次正方行列についても同様の概念が定義される．すなわち，2 次正方行列

$$A = \begin{pmatrix} a & b \\ c & d \end{pmatrix}$$

に対して，$AX = XA = E$ をみたす行列 X を A の**逆行列**といい，A^{-1} で表す．上の行列 A の逆行列は，次のように与えられる．

定理 1.1（**2 次正方行列の逆行列の公式**）　$ad - bc \neq 0$ のとき，

$$A^{-1} = \frac{1}{ad - bc}\begin{pmatrix} d & -b \\ -c & a \end{pmatrix}.$$

$ad - bc = 0$ のときは，A の逆行列は存在しない．

✔ **注意 1.2**　上の公式は $AX = E$ を連立 1 次方程式ととらえ直すことにより導かれる．このことは 3.4 節で説明する．

問 1.10　上の公式で与えられた A^{-1} が，逆行列の定義 $AX = XA = E$ をみたしていることを確かめよ．

問 1.11　次の行列の逆行列があれば，それを求めよ．

(1) $\begin{pmatrix} 1 & -1 \\ 3 & 1 \end{pmatrix}$　　(2) $\begin{pmatrix} 2 & 3 \\ 3 & 4 \end{pmatrix}$　　(3) $\begin{pmatrix} 4 & -6 \\ 2 & -3 \end{pmatrix}$

逆行列の公式の中に現れる $ad - bc$ を A の**行列式**といい，$\det A$ または $|A|$ で表す．すなわち，

$$\det A = |A| = \det\begin{pmatrix} a & b \\ c & d \end{pmatrix} = \begin{vmatrix} a & b \\ c & d \end{vmatrix} = ad - bc.$$

このとき次が成り立つ．

定理 1.2（**逆行列の存在条件**）　A が逆行列をもつための必要十分条件は，

$$\det A = |A| \neq 0.$$

行列式はいろいろな性質をもつことが知られている．それらは第 4 章で取り扱うが，ここでは，そのうちの 1 つを問として紹介しておく．

問 1.12　$\det(AB) = \det A \cdot \det B$ が成り立つことを示せ．

1.3　平面上の 1 次変換

まず，最も簡単な図形の移動操作である対称移動を考えよう．右図のように，平面上の点 (x, y) を x 軸に関して対称な点 (x', y') に移す変換 $(x, y) \longrightarrow (x', y')$ は，

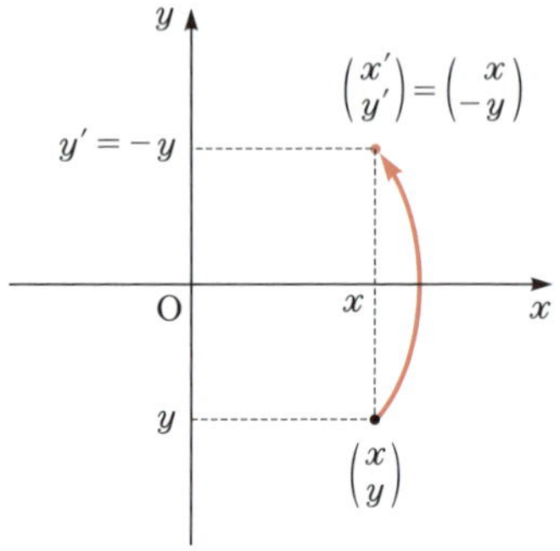

$$
\begin{cases} x' = x \\ y' = -y \end{cases}
$$

と表される．これは，行列を用いると次のように書ける．

$$
\begin{pmatrix} x' \\ y' \end{pmatrix} = \begin{pmatrix} 1 & 0 \\ 0 & -1 \end{pmatrix} \begin{pmatrix} x \\ y \end{pmatrix}.
$$

例題 1.2　直線

$$
\ell : \begin{pmatrix} x \\ y \end{pmatrix} = \begin{pmatrix} 3 \\ 2 \end{pmatrix} + t \begin{pmatrix} 2 \\ 1 \end{pmatrix}
$$

を x 軸に関して対称に移動せよ．

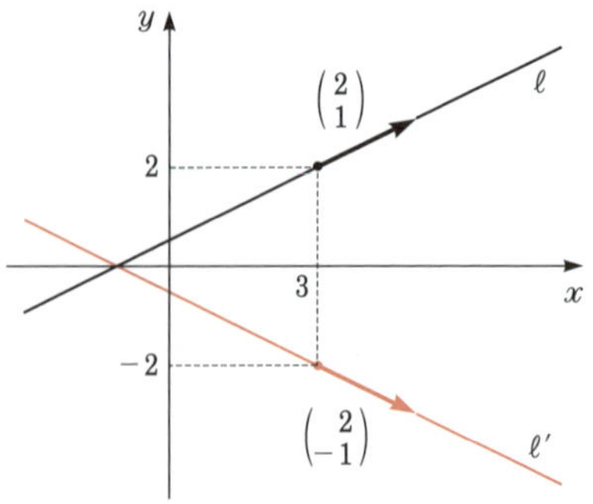

解

$$\begin{aligned}\begin{pmatrix} x' \\ y' \end{pmatrix} &= \begin{pmatrix} 1 & 0 \\ 0 & -1 \end{pmatrix}\begin{pmatrix} x \\ y \end{pmatrix} \\ &= \begin{pmatrix} 1 & 0 \\ 0 & -1 \end{pmatrix}\left\{\begin{pmatrix} 3 \\ 2 \end{pmatrix} + t\begin{pmatrix} 2 \\ 1 \end{pmatrix}\right\} \\ &= \begin{pmatrix} 1 & 0 \\ 0 & -1 \end{pmatrix}\begin{pmatrix} 3 \\ 2 \end{pmatrix} + t\begin{pmatrix} 1 & 0 \\ 0 & -1 \end{pmatrix}\begin{pmatrix} 2 \\ 1 \end{pmatrix} \\ &= \begin{pmatrix} 3 \\ -2 \end{pmatrix} + t\begin{pmatrix} 2 \\ -1 \end{pmatrix}\end{aligned}$$

であるから，点 $(3,-2)$ を通り方向 $\boldsymbol{v}=(2,-1)$ の直線に移される． ◆

問 1.13 直線 $\ell : y=-2x+3$ について以下の各問に答えよ．

(1) 直線 ℓ をベクトル方程式で表せ．

(2) 直線 ℓ を x 軸に関して対称に移動せよ．

(3) 上の (2) で得られた結果を実際に平面上に作図せよ．

問 1.14 y 軸に関する対称移動を行列を用いて表せ．

一般に，

$$\begin{pmatrix} x' \\ y' \end{pmatrix} = \begin{pmatrix} a & b \\ c & d \end{pmatrix}\begin{pmatrix} x \\ y \end{pmatrix}$$

によって，平面上の点 (x,y) を点 (x',y') に移す操作を **1 次変換**という．例えば，x 軸に関する対称移動は 1 次変換である．上の例題からわかるように，1 次変換によって図形を移動する際の基本は，

- 図形をベクトル方程式（パラメータ表示）で表す．
- ベクトル方程式を 1 次変換の式に代入して行列とベクトルの計算を行う．

である．以下では，いろいろな 1 次変換を調べてみよう．

1.3.1 原点のまわりの回転

平面上の点 (x,y) を原点のまわりに角 θ 回転させる 1 次変換を求めよう．

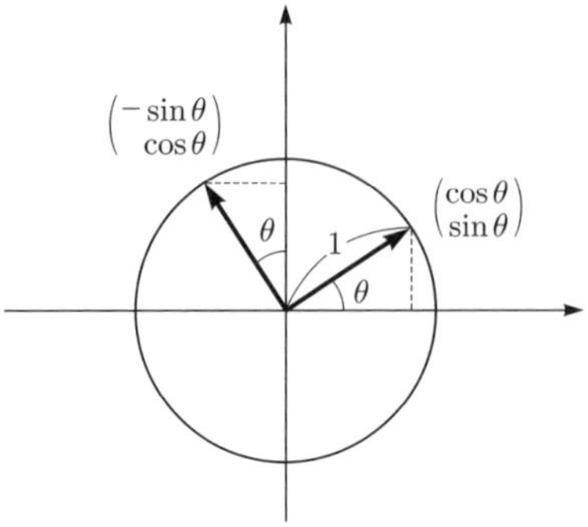

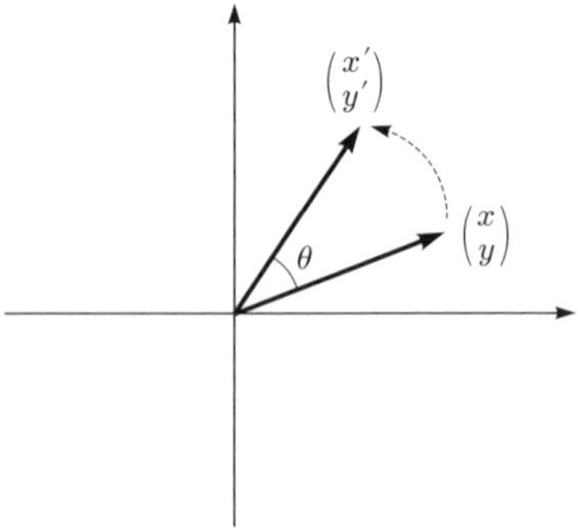

上図を見れば，点 $(1,0)$ は $(\cos\theta, \sin\theta)$ へ移され，点 $(0,1)$ は $(-\sin\theta, \cos\theta)$ に移されることがわかる．よって，求める 1 次変換を

$$\begin{pmatrix} x' \\ y' \end{pmatrix} = \begin{pmatrix} a & b \\ c & d \end{pmatrix} \begin{pmatrix} x \\ y \end{pmatrix}$$

とおくと，

$$\begin{pmatrix} \cos\theta \\ \sin\theta \end{pmatrix} = \begin{pmatrix} a & b \\ c & d \end{pmatrix} \begin{pmatrix} 1 \\ 0 \end{pmatrix}, \qquad \begin{pmatrix} -\sin\theta \\ \cos\theta \end{pmatrix} = \begin{pmatrix} a & b \\ c & d \end{pmatrix} \begin{pmatrix} 0 \\ 1 \end{pmatrix}$$

となる．これより，

$$\begin{pmatrix} \cos\theta \\ \sin\theta \end{pmatrix} = \begin{pmatrix} a \\ c \end{pmatrix}, \qquad \begin{pmatrix} -\sin\theta \\ \cos\theta \end{pmatrix} = \begin{pmatrix} b \\ d \end{pmatrix}$$

を得る．したがって，

$$\begin{pmatrix} x' \\ y' \end{pmatrix} = \begin{pmatrix} \cos\theta & -\sin\theta \\ \sin\theta & \cos\theta \end{pmatrix} \begin{pmatrix} x \\ y \end{pmatrix}$$

が原点のまわりの角 θ 回転を表す 1 次変換を与える．

例題 1.3　直線

$$\ell : \begin{pmatrix} x \\ y \end{pmatrix} = \begin{pmatrix} 1 \\ 2 \end{pmatrix} + t \begin{pmatrix} 1 \\ -1 \end{pmatrix}$$

を原点のまわりに 45° 回転せよ．

解

$$\begin{pmatrix} x' \\ y' \end{pmatrix} = \begin{pmatrix} \cos 45^\circ & -\sin 45^\circ \\ \sin 45^\circ & \cos 45^\circ \end{pmatrix} \begin{pmatrix} x \\ y \end{pmatrix}$$
$$= \begin{pmatrix} \frac{1}{\sqrt{2}} & -\frac{1}{\sqrt{2}} \\ \frac{1}{\sqrt{2}} & \frac{1}{\sqrt{2}} \end{pmatrix} \left\{ \begin{pmatrix} 1 \\ 2 \end{pmatrix} + t \begin{pmatrix} 1 \\ -1 \end{pmatrix} \right\}$$
$$= \frac{1}{\sqrt{2}} \begin{pmatrix} 1 & -1 \\ 1 & 1 \end{pmatrix} \begin{pmatrix} 1 \\ 2 \end{pmatrix} + \frac{t}{\sqrt{2}} \begin{pmatrix} 1 & -1 \\ 1 & 1 \end{pmatrix} \begin{pmatrix} 1 \\ -1 \end{pmatrix}$$
$$= \frac{1}{\sqrt{2}} \begin{pmatrix} -1 \\ 3 \end{pmatrix} + t \begin{pmatrix} \sqrt{2} \\ 0 \end{pmatrix}$$

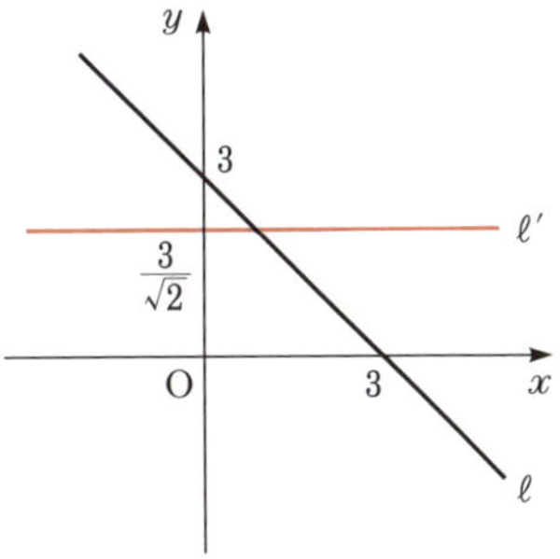

であるから，直線 ℓ は点 $(-1/\sqrt{2}, 3/\sqrt{2})$ を通り，方向 $\boldsymbol{v} = (\sqrt{2}, 0)$ の直線に移される．それは，点 $(-1/\sqrt{2}, 3/\sqrt{2})$ を通る x 軸に平行な直線 ℓ' である． ◆

問 1.15　平面上の直線 $y = -x + 3$ を原点のまわりに -60° 回転せよ．また，その結果を作図せよ．

1.3.2　原点を通る直線に関する対称移動

平面上の点 (x, y) を，原点を通る直線に関して対称に移動する 1 次変換を求めよう．

例題 1.4　直線 ℓ： $y = 2x$ に関する対称移動を表す 1 次変換を求めよ．

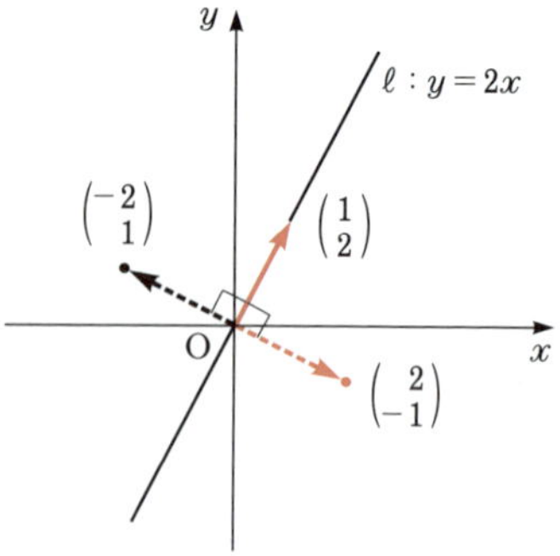

解　求める 1 次変換を

$$\begin{pmatrix}x'\\y'\end{pmatrix} = A\begin{pmatrix}x\\y\end{pmatrix}$$

とおく．ただし，A は 2 次正方行列である．右図より，ℓ 上の点 $(1,2)$ は点 $(1,2)$ へ移されることと，ℓ に対して垂直な点 $(-2,1)$ は点 $(2,-1)$ に移されることがわかるので，

$$\begin{pmatrix}1\\2\end{pmatrix} = A\begin{pmatrix}1\\2\end{pmatrix}, \qquad \begin{pmatrix}2\\-1\end{pmatrix} = A\begin{pmatrix}-2\\1\end{pmatrix}.$$

簡単な計算により，この 2 つの式をひとまとめにして

$$(1) \qquad \begin{pmatrix}1 & 2\\2 & -1\end{pmatrix} = A\begin{pmatrix}1 & -2\\2 & 1\end{pmatrix}$$

と書けることが容易に確かめられる（下の注意 1.3 を参照）．

ところで，2 次正方行列の逆行列の公式から，

$$\begin{pmatrix}1 & -2\\2 & 1\end{pmatrix}^{-1} = \frac{1}{1\cdot 1-(-2)\cdot 2}\begin{pmatrix}1 & 2\\-2 & 1\end{pmatrix} = \frac{1}{5}\begin{pmatrix}1 & 2\\-2 & 1\end{pmatrix}$$

である．よって，この逆行列を式 (1) の両辺に右側から掛けると，

$$A = \begin{pmatrix}1 & 2\\2 & -1\end{pmatrix}\begin{pmatrix}1 & -2\\2 & 1\end{pmatrix}^{-1} = \begin{pmatrix}1 & 2\\2 & -1\end{pmatrix}\frac{1}{5}\begin{pmatrix}1 & 2\\-2 & 1\end{pmatrix}$$
$$= \frac{1}{5}\begin{pmatrix}1 & 2\\2 & -1\end{pmatrix}\begin{pmatrix}1 & 2\\-2 & 1\end{pmatrix} = \frac{1}{5}\begin{pmatrix}-3 & 4\\4 & 3\end{pmatrix}$$

を得る．この行列によって定義される 1 次変換が求めるものである．◆

✔ **注意 1.3**　行列の積 AB を計算するときに，行列 B を

$$B = (\boldsymbol{b}_1 \ \ \boldsymbol{b}_2), \quad \boldsymbol{b}_1 = \begin{pmatrix}b_{11}\\b_{21}\end{pmatrix}, \quad \boldsymbol{b}_2 = \begin{pmatrix}b_{12}\\b_{22}\end{pmatrix}$$

のように列ベクトル $\boldsymbol{b}_1, \boldsymbol{b}_2$ を用いてブロックに分け

$$(2) \qquad AB = A(\boldsymbol{b}_1 \ \ \boldsymbol{b}_2) = (A\boldsymbol{b}_1 \ \ A\boldsymbol{b}_2)$$

と計算することもできる．実際，

$$A = \begin{pmatrix} a_{11} & a_{12} \\ a_{21} & a_{22} \end{pmatrix}, \quad B = \begin{pmatrix} b_{11} & b_{12} \\ b_{21} & b_{22} \end{pmatrix}$$

とすると，

$$\begin{aligned} AB &= \begin{pmatrix} a_{11} & a_{12} \\ a_{21} & a_{22} \end{pmatrix}\begin{pmatrix} b_{11} & b_{12} \\ b_{21} & b_{22} \end{pmatrix} \\ &= \begin{pmatrix} a_{11}b_{11} + a_{12}b_{21} & a_{11}b_{12} + a_{12}b_{22} \\ a_{21}b_{11} + a_{22}b_{21} & a_{21}b_{12} + a_{22}b_{22} \end{pmatrix} \\ &= \left(\begin{pmatrix} a_{11} & a_{12} \\ a_{21} & a_{22} \end{pmatrix}\begin{pmatrix} b_{11} \\ b_{21} \end{pmatrix} \ \ \begin{pmatrix} a_{11} & a_{12} \\ a_{21} & a_{22} \end{pmatrix}\begin{pmatrix} b_{12} \\ b_{22} \end{pmatrix} \right) = (A\boldsymbol{b}_1 \ \ A\boldsymbol{b}_2) \end{aligned}$$

であるから，式 (2) が成り立つことがわかる．この例題では

$$A\begin{pmatrix} 1 \\ 2 \end{pmatrix} = \begin{pmatrix} 1 \\ 2 \end{pmatrix}, \quad A\begin{pmatrix} -2 \\ 1 \end{pmatrix} = \begin{pmatrix} 2 \\ -1 \end{pmatrix}$$

に対して，式 (2) を用いて

$$A\begin{pmatrix} 1 & -2 \\ 2 & 1 \end{pmatrix} = \left(A\begin{pmatrix} 1 \\ 2 \end{pmatrix} \ \ A\begin{pmatrix} -2 \\ 1 \end{pmatrix} \right) = \begin{pmatrix} 1 & 2 \\ 2 & -1 \end{pmatrix}$$

のように計算したのである．

問 1.16　直線 $y = ax$ に関する対称移動は，

$$\begin{pmatrix} x' \\ y' \end{pmatrix} = \frac{1}{1+a^2}\begin{pmatrix} 1-a^2 & 2a \\ 2a & -1+a^2 \end{pmatrix}\begin{pmatrix} x \\ y \end{pmatrix}$$

で与えられることを示せ．

1.3.3 縮小・拡大

x 軸方向に λ 倍，y 軸方向に μ 倍する 1 次変換は，

$$\begin{pmatrix} x' \\ y' \end{pmatrix} = \begin{pmatrix} \lambda & 0 \\ 0 & \mu \end{pmatrix}\begin{pmatrix} x \\ y \end{pmatrix}$$

で与えられる．

例えば，放物線 $y = x^2$ を x 軸方向に 2 倍すると，

$$y = \left(\frac{x}{2}\right)^2$$

が得られる．実際，$y = x^2$ は

$$\begin{pmatrix} x \\ y \end{pmatrix} = \begin{pmatrix} t \\ t^2 \end{pmatrix}$$

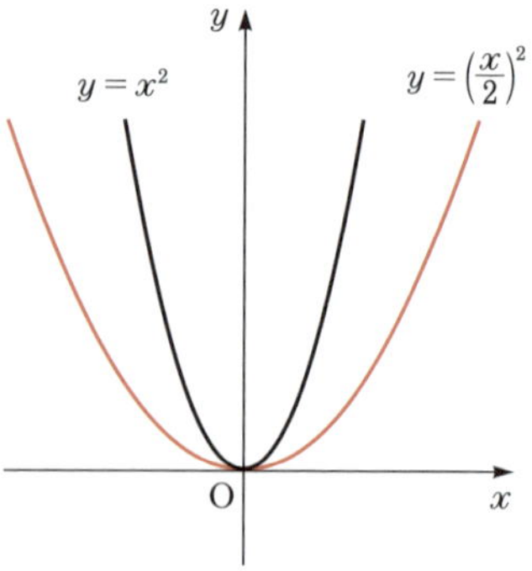

のようにパラメータ表示されるので，

$$\begin{pmatrix} x' \\ y' \end{pmatrix} = \begin{pmatrix} 2 & 0 \\ 0 & 1 \end{pmatrix} \begin{pmatrix} x \\ y \end{pmatrix} = \begin{pmatrix} 2 & 0 \\ 0 & 1 \end{pmatrix} \begin{pmatrix} t \\ t^2 \end{pmatrix} = \begin{pmatrix} 2t \\ t^2 \end{pmatrix}$$

となる．よって，$x' = 2t,\ y' = t^2$ より，t を消去すれば，変換後の放物線は次の式で与えられる：

$$y' = \left(\frac{x'}{2}\right)^2.$$

問 1.17　楕(だ)円

$$\left(\frac{x}{a}\right)^2 + \left(\frac{y}{b}\right)^2 = 1$$

は円 $x^2 + y^2 = 1$ を x 軸方向に a 倍し，y 軸方向に b 倍して得られることを示せ．

1.3.4　ず　れ

1 次変換

$$\begin{pmatrix} x' \\ y' \end{pmatrix} = \begin{pmatrix} 1 & \lambda \\ 0 & 1 \end{pmatrix} \begin{pmatrix} x \\ y \end{pmatrix}$$

によって，ベクトル $\boldsymbol{e}_1 = (1, 0),\ \boldsymbol{e}_2 = (0, 1)$ でつくられる正方形は，

$$\begin{pmatrix} 1 \\ 0 \end{pmatrix} \longrightarrow \begin{pmatrix} 1 \\ 0 \end{pmatrix}, \quad \begin{pmatrix} 0 \\ 1 \end{pmatrix} \longrightarrow \begin{pmatrix} \lambda \\ 1 \end{pmatrix}$$

であるから，次の左図のような横にずれた平行四辺形に移されることがわかる．

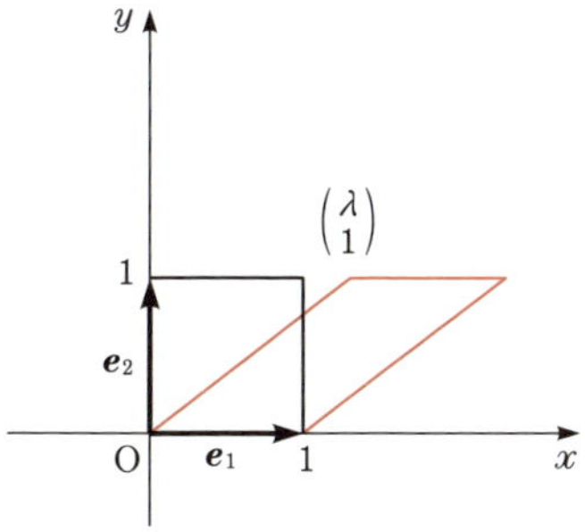

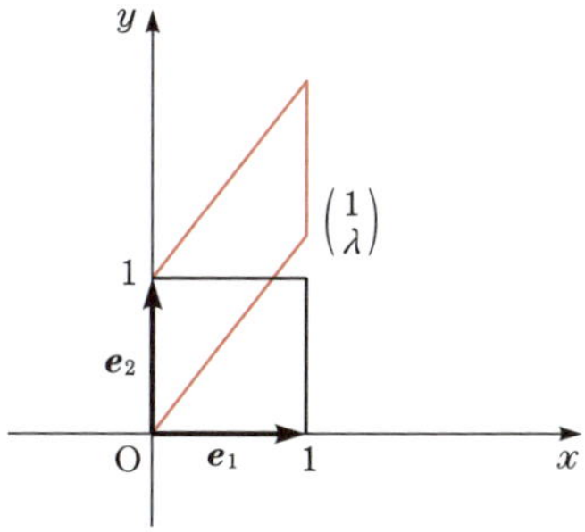

問 1.18　ベクトル $\boldsymbol{e}_1 = (1, 0)$, $\boldsymbol{e}_2 = (0, 1)$ でつくられる正方形を上の右図のような縦にずれた平行四辺形に移す 1 次変換を求めよ．

1.4　1 次変換の一般的性質

平面上の 1 次変換

$$\begin{pmatrix} x' \\ y' \end{pmatrix} = \begin{pmatrix} a & b \\ c & d \end{pmatrix} \begin{pmatrix} x \\ y \end{pmatrix}$$

を考えよう．これは，ベクトルと行列を用いて

$$\boldsymbol{u}' = A\boldsymbol{u}$$

のように表すことができる．ただし，

$$\boldsymbol{u} = \begin{pmatrix} x \\ y \end{pmatrix}, \quad \boldsymbol{u}' = \begin{pmatrix} x' \\ y' \end{pmatrix}, \quad A = \begin{pmatrix} a & b \\ c & d \end{pmatrix}$$

である．ここでは関数（正確には写像*3）の表記法を用いて 1 次変換を

$$\boldsymbol{u}' = f(\boldsymbol{u})$$

と書くことにする．いま，f の具体的な形は行列を用いて $\boldsymbol{u}' = A\boldsymbol{u}$ で与えられているものとする．f を行列 A の表す 1 次変換という（行列 A を 1 次変換 f を表す行列という）．

*3　写像についての説明は，付録 A を参照せよ．

一般に，平面上の 1 次変換 $\boldsymbol{u}' = f(\boldsymbol{u})$ は次の性質をみたす．

$$(1) \quad f(\boldsymbol{u}_1 + \boldsymbol{u}_2) = f(\boldsymbol{u}_1) + f(\boldsymbol{u}_2), \quad f(c\boldsymbol{u}_3) = cf(\boldsymbol{u}_3) \quad (c \text{ は実数})$$

ここで，$\boldsymbol{u}_1, \boldsymbol{u}_2, \boldsymbol{u}_3$ は平面上の任意のベクトルである．この性質は，1 次変換の**線形性**とよばれ，1 次変換の性質の中で最も重要なものである．

問 1.19　式 (1) は次の条件と同値であることを示せ．

$$(2) \quad f(c_1\boldsymbol{u}_1 + c_2\boldsymbol{u}_2) = c_1 f(\boldsymbol{u}_1) + c_2 f(\boldsymbol{u}_2) \quad (c_1,\ c_2 \text{ は実数})$$

✔ **注意 1.4**　式 (1) の代わりに式 (2) を線形性の定義とすることも多い．

問 1.20　式 (1) が成り立つことを，行列を用いた具体的な計算によって確かめよ．

例題 1.5　平面上の直線は，1 次変換によって直線または 1 点に移されることを示せ．

解　平面上のどんな直線も $\boldsymbol{p} = \boldsymbol{p}_0 + t\boldsymbol{v}$（$t$ は任意）の形で書ける．1 次変換 f に対して，線形性より

$$f(\boldsymbol{p}) = f(\boldsymbol{p}_0 + t\boldsymbol{v}) = f(\boldsymbol{p}_0) + tf(\boldsymbol{v})$$

となる．$f(\boldsymbol{v}) \neq \boldsymbol{0}$ ならば，上式は点 $f(\boldsymbol{p}_0)$ を通り，方向が $f(\boldsymbol{v})$ の直線を表す．$f(\boldsymbol{v}) = \boldsymbol{0}$ ならば 1 点 $f(\boldsymbol{p}_0)$ を表す．◆

▶ **参考 1.2**　前節において，原点のまわりの回転移動や直線に関する対称移動を表す 1 次変換を求めた過程を思い出してみよう．これらの 1 次変換は，平面上のベクトルを移動させる変換であるが，実際はその中の「たった 2 つの方向の異なるベクトルがどのように移されるのか」という情報のみで決定されている．ここで，その理由を考えておこう．

まず，右図を見ればわかるように，平面上のどんなベクトル $\boldsymbol{u}$ であっても，たった 2 つの方向の異なるベクトル $\boldsymbol{u}_1$ と $\boldsymbol{u}_2$ を用いて

$$\boldsymbol{u} = s_1\boldsymbol{u}_1 + s_2\boldsymbol{u}_2 \quad (s_1,\ s_2 \text{ は実数})$$

のような形で表せることに注意しよう．1.8 節で学ぶように，このような $\boldsymbol{u}_1$ と $\boldsymbol{u}_2$ のベクトルの組は「基底」とよばれる．

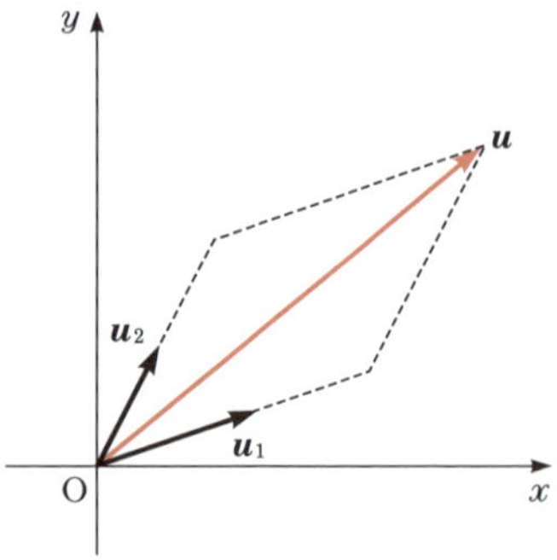

いま，1 次変換 f が与えられているとする．線形性の条件 (1) を用いると

$$\boldsymbol{u}' = f(\boldsymbol{u}) = f(s_1\boldsymbol{u}_1 + s_2\boldsymbol{u}_2) = s_1 f(\boldsymbol{u}_1) + s_2 f(\boldsymbol{u}_2) = s_1\boldsymbol{u}_1{}' + s_2\boldsymbol{u}_2{}'$$

となることがわかる．ここで，$\boldsymbol{u}_1{}'$ と $\boldsymbol{u}_2{}'$ は，それぞれ $\boldsymbol{u}_1$ と $\boldsymbol{u}_2$ を 1 次変換 f で移して得られるベクトルを表す．すなわち，

$$\boldsymbol{u}_1{}' = f(\boldsymbol{u}_1), \qquad \boldsymbol{u}_2{}' = f(\boldsymbol{u}_2)$$

である．したがって，基底となるベクトルの組 $\{\boldsymbol{u}_1, \boldsymbol{u}_2\}$ が f によってどのようなベクトルに移されるのかという情報さえわかれば，平面上の他のどんなベクトル $\boldsymbol{u}$ であっても，それがどのようなベクトルに移されるのかがわかる．

次に，線形性と同様に重要な 1 次変換の性質を述べる．それは，次のような行列の計算ができるという事実にもとづく．

$$\boldsymbol{u}' = A\boldsymbol{u}, \quad \boldsymbol{u} = \begin{pmatrix} x \\ y \end{pmatrix}, \quad \boldsymbol{u}' = \begin{pmatrix} x' \\ y' \end{pmatrix}, \quad A = \begin{pmatrix} a & b \\ c & d \end{pmatrix}$$

に対して，

$$\boldsymbol{a}_1 = \begin{pmatrix} a \\ c \end{pmatrix}, \quad \boldsymbol{a}_2 = \begin{pmatrix} b \\ d \end{pmatrix}$$

とおき，行列 A をベクトル $\boldsymbol{a}_1, \boldsymbol{a}_2$ を用いて，$A = (\boldsymbol{a}_1 \ \ \boldsymbol{a}_2)$ のように表す．このとき，

$$\boldsymbol{u}' = A\boldsymbol{u} = (\boldsymbol{a}_1 \ \boldsymbol{a}_2)\begin{pmatrix} x \\ y \end{pmatrix} = x\boldsymbol{a}_1 + y\boldsymbol{a}_2$$

が成り立つ．実際，

$$\begin{aligned}(\boldsymbol{a}_1 \ \boldsymbol{a}_2)\begin{pmatrix} x \\ y \end{pmatrix} &= \begin{pmatrix} a & b \\ c & d \end{pmatrix}\begin{pmatrix} x \\ y \end{pmatrix} = \begin{pmatrix} ax + by \\ cx + dy \end{pmatrix} \\ &= x\begin{pmatrix} a \\ c \end{pmatrix} + y\begin{pmatrix} b \\ d \end{pmatrix} = x\boldsymbol{a}_1 + y\boldsymbol{a}_2\end{aligned}$$

である．したがって，平面上のベクトル $\boldsymbol{u}$ は，1 次変換 $\boldsymbol{u}' = A\boldsymbol{u}$ によって

$$\boldsymbol{u}' = x\boldsymbol{a}_1 + y\boldsymbol{a}_2$$

に移される．ここで，$\boldsymbol{a}_1, \boldsymbol{a}_2$ は行列 A の第 1 列ベクトル，第 2 列ベクトルである．この性質を用いると，一般に，1 次変換

$$\boldsymbol{u}' = A\boldsymbol{u}, \quad \boldsymbol{u} = \begin{pmatrix} x \\ y \end{pmatrix}, \quad \boldsymbol{u}' = \begin{pmatrix} x' \\ y' \end{pmatrix}, \quad A = \begin{pmatrix} a & b \\ c & d \end{pmatrix}$$

によって図形を移すとき，面積は $|\det A|$ 倍されることがわかる．ここで，$\det A$ は A の行列式であり，$\det A = ad - bc$ で与えられる．実際，2 つのベクトル $\boldsymbol{e}_1 = (1, 0)$ と $\boldsymbol{e}_2 = (0, 1)$ でつくられる面積 1 の正方形 S は集合

$$S = \{(x, y) \mid 0 \leqq x \leqq 1,\ 0 \leqq y \leqq 1\}$$

で与えられる．このとき，S 上の点 (x, y) は，次の $\boldsymbol{u}'$ が表す点に移される：

$$\boldsymbol{u}' = x\boldsymbol{a}_1 + y\boldsymbol{a}_2.$$

ただし，$\boldsymbol{a}_1, \boldsymbol{a}_2$ は行列 A の第 1 列ベクトル，第 2 列ベクトルである．ここで，x, y をそれぞれ $0 \leqq x \leqq 1$, $0 \leqq y \leqq 1$ の範囲で動かせば，$\boldsymbol{u}'$ が $\boldsymbol{a}_1$ と $\boldsymbol{a}_2$ でつくられる平行四辺形 S' を表すことがわかる．さらに，この平行四辺形の面積 s' が

$$s' = |ad - bc| = |\det A|$$

で与えられることも簡単に確かめられる．

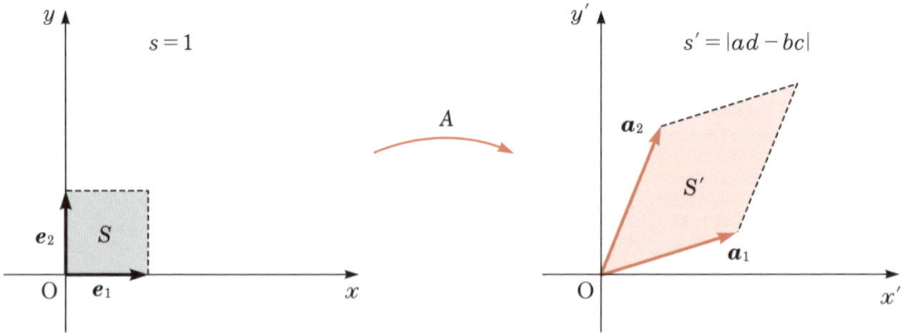

問 1.21　$\boldsymbol{a}_1 = (a, c)$ と $\boldsymbol{a}_2 = (b, d)$ でつくられる平行四辺形の面積が $s' = |ad - bc|$ で与えられることを示せ．また，1 次変換の線形性を用いて，x 軸と y 軸に平行な辺をもつどんな大きさの正方形も面積が $|ad - bc| = |\det A|$ 倍された平行四辺形に移されることを証明せよ．

平面上のどんな図形であっても，x 軸と y 軸に平行な辺をもつ非常に小さい正方形の集まりで近似することができる（積分法の考え方．右図を参照）．したがって，1 次変換の線形性を用いれば，平面上のどんな図形も面積が $|\det A|$ 倍された図形に移されることがわかる．

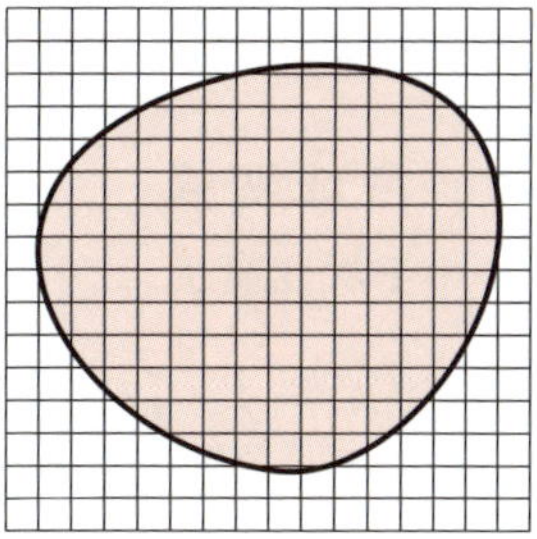

✔**注意 1.5**　上の性質をもう少し詳しく述べよう．
下図を見ればわかるように，$\boldsymbol{a}_2$ が $\boldsymbol{a}_1$ から見て左側にあれば

$$\det A = ad - bc > 0$$

であり，$\boldsymbol{a}_2$ が $\boldsymbol{a}_1$ から見て右側にあれば

$$\det A = ad - bc < 0$$

となっている．このことは，$\det A < 0$ のとき，2 つのベクトル $\boldsymbol{e}_1$ と $\boldsymbol{e}_2$ でつくられる正方形を 1 次変換 $\boldsymbol{u}' = A\boldsymbol{u}$ によって移すと，図形の表裏がひっくり返るということを意味している．このように，$\det A$ には正負の符号が現れるため，面積を考えるときは，絶対値をとる必要がある．

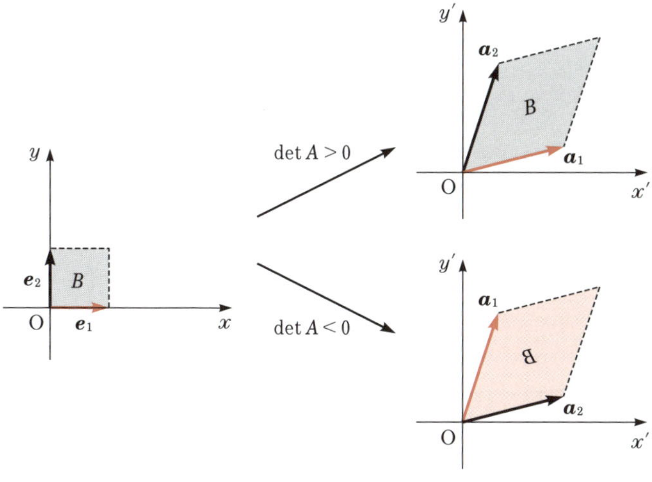

1.5　合成変換と逆変換

1.5.1　合 成 変 換

2 つの 1 次変換 f, g がそれぞれ

$$f:\begin{pmatrix}x'\\y'\end{pmatrix}=A\begin{pmatrix}x\\y\end{pmatrix},\quad g:\begin{pmatrix}x''\\y''\end{pmatrix}=B\begin{pmatrix}x'\\y'\end{pmatrix}$$

で与えられているとき，平面上の点 (x, y) を f で点 (x', y') に移した後，引き続いて点 (x', y') を g で点 (x'', y'') に移してみる．これを式で表すと

$$\begin{pmatrix}x''\\y''\end{pmatrix}=B\begin{pmatrix}x'\\y'\end{pmatrix}=B\left(A\begin{pmatrix}x\\y\end{pmatrix}\right)=BA\begin{pmatrix}x\\y\end{pmatrix}$$

であるから，点 (x, y) は 1 次変換

$$\begin{pmatrix}x''\\y''\end{pmatrix}=BA\begin{pmatrix}x\\y\end{pmatrix}$$

によって点 (x'', y'') に移される．この変換を f と g の**合成変換**といい，$g\circ f$ で表す．先に行う変換 f を $\circ$ の右側に書くことに注意しよう．合成変換 $g\circ f$ を表す行列は，BA である．

例題 1.6　平面上の点 $\mathrm{P}(x, y)$ を原点のまわりに角 α 回転して得られる点を $\mathrm{P}'(x', y')$ とし，点 P' をさらに原点のまわりに角 β 回転して得られる点を $\mathrm{P}''(x'', y'')$ とする．このとき，点 P'' が点 P を原点のまわりに角 $\alpha+\beta$ 回転して得られることを利用して，三角関数の加法定理を導け．

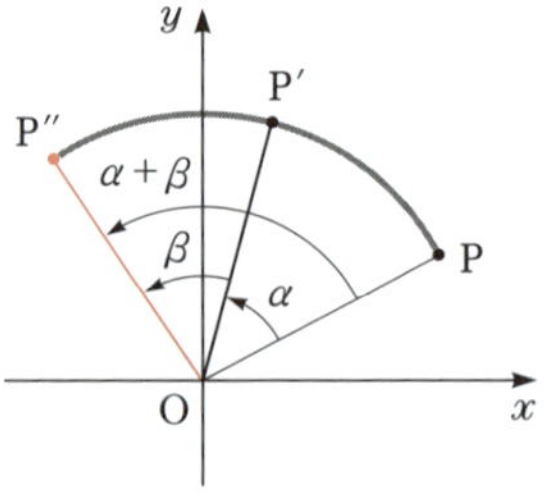

解　原点のまわりの角 α, β 回転を表す行列は，それぞれ

$$A=\begin{pmatrix}\cos\alpha & -\sin\alpha\\ \sin\alpha & \cos\alpha\end{pmatrix},\quad B=\begin{pmatrix}\cos\beta & -\sin\beta\\ \sin\beta & \cos\beta\end{pmatrix}$$

である．角 α 回転した後に，角 β 回転すると，点 $\mathrm{P}(x,y)$ は

$$BA = \begin{pmatrix} \cos\beta & -\sin\beta \\ \sin\beta & \cos\beta \end{pmatrix}\begin{pmatrix} \cos\alpha & -\sin\alpha \\ \sin\alpha & \cos\alpha \end{pmatrix}$$
$$= \begin{pmatrix} \cos\alpha\cos\beta - \sin\alpha\sin\beta & -\sin\alpha\cos\beta - \cos\alpha\sin\beta \\ \sin\alpha\cos\beta + \cos\alpha\sin\beta & \cos\alpha\cos\beta - \sin\alpha\sin\beta \end{pmatrix}$$

で表される1次変換によって点 $\mathrm{P}''(x'',y'')$ に移される．一方，点 P'' は点 P を原点のまわりに角 $\alpha+\beta$ 回転して得られる．この1次変換は，行列

$$\begin{pmatrix} \cos(\alpha+\beta) & -\sin(\alpha+\beta) \\ \sin(\alpha+\beta) & \cos(\alpha+\beta) \end{pmatrix}$$

で表される．この行列は BA に等しいから，対応する成分を比較して

$$\cos(\alpha+\beta) = \cos\alpha\cos\beta - \sin\alpha\sin\beta,$$
$$\sin(\alpha+\beta) = \sin\alpha\cos\beta + \cos\alpha\sin\beta$$

を得る． ◆

問 1.22 直線 $y = x + 1$ を x 軸に関して対称に移動した後，原点のまわりに $45°$ 回転させて得られる図形を求めよ．

1.5.2 逆 変 換

一般に，与えられた変換に対して，逆に行う（あるいは，もとに戻す）変換を**逆変換**という．この項では，逆変換の考え方を利用して図形を移動させることを考える．

例題 1.7 平面上に $x^2 - y^2 = 2$ をみたす点 (x,y) の集まり（集合）がある．この点の集まりを原点のまわりに $45°$ 回転させると，どのような図形が得られるか．

解説 これまでの方法では，$x^2 - y^2 = 2$ をベクトル方程式の形で表し，それを原点のまわりの $45°$ 回転を表す1次変換の式へ代入して計算を行い，図形を移動させていた．ここでは，逆変換の考え方を利用してみる．原点のまわりの $45°$ 回転は

$$\begin{pmatrix} x' \\ y' \end{pmatrix} = \begin{pmatrix} \cos 45^\circ & -\sin 45^\circ \\ \sin 45^\circ & \cos 45^\circ \end{pmatrix} \begin{pmatrix} x \\ y \end{pmatrix} = \begin{pmatrix} \dfrac{1}{\sqrt{2}} & -\dfrac{1}{\sqrt{2}} \\ \dfrac{1}{\sqrt{2}} & \dfrac{1}{\sqrt{2}} \end{pmatrix} \begin{pmatrix} x \\ y \end{pmatrix}$$

で与えられる．このとき，上式の逆変換は次の式で与えられる．

$$\begin{aligned} \begin{pmatrix} x \\ y \end{pmatrix} &= \begin{pmatrix} \cos(-45^\circ) & -\sin(-45^\circ) \\ \sin(-45^\circ) & \cos(-45^\circ) \end{pmatrix} \begin{pmatrix} x' \\ y' \end{pmatrix} \\ &= \begin{pmatrix} \dfrac{1}{\sqrt{2}} & \dfrac{1}{\sqrt{2}} \\ -\dfrac{1}{\sqrt{2}} & \dfrac{1}{\sqrt{2}} \end{pmatrix} \begin{pmatrix} x' \\ y' \end{pmatrix}. \end{aligned}$$

これより

$$x = \frac{x' + y'}{\sqrt{2}}, \qquad y = \frac{-x' + y'}{\sqrt{2}}$$

を得る．これを $x^2 - y^2 = 2$ へ代入すると，

$$\left(\frac{x' + y'}{\sqrt{2}}\right)^2 - \left(\frac{-x' + y'}{\sqrt{2}}\right)^2 = 2$$

となる．この式を計算して整理すると $x'y' = 1$ を得る．よって，$x^2 - y^2 = 2$ を原点のまわりに 45° 回転すると，よく知られた分数関数 $y' = \dfrac{1}{x'}$ のグラフに移される．

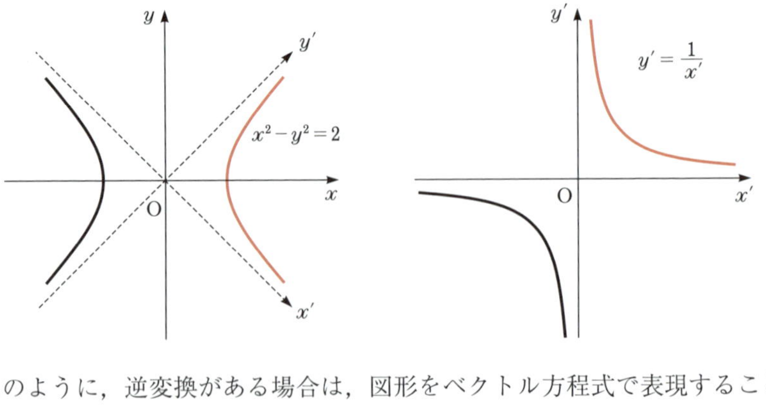

◆

このように，逆変換がある場合は，図形をベクトル方程式で表現することなく，変換によって移される図形の方程式を得ることができる．しかし，この方

法は逆変換が存在する場合にのみ通用する考え方である．図形を移動する方法の基本は，図形をベクトル方程式（パラメータ表示）で表現し，それを１次変換の式へ代入して計算を行うことである．

✔ **注意 1.6** 逆変換の考え方は，図形を直接移動する代わりに，座標軸（背景）を逆に移動することであるといえる．

問 1.23 逆変換の考え方を用いて，直線 $3x - 2y = 6$ が１次変換

$$\begin{pmatrix} x' \\ y' \end{pmatrix} = \begin{pmatrix} 1 & 2 \\ 3 & 4 \end{pmatrix} \begin{pmatrix} x \\ y \end{pmatrix}$$

によってどのような図形に移されるか調べよ．

1.6 行列の固有値と固有ベクトル

対象を観察して，その特徴をつかむためには，「動かないところ」や「変わらないところ」に注目することが多い．行列のいろいろな性質を調べるときも，そのような見方が役に立つ．

定義 1.1 2 次正方行列 A に対して，

$$A\boldsymbol{v} = \lambda\boldsymbol{v}$$

をみたす零ベクトルでない $\boldsymbol{v}$ を A の**固有ベクトル**といい，λ を A の**固有値**という．

すなわち，A の固有ベクトルとは A で移しても方向[*4]の変わらないベクトルであって，固有値とは，そのようなベクトルが A で移されるとき何倍に拡大されるのかという倍率を表す．まず，固有値と固有ベクトルの求め方を具体例を通して述べる．

[*4] $A\boldsymbol{v} = -\boldsymbol{v}$ をみたす零ベクトルでない $\boldsymbol{v}$ は A の固有ベクトルである．この場合，$\boldsymbol{v}$ を A で移すと「向き」は反対向きに変わるが，「方向」は変わらない．方向と向きの意味の違いに注意しよう．

例題 1.8　次の行列の固有値と固有ベクトルを求めよ．

$$A = \begin{pmatrix} 3 & 2 \\ 1 & 4 \end{pmatrix}.$$

解　$A\boldsymbol{v} = \lambda\boldsymbol{v}$ において $\boldsymbol{v} = (x, y)$ とおき，$\lambda\boldsymbol{v} = \lambda E\boldsymbol{v}$ に注意すれば，

$$(A - \lambda E)\boldsymbol{v} = \boldsymbol{0} \qquad \therefore \quad \begin{pmatrix} 3-\lambda & 2 \\ 1 & 4-\lambda \end{pmatrix}\begin{pmatrix} x \\ y \end{pmatrix} = \begin{pmatrix} 0 \\ 0 \end{pmatrix}$$

である．この両辺を比較して x, y に関する連立1次方程式

$$(1) \qquad \begin{cases} (3-\lambda)x + 2y = 0 \\ x + (4-\lambda)y = 0 \end{cases}$$

を得る．式 (1) の第2式より

$$(2) \qquad x = -(4-\lambda)y$$

であるから，これを式 (1) の第1式へ代入して

$$-(3-\lambda)(4-\lambda)y + 2y = 0 \qquad \therefore \quad \{(3-\lambda)(4-\lambda) - 2\}y = 0$$

を得る．もしも $y = 0$ と仮定すると式 (2) より $x = 0$ であるから，$x = y = 0$ となり $\boldsymbol{v} \neq \boldsymbol{0}$ に反する．よって，$y \neq 0$ でなければならない．そのためには，

$$(3) \qquad (3-\lambda)(4-\lambda) - 2 = 0$$

が成り立つことが必要である．これを解いて，$\lambda = 2$ と $\lambda = 5$ を得る．$\lambda = 2$ のとき，式 (2) より $x = -2y$ であるから，連立1次方程式 (1) の解は

$$\begin{pmatrix} x \\ y \end{pmatrix} = s\begin{pmatrix} -2 \\ 1 \end{pmatrix} \qquad (s \text{ は任意})$$

である．$\lambda = 5$ のときも同様にして，$x = y$ であるから，

$$\begin{pmatrix} x \\ y \end{pmatrix} = t\begin{pmatrix} 1 \\ 1 \end{pmatrix} \qquad (t \text{ は任意})$$

を得る．したがって，A の固有値は $\lambda_1 = 2$ と $\lambda_2 = 5$ であり，対応する固有ベクトル（の 1 つ）は，それぞれ $\boldsymbol{v}_1 = (-2, 1)$ と $\boldsymbol{v}_2 = (1, 1)$ である． ◆

このようにして，行列 A の固有値と固有ベクトルを求めることができたわけだが，この例題の解答をよく見ると，行列 A の固有値を求めるには，2 次方程式 (3) を解かなければならないことがわかる．実は，(3) は

$$\det(A - \lambda E) = \begin{vmatrix} 3-\lambda & 2 \\ 1 & 4-\lambda \end{vmatrix} = (3-\lambda)\cdot(4-\lambda) - 2\cdot 1 = 0$$

で与えられている．この $\det(A - \lambda E) = 0$ を行列 A の固有方程式という．固有ベクトルについては，固有方程式を解いて得られた λ に対して

$$\begin{pmatrix} 3-\lambda & 2 \\ 1 & 4-\lambda \end{pmatrix}\begin{pmatrix} x \\ y \end{pmatrix} = \begin{pmatrix} 0 \\ 0 \end{pmatrix} \quad \text{すなわち} \quad (A - \lambda E)\boldsymbol{v} = \boldsymbol{0}$$

を解いて求めることができる．

問 1.24 次の行列の固有値と固有ベクトルを求めよ．

(1) $\begin{pmatrix} 1 & 1 \\ 5 & -3 \end{pmatrix}$　　(2) $\begin{pmatrix} 2 & -1 \\ -3 & 4 \end{pmatrix}$

行列 A の固有ベクトルを並べて行列 P をつくる．このとき，P が逆行列をもてば，P によって行列 A は対角行列とよばれる形の行列に変換される．これを行列の**対角化**という．次に，この事実を具体例によって説明しよう．

例題 1.9 例題 1.8 の行列

$$A = \begin{pmatrix} 3 & 2 \\ 1 & 4 \end{pmatrix}$$

の n 乗 A^n を求めよ．

解 例題 1.8 より，A の固有値は $\lambda_1 = 2$ と $\lambda_2 = 5$ であり，対応する固有ベクトルは，それぞれ $\boldsymbol{v}_1 = (-2, 1)$ と $\boldsymbol{v}_2 = (1, 1)$ である．このとき，

$$A\boldsymbol{v}_1 = \lambda_1\boldsymbol{v}_1, \qquad A\boldsymbol{v}_2 = \lambda_2\boldsymbol{v}_2$$

が成り立つ．これは，ひとまとめにして

$$(A\boldsymbol{v}_1 \quad A\boldsymbol{v}_2) = (\lambda_1\boldsymbol{v}_1 \quad \lambda_2\boldsymbol{v}_2) \qquad \therefore \quad A(\boldsymbol{v}_1 \quad \boldsymbol{v}_2) = (\lambda_1\boldsymbol{v}_1 \quad \lambda_2\boldsymbol{v}_2)$$

のように書くことができる．ここで，$(\boldsymbol{v}_1 \quad \boldsymbol{v}_2)$ は固有ベクトル $\boldsymbol{v}_1, \boldsymbol{v}_2$ を並べてつくった行列である．簡単な計算により，上式の右辺は

$$(\lambda_1\boldsymbol{v}_1 \quad \lambda_2\boldsymbol{v}_2) = (\boldsymbol{v}_1 \quad \boldsymbol{v}_2)\begin{pmatrix}\lambda_1 & 0 \\ 0 & \lambda_2\end{pmatrix}$$

のように書き直せることがわかる．

$$P = (\boldsymbol{v}_1 \quad \boldsymbol{v}_2) = \begin{pmatrix}-2 & 1 \\ 1 & 1\end{pmatrix}, \qquad D = \begin{pmatrix}\lambda_1 & 0 \\ 0 & \lambda_2\end{pmatrix} = \begin{pmatrix}2 & 0 \\ 0 & 5\end{pmatrix}$$

とおく．D のように対角成分を除いた他の成分がすべて 0 である行列を**対角行列**という．逆行列の公式より

$$P^{-1} = \frac{1}{3}\begin{pmatrix}-1 & 1 \\ 1 & 2\end{pmatrix}$$

であるから，$AP = PD$ すなわち，

$$P^{-1}AP = \begin{pmatrix}2 & 0 \\ 0 & 5\end{pmatrix}$$

を得る．これで行列 A は P によって対角化された．

次に，上式の両辺を n 乗してみよう．簡単な計算により

$$(P^{-1}AP)^n = P^{-1}APP^{-1}AP \cdots P^{-1}AP = P^{-1}A^nP \qquad (\because \quad PP^{-1} = E)$$

および

$$D^n = \begin{pmatrix}2^n & 0 \\ 0 & 5^n\end{pmatrix}$$

が成り立つことがわかるので，

$$P^{-1}A^nP = D^n = \begin{pmatrix}2^n & 0 \\ 0 & 5^n\end{pmatrix}$$

を得る．したがって，

$$A^n = PD^nP^{-1} = \begin{pmatrix} -2 & 1 \\ 1 & 1 \end{pmatrix} \begin{pmatrix} 2^n & 0 \\ 0 & 5^n \end{pmatrix} \frac{1}{3} \begin{pmatrix} -1 & 1 \\ 1 & 2 \end{pmatrix}$$
$$= \frac{1}{3} \begin{pmatrix} 2^{n+1} + 5^n & -2^{n+1} + 2 \cdot 5^n \\ -2^n + 5^n & 2^n + 2 \cdot 5^n \end{pmatrix}$$

となることがわかる． ◆

問 1.25 次の行列 A を対角化した後，A^n を求めよ．

$$A = \begin{pmatrix} 5 & -8 \\ 3 & -6 \end{pmatrix}.$$

問 1.26 固有値が 1 と 2 で，それらに対する固有ベクトルがそれぞれ $\boldsymbol{v}_1 = (2, 3)$, $\boldsymbol{v}_2 = (1, 2)$ である 2 次正方行列を求めよ．

このように，行列 A の固有値と固有ベクトルを求めて行列 A を対角化すると，行列や 1 次変換に関する様々な問題を解くことができる．行列の対角化のしくみは，改めて 1.9 節で考察することにして，1.7 節と 1.8 節でそのための準備をしよう．

1.7 ベクトルの線形独立性

ここでは，ベクトルの線形独立性について説明しよう．いくつかのベクトルが線形独立（1 次独立）であるとは，大まかにいうと，それぞれのベクトルがバラバラな方向を向いており，同じ方向のものがないことを意味する．

まず，平面ベクトルに関する基本的な例題から考えてみよう．

例題 1.10 三角形 OAB の辺 OA, OB 上にそれぞれ点 P, Q を OP : PA = 1 : 1, OQ : QB = 2 : 1 となるようにとる．AQ と BP の交点を R とするとき，$\overrightarrow{\mathrm{OR}}$ を $\boldsymbol{a} = \overrightarrow{\mathrm{OA}}$ と $\boldsymbol{b} = \overrightarrow{\mathrm{OB}}$ を用いて表せ．

解 $\mathrm{AR} : \mathrm{RQ} = x : 1 - x$, $\mathrm{BR} : \mathrm{RP} = y : 1 - y$ とおくと，

$$\overrightarrow{\mathrm{OR}} = (1-x)\overrightarrow{\mathrm{OA}} + x\overrightarrow{\mathrm{OQ}} = (1-x)\boldsymbol{a} + x \cdot \frac{2}{3}\boldsymbol{b},$$

$$\overrightarrow{\mathrm{OR}} = (1-y)\overrightarrow{\mathrm{OB}} + y\overrightarrow{\mathrm{OP}} = y \cdot \frac{1}{2}\boldsymbol{a} + (1-y)\boldsymbol{b}$$

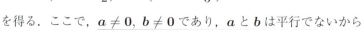

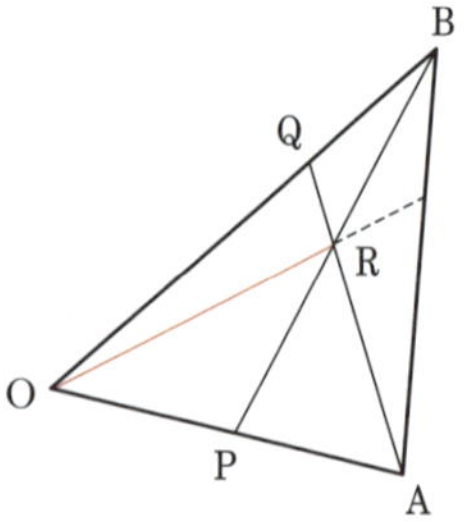

が成り立つ．これより，

$$(1-x)\boldsymbol{a} + \frac{2x}{3}\boldsymbol{b} = \frac{y}{2}\boldsymbol{a} + (1-y)\boldsymbol{b}$$

$$\therefore \quad \left(1 - x - \frac{y}{2}\right)\boldsymbol{a} + \left(y - 1 + \frac{2x}{3}\right)\boldsymbol{b} = \boldsymbol{0}$$

を得る．ここで，$\boldsymbol{a} \neq \boldsymbol{0}$, $\boldsymbol{b} \neq \boldsymbol{0}$ であり，$\boldsymbol{a}$ と $\boldsymbol{b}$ は平行でないから

$$1 - x - \frac{y}{2} = 0, \qquad y - 1 + \frac{2x}{3} = 0$$

となる．これを解いて，$x = 3/4$, $y = 1/2$ を得る．よって，

$$\overrightarrow{\mathrm{OR}} = \frac{1}{4}\boldsymbol{a} + \frac{1}{2}\boldsymbol{b}.$$ ◆

この例題の解答のキーは，アンダーラインを引いた部分にある．つまり，零ベクトルでない2つのベクトル $\boldsymbol{a}$ と $\boldsymbol{b}$ が異なる方向をもつ（平行でない）とき，

$$s\boldsymbol{a} + t\boldsymbol{b} = \boldsymbol{0} \quad \Longrightarrow \quad s = t = 0$$

が成り立つことである（$\Longrightarrow$ は「ならば」の意味に使われる記号である）．この式は，2つのベクトルが異なる方向をもつということを特徴づけたものであるといえるだろう．そこで，次の定義をおくことにしよう．

定義 1.2　2つのベクトル $\boldsymbol{a}, \boldsymbol{b}$ は次の条件をみたすとき，**線形独立**（1次独立）であるという．

$$s\boldsymbol{a} + t\boldsymbol{b} = \boldsymbol{0} \quad \Longrightarrow \quad s = t = 0.$$

✔ **注意 1.7**　$0\boldsymbol{a}+0\boldsymbol{b} = \boldsymbol{0}$ が成り立つことは明らかである．この定義の条件は $s\boldsymbol{a}+t\boldsymbol{b} = \boldsymbol{0}$ をみたす s, t は $s = t = 0$ 以外にはありえないことを意味する．ちなみに，零ベクトルでない2つのベクトル $\boldsymbol{a}$ と $\boldsymbol{b}$ が平行でないとき，上の定義の条件が成り立つことは次のようにして示される．$s\boldsymbol{a} + t\boldsymbol{b} = \boldsymbol{0}$ において $s \neq 0$ と仮定すると，$\boldsymbol{a} = -(t/s)\boldsymbol{b}$

より $\boldsymbol{a}$ と $\boldsymbol{b}$ は平行となる．よって，$s=0$ でなければならない．$s=0$ を $s\boldsymbol{a}+t\boldsymbol{b}=\boldsymbol{0}$ に代入すると $t\boldsymbol{b}=\boldsymbol{0}$．$\boldsymbol{b}\neq\boldsymbol{0}$ であるから $t=0$ となる．したがって，$s=t=0$ である．

2 つのベクトルの線形独立性の定義を上のような形で与えるメリットは，次のような一般化がしやすいことにある．

定義 1.3 1 つのベクトル $\boldsymbol{a}$ は次の条件をみたすとき，線形独立であるという．

$$s\boldsymbol{a}=\boldsymbol{0} \quad\Longrightarrow\quad s=0.$$

問 1.27 次が成り立つことを示せ．

$$\boldsymbol{a}\text{ が線形独立} \quad\Longleftrightarrow\quad \boldsymbol{a}\neq\boldsymbol{0}$$

問 1.28 n 個のベクトルが線形独立であることの定義を与えよ．

例題 1.11 (1) $\boldsymbol{a}=(2,1)$, $\boldsymbol{b}=(1,3)$ が線形独立であることを示せ．
(2) $\boldsymbol{a}=(2,1)$, $\boldsymbol{b}=(1,3)$, $\boldsymbol{c}=(-2,2)$ が線形独立ではない（**線形従属**（1 次従属）であるという）ことを示せ．

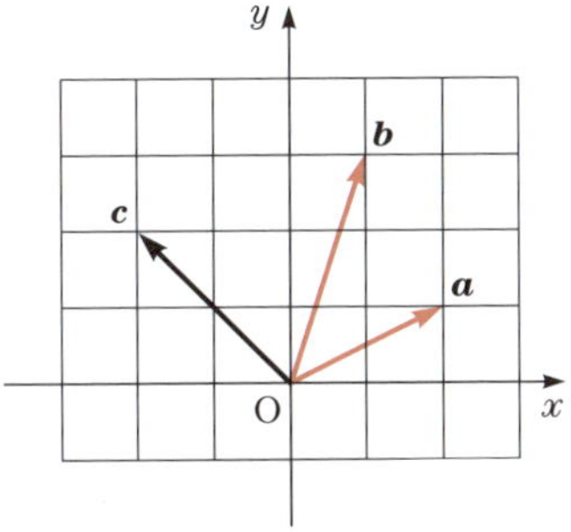

解 (1)

$$s\boldsymbol{a}+t\boldsymbol{b}=\boldsymbol{0} \quad\Longrightarrow\quad s=t=0$$

が成り立つことを示せばよい．

$$s\boldsymbol{a}+t\boldsymbol{b}=(\boldsymbol{a}\ \ \boldsymbol{b})\begin{pmatrix} s \\ t \end{pmatrix}$$

と書けることに注意すると，$s\boldsymbol{a}+t\boldsymbol{b}=\boldsymbol{0}$ は s,t に関する連立 1 次方程式

$$(1) \qquad A\begin{pmatrix} s \\ t \end{pmatrix}=\boldsymbol{0}, \quad A=\begin{pmatrix} 2 & 1 \\ 1 & 3 \end{pmatrix}$$

と見ることができる．ここで，

$$|A| = \begin{vmatrix} 2 & 1 \\ 1 & 3 \end{vmatrix} = 5 \neq 0$$

であるから，定理 1.2 により A は逆行列をもつ．したがって，A^{-1} を式 (1) の両辺に左から掛けると，$A^{-1}A = E$ より

$$\begin{pmatrix} s \\ t \end{pmatrix} = A^{-1}\mathbf{0} = \mathbf{0} \qquad \therefore \quad s = t = 0$$

となる．ゆえに，$\boldsymbol{a} = (2, 1)$, $\boldsymbol{b} = (1, 3)$ は線形独立である．

(2)

$$s\boldsymbol{a} + t\boldsymbol{b} + u\boldsymbol{c} = \mathbf{0} \quad \Longrightarrow \quad s = t = u = 0$$

が成り立たないことを示せばよい．$s\boldsymbol{a} + t\boldsymbol{b} + u\boldsymbol{c} = \mathbf{0}$ を

$$s\boldsymbol{a} + t\boldsymbol{b} = -u\boldsymbol{c}$$

と書きかえて，s と t についての連立1次方程式と見る．(1) と同様に考えると，これは

$$A\begin{pmatrix} s \\ t \end{pmatrix} = -u\begin{pmatrix} -2 \\ 2 \end{pmatrix}$$

と書ける．逆行列の公式（定理 1.1）を用いると

$$\begin{pmatrix} s \\ t \end{pmatrix} = -uA^{-1}\begin{pmatrix} -2 \\ 2 \end{pmatrix} = -u \cdot \frac{1}{5}\begin{pmatrix} 3 & -1 \\ -1 & 2 \end{pmatrix}\begin{pmatrix} -2 \\ 2 \end{pmatrix} = \frac{u}{5}\begin{pmatrix} 8 \\ -6 \end{pmatrix}$$

を得る．よって，$u = 5$ のとき $s = 8$, $t = -6$ となり，$8\boldsymbol{a} - 6\boldsymbol{b} + 5\boldsymbol{c} = \mathbf{0}$ が成り立つことがわかる．ゆえに，$\boldsymbol{a}$, $\boldsymbol{b}$, $\boldsymbol{c}$ は線形従属である．◆

上の例題の (2) においては，3つのベクトル $\boldsymbol{a}$, $\boldsymbol{b}$, $\boldsymbol{c}$ は見かけ上異なる方向を向いているが，線形独立ではない．なぜなら，

$$\boldsymbol{c} = -\frac{8}{5}\boldsymbol{a} + \frac{6}{5}\boldsymbol{b}$$

のような形（$\boldsymbol{a}$, $\boldsymbol{b}$ の線形結合（1次結合）という）で $\boldsymbol{c}$ を書き表すことができ，

$\boldsymbol{c}$ は $\boldsymbol{a}$ と $\boldsymbol{b}$ の仲間になるからである．すなわち，いくつかのベクトルが線形独立であるとき，それらはすべて異なる方向を向いており，どのベクトルも他の残りのベクトルの線形結合で表すことができないのである．

問 1.29 例題 1.11(2) における $\boldsymbol{b}$ と $\boldsymbol{c}$，および $\boldsymbol{c}$ と $\boldsymbol{a}$ は線形独立であることを示せ．

例題 1.11 の内容を一般的な形に整理すると，次の定理を得る．

定理 1.3 平面上の 2 つのベクトル $\boldsymbol{a}=(a_1,a_2)$，$\boldsymbol{b}=(b_1,b_2)$ について

$$\det(\boldsymbol{a},\boldsymbol{b})=\begin{vmatrix} a_1 & b_1 \\ a_2 & b_2 \end{vmatrix}\neq 0 \iff \boldsymbol{a},\boldsymbol{b}\ \text{は線形独立}$$

が成り立つ．

証明 （$\Longrightarrow$：十分性） $s\boldsymbol{a}+t\boldsymbol{b}=\boldsymbol{0}$ とおく．例題 1.11 と同様に，$A=(\boldsymbol{a}\ \ \boldsymbol{b})$ とおくと，この式は s,t に関する連立 1 次方程式 $A\boldsymbol{x}=\boldsymbol{0}$，すなわち，

$$(\boldsymbol{a}\ \ \boldsymbol{b})\,\boldsymbol{x}=\begin{pmatrix} a_1 & b_1 \\ a_2 & b_2 \end{pmatrix}\begin{pmatrix} s \\ t \end{pmatrix}=\begin{pmatrix} 0 \\ 0 \end{pmatrix}$$

と見なすことができる．$\det(\boldsymbol{a},\boldsymbol{b})=|A|\neq 0$ より A は逆行列をもつから，$A\boldsymbol{x}=\boldsymbol{0}$ の両辺に A^{-1} を左から掛けると

$$\boldsymbol{x}=A^{-1}\boldsymbol{0}=\boldsymbol{0}$$

を得る．よって，$s=t=0$ となり $\boldsymbol{a},\boldsymbol{b}$ は線形独立である．

（$\Longleftarrow$：必要性）

$$\det(\boldsymbol{a},\boldsymbol{b})=0 \implies \boldsymbol{a},\boldsymbol{b}\ \text{は線形従属}$$

が成り立つことを示せばよい．$\det(\boldsymbol{a},\boldsymbol{b})=a_1b_2-a_2b_1$ より $a_1b_2=a_2b_1$ である．

(i) $a_1a_2\neq 0$ のとき．この場合は，$a_1b_2=a_2b_1$ の両辺を $a_1a_2\neq 0$ で割ると，

$$\frac{b_1}{a_1}=\frac{b_2}{a_2}=k$$

となる k がとれる．これより，$b_1=ka_1$，$b_2=ka_2$，すなわち，$k\boldsymbol{a}+(-1)\boldsymbol{b}=\boldsymbol{0}$

である．よって，$\boldsymbol{a}, \boldsymbol{b}$ は線形従属である．

(ii)　$a_1 = 0, a_2 \neq 0$ のとき．$a_1 b_2 = a_2 b_1 = 0$ より $b_1 = 0$ となる．したがって，$\boldsymbol{a} = (0, a_2)$，$\boldsymbol{b} = (0, b_2)$ において，$b_2\boldsymbol{a} + (-a_2)\boldsymbol{b} = \boldsymbol{0}$ が成り立つ．$a_2 \neq 0$ より $\boldsymbol{a}, \boldsymbol{b}$ は線形従属である．

(iii)　$a_1 \neq 0, a_2 = 0$ のとき．この場合は (ii) と同様にして証明できる．■

問 1.30　次のベクトルの組が線形独立であるかどうかを，定理 1.3 を用いて判定せよ．

(1)　$\boldsymbol{a} = (-2, 3), \boldsymbol{b} = (4, -5)$　　　(2)　$\boldsymbol{a} = (2, -1), \boldsymbol{b} = (-6, 3)$

1.8　基底と座標

平面上において点の位置を表すということを考えてみよう．そのために，最初に基準点（視点）を決める．この基準点を「原点」とし，ここから点の位置を表す．

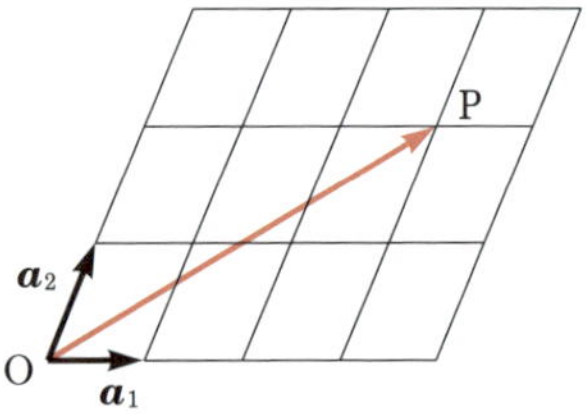

右図のように，方向の異なる 2 つのベクトル $\{\boldsymbol{a}_1, \boldsymbol{a}_2\}$ を考えよう．この例では，点 P の位置ベクトル $\overrightarrow{\mathrm{OP}}$ は

$$\overrightarrow{\mathrm{OP}} = 3\boldsymbol{a}_1 + 2\boldsymbol{a}_2$$

のように表される．数の組 (3, 2) は点 P の位置を決める重要な情報を与える．一般に，点 P の位置ベクトルを，$\boldsymbol{a}_1$ と $\boldsymbol{a}_2$ の線形結合で

$$\overrightarrow{\mathrm{OP}} = x_1\boldsymbol{a}_1 + x_2\boldsymbol{a}_2$$

と表したときの (x_1, x_2) は，ベクトルの組 $\{\boldsymbol{a}_1, \boldsymbol{a}_2\}$ で定められる点 P の**座標**とよばれる．$\{\boldsymbol{a}_1, \boldsymbol{a}_2\}$ をもとにして，上図のように方眼紙状のマス目をつくり，点の位置を表せるようにしたものが座標であると考えればよい．

$\{\boldsymbol{a}_1, \boldsymbol{a}_2\}$ は，点の位置を表すときに足場となる大切なものであるが，$\{\boldsymbol{a}_1, \boldsymbol{a}_2\}$ を用いて点の位置を表したとき，その表し方が 2 通りある（物が 2 重に見える）と困る．すなわち，

$$\overrightarrow{\mathrm{OP}} = x_1\boldsymbol{a}_1 + x_2\boldsymbol{a}_2 = x_1{}'\boldsymbol{a}_1 + x_2{}'\boldsymbol{a}_2$$

ならば，$x_1 = x_1'$, $x_2 = x_2'$ でなければならない．上式は

$$(x_1 - x_1')\boldsymbol{a}_1 + (x_2 - x_2')\boldsymbol{a}_2 = \boldsymbol{0}$$

のように書き直せる．よって，もしも $\boldsymbol{a}_1$ と $\boldsymbol{a}_2$ が線形独立であれば，$x_1 - x_1' = 0$, $x_2 - x_2' = 0$, つまり，$x_1 = x_1'$, $x_2 = x_2'$ となる．したがって，$\{\boldsymbol{a}_1, \boldsymbol{a}_2\}$ が線形独立なベクトルの組であれば，点の位置はただ 1 通りに表される．以上を踏まえた上で，次の定義をおく．

定義 1.4 次の条件をみたすベクトルの組 $\{\boldsymbol{a}_1, \boldsymbol{a}_2\}$ を平面の**基底**という．
(1) $\boldsymbol{a}_1, \boldsymbol{a}_2$ は線形独立である．
(2) 平面上のどんなベクトル $\boldsymbol{p}$ も $\boldsymbol{a}_1$ と $\boldsymbol{a}_2$ の線形結合で表される：

$$\boldsymbol{p} = x_1\boldsymbol{a}_1 + x_2\boldsymbol{a}_2.$$

基底を用いることにより，平面上に座標が定義され，点の位置を座標を用いて表すことができるようになる．また，平面の場合は，基底になる線形独立なベクトルの個数は，いつも 2 である．それゆえ，平面の**次元**は 2 であるという．「次元」という言葉は，日常でも利用されていて，平面が「縦」と「横」の 2 方向に広がっているという素朴な直観にもあっている．

さて，xy 平面上の点 $\mathrm{P}(x, y)$ の位置ベクトルは，2 つの単位ベクトル $\boldsymbol{e}_1 = (1, 0)$ と $\boldsymbol{e}_2 = (0, 1)$ を基底として，

$$\overrightarrow{\mathrm{OP}} = x\boldsymbol{e}_1 + y\boldsymbol{e}_2$$

と表される．$\{\boldsymbol{e}_1, \boldsymbol{e}_2\}$ は，最もスタンダードな基底であり，**標準基底**とよばれている．

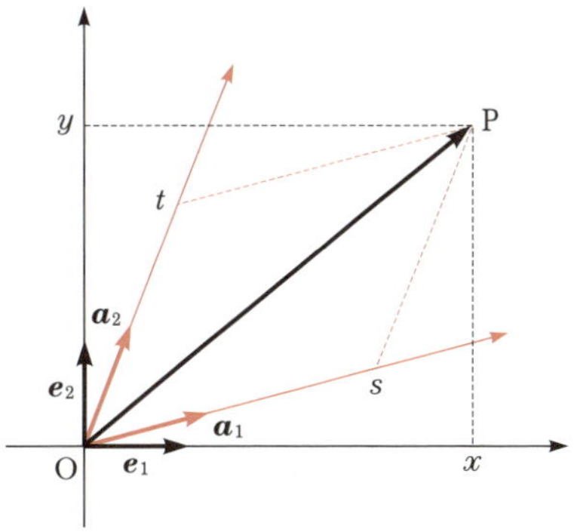

この点 $\mathrm{P}(x, y)$ の位置ベクトルを，右図のような 2 つのベクトル $\boldsymbol{a}_1$ と $\boldsymbol{a}_2$ を基底として

$$\overrightarrow{\mathrm{OP}} = s\boldsymbol{a}_1 + t\boldsymbol{a}_2$$

のように表すことができたとしよう．つまり，点 P の位置は 2 つの基底 $\{\boldsymbol{e}_1, \boldsymbol{e}_2\}$

と $\{\boldsymbol{a}_1, \boldsymbol{a}_2\}$ で定められる座標を用いて，それぞれ (x, y) と (s, t) の 2 通りに表せたとしよう．このとき，$\overrightarrow{\mathrm{OP}} = x\boldsymbol{e}_1 + y\boldsymbol{e}_2$ より

$$\overrightarrow{\mathrm{OP}} = x\begin{pmatrix}1\\0\end{pmatrix} + y\begin{pmatrix}0\\1\end{pmatrix} = \begin{pmatrix}x\\y\end{pmatrix}$$

となる．一方，$\overrightarrow{\mathrm{OP}} = s\boldsymbol{a}_1 + t\boldsymbol{a}_2$ は

$$\overrightarrow{\mathrm{OP}} = s\boldsymbol{a}_1 + t\boldsymbol{a}_2 = (\boldsymbol{a}_1\ \boldsymbol{a}_2)\begin{pmatrix}s\\t\end{pmatrix} = A\begin{pmatrix}s\\t\end{pmatrix}$$

と書き直せる．ここで，$A = (\boldsymbol{a}_1\ \boldsymbol{a}_2)$ は，$\boldsymbol{a}_1$ と $\boldsymbol{a}_2$ を並べてつくった正方行列である．$\boldsymbol{a}_1$ と $\boldsymbol{a}_2$ は線形独立であるから，定理 1.3 により $\det A \neq 0$ である．よって，A は逆行列をもつ．したがって，上の 2 式を比べて，2 つの座標 (x, y) と (s, t) の間に次の関係式（座標変換）が成り立つことがわかる．

定理 1.4　標準基底 $\{\boldsymbol{e}_1, \boldsymbol{e}_2\}$ で定められる座標 (x, y) と，基底 $\{\boldsymbol{a}_1, \boldsymbol{a}_2\}$ で定められる座標 (s, t) の間には，次の関係式が成り立つ：

$$\begin{pmatrix}x\\y\end{pmatrix} = A\begin{pmatrix}s\\t\end{pmatrix} \quad \text{または,} \quad \begin{pmatrix}s\\t\end{pmatrix} = A^{-1}\begin{pmatrix}x\\y\end{pmatrix}.$$

ただし，$A = (\boldsymbol{a}_1\ \boldsymbol{a}_2)$ である．

例題 1.12　平面上の直線 $y = 2x + 5$ を，$\boldsymbol{a}_1 = (1, 1)$，$\boldsymbol{a}_2 = (-1, 1)$ を基底とする座標 (s, t) で見ると，どのように表されるか．

解　(x, y) は標準基底 $\{\boldsymbol{e}_1, \boldsymbol{e}_2\}$ で見たときの座標である．基底 $\{\boldsymbol{a}_1, \boldsymbol{a}_2\}$ で見たときの座標を (s, t) とすれば，

$$\begin{pmatrix}x\\y\end{pmatrix} = (\boldsymbol{a}_1\ \boldsymbol{a}_2)\begin{pmatrix}s\\t\end{pmatrix} = \begin{pmatrix}1 & -1\\1 & 1\end{pmatrix}\begin{pmatrix}s\\t\end{pmatrix} = \begin{pmatrix}s-t\\s+t\end{pmatrix}$$

となる．よって，$x = s - t$, $y = s + t$ を $y = 2x + 5$ へ代入すれば，$\{\boldsymbol{a}_1, \boldsymbol{a}_2\}$ を基底としたときの座標 (s, t) による直線の方程式

$$(s+t)=2(s-t)+5 \qquad \therefore \quad t=\frac{1}{3}s+\frac{5}{3}$$

を得る． ◆

問 1.31 平面上の直線 $x-y=-1$ を，$\boldsymbol{a}_1=(1,1)$，$\boldsymbol{a}_2=(-1,1)$ を基底とする座標 (s,t) で見ると，どのように表されるか．

1.9 行列の対角化の意味

行列の対角化の意味を，座標変換の立場から見直してみよう．1 次変換

$$(1) \qquad \begin{pmatrix} y_1 \\ y_2 \end{pmatrix} = A \begin{pmatrix} x_1 \\ x_2 \end{pmatrix}$$

は，標準基底 $\{\boldsymbol{e}_1, \boldsymbol{e}_2\}$ を用いたとき，

$$\overrightarrow{\mathrm{OQ}} = x_1\boldsymbol{e}_1 + x_2\boldsymbol{e}_2 = (\boldsymbol{e}_1\ \ \boldsymbol{e}_2)\begin{pmatrix} x_1 \\ x_2 \end{pmatrix}$$

で表される点 Q を

$$\overrightarrow{\mathrm{OR}} = y_1\boldsymbol{e}_1 + y_2\boldsymbol{e}_2 = (\boldsymbol{e}_1\ \ \boldsymbol{e}_2)\begin{pmatrix} y_1 \\ y_2 \end{pmatrix}$$

で表される点 R に移すということを意味している．別の基底 $\{\boldsymbol{v}_1, \boldsymbol{v}_2\}$ で定められる座標を用いたとき，この 1 次変換はどのような式で与えられるだろうか．つまり，

$$\overrightarrow{\mathrm{OQ}} = x_1'\boldsymbol{v}_1 + x_2'\boldsymbol{v}_2 = (\boldsymbol{v}_1\ \ \boldsymbol{v}_2)\begin{pmatrix} x_1' \\ x_2' \end{pmatrix}$$

および

$$\overrightarrow{\mathrm{OR}} = y_1'\boldsymbol{v}_1 + y_2'\boldsymbol{v}_2 = (\boldsymbol{v}_1\ \ \boldsymbol{v}_2)\begin{pmatrix} y_1' \\ y_2' \end{pmatrix}$$

のとき，

$$(2) \qquad \begin{pmatrix} y_1' \\ y_2' \end{pmatrix} = A' \begin{pmatrix} x_1' \\ x_2' \end{pmatrix}$$

をみたす A' を求めよということである．

点 Q を表す 2 つの座標 (x_1, x_2) と $(x_1{}', x_2{}')$ の間には，定理 1.4 により

$$\begin{pmatrix} x_1 \\ x_2 \end{pmatrix} = P \begin{pmatrix} x_1{}' \\ x_2{}' \end{pmatrix}, \qquad P = (\boldsymbol{v}_1\ \boldsymbol{v}_2)$$

が成り立つ．また，点 R を表す 2 つの座標 (y_1, y_2) と $(y_1{}', y_2{}')$ の間には，

$$\begin{pmatrix} y_1{}' \\ y_2{}' \end{pmatrix} = P^{-1} \begin{pmatrix} y_1 \\ y_2 \end{pmatrix}, \qquad P = (\boldsymbol{v}_1\ \boldsymbol{v}_2)$$

が成り立つこともわかる．式 (1) と上の 2 つの式を用いると，

$$\begin{pmatrix} y_1{}' \\ y_2{}' \end{pmatrix} = P^{-1} \begin{pmatrix} y_1 \\ y_2 \end{pmatrix} = P^{-1} A \begin{pmatrix} x_1 \\ x_2 \end{pmatrix} = P^{-1} A P \begin{pmatrix} x_1{}' \\ x_2{}' \end{pmatrix}$$

を得る．これを式 (2) と比べて，$A' = P^{-1}AP$ が成り立つことがわかる．以上をまとめて，次の定理を得る（座標の記号は上のものをそのまま用いる）．

定理 1.5　平面上の 1 次変換

$$\begin{pmatrix} y_1 \\ y_2 \end{pmatrix} = A \begin{pmatrix} x_1 \\ x_2 \end{pmatrix}$$

を，基底 $\{\boldsymbol{v}_1, \boldsymbol{v}_2\}$ で見たときの座標を用いて表すと，

$$\begin{pmatrix} y_1{}' \\ y_2{}' \end{pmatrix} = P^{-1} A P \begin{pmatrix} x_1{}' \\ x_2{}' \end{pmatrix}$$

となる．ここで，$P = (\boldsymbol{v}_1\ \boldsymbol{v}_2)$ である．

この結果は，右のような図式を書いてみると理解しやすい．とくに，上の定理において，基底を A の固有ベクトル $\{\boldsymbol{v}_1, \boldsymbol{v}_2\}$，すなわち，

$$A\boldsymbol{v}_1 = \lambda_1 \boldsymbol{v}_1, \qquad A\boldsymbol{v}_2 = \lambda_2 \boldsymbol{v}_2$$

をみたすものに選ぶことができれば，1.6 節で学んだように

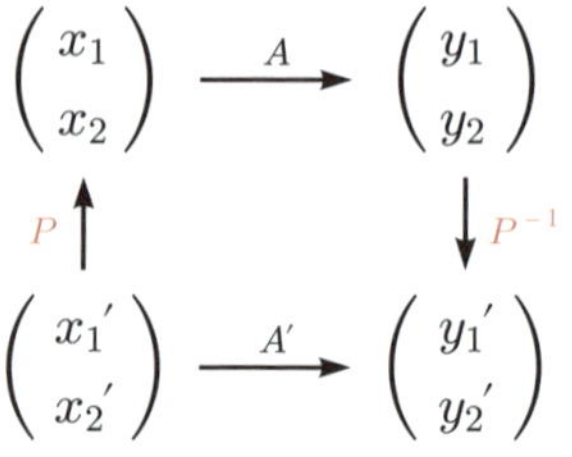

$$P^{-1}AP = \begin{pmatrix} \lambda_1 & 0 \\ 0 & \lambda_2 \end{pmatrix}$$

が成り立つことがわかるので，定理 1.5 と同じ記号を用いて次の結果を得る．

系 1.1　平面上の 1 次変換

$$\begin{pmatrix} y_1 \\ y_2 \end{pmatrix} = A \begin{pmatrix} x_1 \\ x_2 \end{pmatrix}$$

は A の固有ベクトル $\{\boldsymbol{v}_1, \boldsymbol{v}_2\}$ を基底とする座標を用いると，

$$\begin{pmatrix} {y_1}' \\ {y_2}' \end{pmatrix} = D \begin{pmatrix} {x_1}' \\ {x_2}' \end{pmatrix}, \qquad D = \begin{pmatrix} \lambda_1 & 0 \\ 0 & \lambda_2 \end{pmatrix}$$

のように対角行列を用いて表される．ここで，λ_1, λ_2 はそれぞれ $\boldsymbol{v}_1, \boldsymbol{v}_2$ に対応する A の固有値である．

問 1.32　1 次変換

$$\begin{pmatrix} y_1 \\ y_2 \end{pmatrix} = A \begin{pmatrix} x_1 \\ x_2 \end{pmatrix}, \qquad A = \frac{1}{3}\begin{pmatrix} 7 & 2 \\ 1 & 8 \end{pmatrix}$$

について以下の各問に答えよ．

(1)　点 Q(4, 1) をこの 1 次変換で移した点 R を求めよ．

(2)　$\boldsymbol{v}_1 = (2, -1)$，$\boldsymbol{v}_2 = (1, 1)$ は，それぞれ A の固有値 $\lambda_1 = 2$，$\lambda_2 = 3$ に対する固有ベクトルであることを確かめよ．

(3)　$\overrightarrow{\mathrm{OQ}}$ を $\{\boldsymbol{v}_1, \boldsymbol{v}_2\}$ を基底とした ${x_1}'\boldsymbol{v}_1 + {x_2}'\boldsymbol{v}_2$ の形で表し，${y_1}' = \lambda_1 {x_1}'$，${y_2}' = \lambda_2 {x_2}'$ を計算することによって点 R を求めよ．

(4)　(1)～(3) で得られた結果を実際に平面上に図示せよ．

練習問題

1.1　**(ケーリー・ハミルトンの定理)**　2 次正方行列

$$A = \begin{pmatrix} a & b \\ c & d \end{pmatrix}$$

について次の各問に答えよ．

(1)　$A^2-(a+d)A+(ad-bc)E=O$ が成り立つことを示せ．

(2)　$A^3=E$ かつ $ad-bc=1$ のとき，$a+d$ を求めよ．

1.2　平面上に3点 $\mathrm{P}(0,1)$, $\mathrm{Q}(2,0)$, $\mathrm{R}(x,y)$ がある．ある1次変換 f によって，P は Q に，Q は R に，R は P にそれぞれ移されるものとする．このとき，f を表す行列および点 R の座標 (x,y) を求めよ．

1.3　1次変換 f によって，直線 $\ell: 4x-3y=-5$ は直線 $\ell': 2x+y=10$ に移され，また ℓ' は ℓ に移される．このとき，f を表す行列を求めよ．

1.4　1次変換 f を表す行列を A とする．$\det A=0$ のとき，平面上のすべての点は f によって原点を通るある直線上に移されるか，または，原点に移されることを示せ．

1.5　a は $a>1$ をみたす定数とする．このとき，次の各問に答えよ．

(1)　2点 $(1,0)$, $(a,1)$ をそれぞれ2点 $(a-1,-a)$, $(a^2-1,a-a^2)$ に移す1次変換を表す行列 A を求めよ．

(2)　(1) で求めた行列 A が逆行列をもつとき，原点を中心とする半径1の円は，A で表される1次変換によりどのような図形に移されるか．

1.6　直線 $y=x$ および y 軸に関する対称移動を，それぞれ f, g とする．合成変換 $g\circ f$ は，原点のまわりの角 90° 回転になることを示せ．

1.7　右図のように $\boldsymbol{a}=(1,-1)$, $\boldsymbol{b}=(2,3)$, $\boldsymbol{c}=(-2,2)$, $\boldsymbol{d}=(-2,-1)$ が与えられているとき，次のベクトルは線形独立であるか．

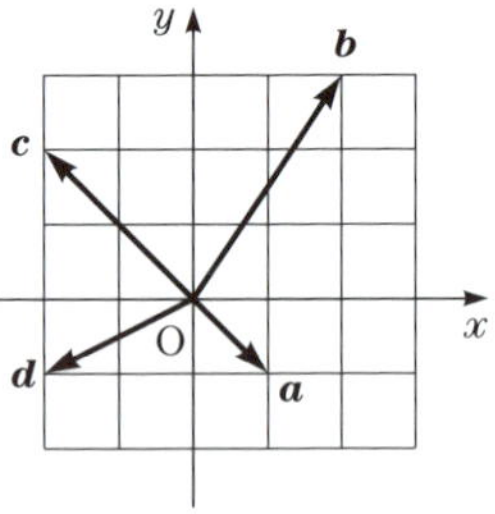

(1)　$\boldsymbol{a}$　　(2)　$\boldsymbol{c}$　　(3)　$\boldsymbol{a}$, $\boldsymbol{b}$　　(4)　$\boldsymbol{a}$, $\boldsymbol{c}$

(5)　$\boldsymbol{c}$, $\boldsymbol{d}$　　(6)　$\boldsymbol{a}$, $\boldsymbol{b}$, $\boldsymbol{c}$　　(7)　$\boldsymbol{b}$, $\boldsymbol{c}$, $\boldsymbol{d}$

(8)　$\boldsymbol{a}$, $\boldsymbol{b}$, $\boldsymbol{c}$, $\boldsymbol{d}$

1.8　平面上には3個以上の線形独立なベクトルが存在しないことを証明せよ．

1.9　(1)　行列の固有値と固有ベクトルの定義を述べよ．

(2)　次の行列を対角化せよ．

(a) $\begin{pmatrix} 4 & 2 \\ 1 & 5 \end{pmatrix}$　　(b) $\begin{pmatrix} 5 & 6 \\ -3 & -4 \end{pmatrix}$

1.10　3項間の漸化式

$$(*)\qquad a_{n+2}=-a_{n+1}+2a_n, \quad a_1=-1, \quad a_2=3$$

で定義される数列の第 n 項を，以下の手順に従って求めよ．

(1)　$b_n = a_{n+1}$ とおくと，式 $(*)$ は次のように書けることを確かめよ．

$$(**)\qquad \begin{pmatrix} a_{n+1} \\ b_{n+1} \end{pmatrix} = A \begin{pmatrix} a_n \\ b_n \end{pmatrix}, \qquad A = \begin{pmatrix} 0 & 1 \\ 2 & -1 \end{pmatrix}$$

(2)　式 $(**)$ を繰り返し用いると，次のように表されることを確かめよ．

$$(***)\qquad \begin{pmatrix} a_n \\ b_n \end{pmatrix} = A^{n-1} \begin{pmatrix} a_1 \\ b_1 \end{pmatrix}$$

(3)　行列 A の固有値と固有ベクトルを求め，A を対角化せよ．

(4)　行列 A の $n-1$ 乗を計算することにより，a_n を求めよ．

1.11　行列

$$A = \begin{pmatrix} 4 & -5 \\ 2 & -3 \end{pmatrix}$$

について次の各問に答えよ．

(1)　A の固有値 λ_1, λ_2 を求めよ．

(2)　$A = \lambda_1 P_1 + \lambda_2 P_2$，$E = P_1 + P_2$ をみたす行列 P_1, P_2 を求めよ．

(3)　$P_1 P_2 = P_2 P_1 = O$，${P_1}^2 = P_1$，${P_2}^2 = P_2$ が成り立つことを示せ．

(4)　行列 A の n 乗 A^n を求めよ．

2 Chapter 空間図形

この章では，空間上の基本的な図形を式で表現することを考える．まず平面の場合と同様に空間ベクトルの内積を定義して，空間ベクトルの大きさや角度を測ることを考える．次に，ベクトルの外積という新しい概念を導入する．これらを用いると，空間上の基本的な図形を式で表現したり，その性質を調べたりできるようになる．空間図形に対する直観を養うことは，第 5 章で扱う n 次元ベクトル空間の理解につながる．

2.1 空間ベクトルの内積と外積

空間上の点の位置は，「縦」と「横」を表す 2 つの座標に「高さ」を表す座標を加えた 3 つの座標を用いて表すことができる．直観的には，平面が 2 次元の世界であるのに対し，空間は 3 次元の世界であると思えばよい．例えば，右図の点 P の位置は

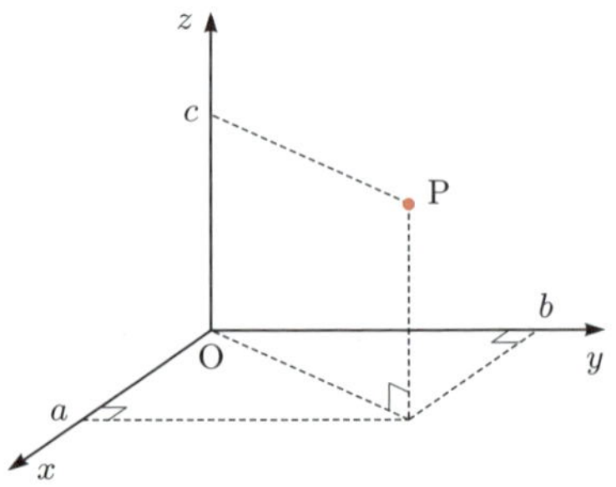

$$\mathrm{P}(a, b, c)$$

のように表される．

平面上のベクトルと同様に，空間上のベクトルを考えることができる．空間

上のベクトルは $\overrightarrow{a}, \overrightarrow{b}$ もしくは太文字の $\boldsymbol{a}, \boldsymbol{b}$ で表される．また，ベクトルの成分は横書きと縦書きのどちらを利用してもよいのだが，具体的な計算を行うときは縦書きとする．空間上のベクトルに対しても，加法とスカラー倍という演算を行うことができる．

$$\boldsymbol{a} = \begin{pmatrix} a_1 \\ a_2 \\ a_3 \end{pmatrix}, \quad \boldsymbol{b} = \begin{pmatrix} b_1 \\ b_2 \\ b_3 \end{pmatrix}, \quad \boldsymbol{a} + \boldsymbol{b} = \begin{pmatrix} a_1 + b_1 \\ a_2 + b_2 \\ a_3 + b_3 \end{pmatrix}, \quad k\boldsymbol{a} = \begin{pmatrix} ka_1 \\ ka_2 \\ ka_3 \end{pmatrix}.$$

平面の場合と同様に，空間ベクトルに対しても内積が定義される．

定義 2.1 2 つの空間ベクトル $\boldsymbol{a} = (a_1, a_2, a_3)$ と $\boldsymbol{b} = (b_1, b_2, b_3)$ に対し $\boldsymbol{a}$ と $\boldsymbol{b}$ の**内積**を $(\boldsymbol{a}, \boldsymbol{b})$ と表し，

$$(\boldsymbol{a}, \boldsymbol{b}) = a_1 b_1 + a_2 b_2 + a_3 b_3$$

と定義する．

ベクトルの内積を用いると，ベクトルの大きさや 2 つのベクトルのなす角度を測ることができる．すなわち，$\boldsymbol{a} = (a_1, a_2, a_3)$ の大きさ $|\boldsymbol{a}|$ は，

$$|\boldsymbol{a}| = \sqrt{(\boldsymbol{a}, \boldsymbol{a})} = \sqrt{{a_1}^2 + {a_2}^2 + {a_3}^2}$$

で与えられる．また，2 つのベクトル $\boldsymbol{a}$ と $\boldsymbol{b}$ のなす角 θ（$0^\circ \leqq \theta \leqq 180^\circ$）は

$$\cos\theta = \frac{(\boldsymbol{a}, \boldsymbol{b})}{|\boldsymbol{a}||\boldsymbol{b}|}$$

によって求めることができる．とくに，$\boldsymbol{a}$ と $\boldsymbol{b}$ が直交するための条件は，

$$(\boldsymbol{a}, \boldsymbol{b}) = a_1 b_1 + a_2 b_2 + a_3 b_3 = 0$$

である．また，次の計算規則が成り立つ．

$$(\boldsymbol{a} + \boldsymbol{b}, \boldsymbol{c}) = (\boldsymbol{a}, \boldsymbol{c}) + (\boldsymbol{b}, \boldsymbol{c}),$$

$$(k\boldsymbol{a}, \boldsymbol{b}) = k(\boldsymbol{a}, \boldsymbol{b}) \qquad (k \text{ は実数}),$$

$$(\boldsymbol{a}, \boldsymbol{b}) = (\boldsymbol{b}, \boldsymbol{a}),$$

$$(\boldsymbol{a}, \boldsymbol{a}) \geqq 0, \quad \text{ただし，等号成立は } \boldsymbol{a} = \boldsymbol{0} \text{ のときに限る．}$$

問 2.1　2 つのベクトル $\boldsymbol{a} = (2, 1, 3)$ と $\boldsymbol{b} = (3, -2, 1)$ のなす角を求めよ．

問 2.2　四面体 OABC において，OA $\perp$ BC，OB $\perp$ CA ならば OC $\perp$ AB であることを次の手順に従って証明せよ．

(1)　$\boldsymbol{a} = \overrightarrow{\mathrm{OA}}$, $\boldsymbol{b} = \overrightarrow{\mathrm{OB}}$, $\boldsymbol{c} = \overrightarrow{\mathrm{OC}}$ とおくとき，$\overrightarrow{\mathrm{BC}}$，$\overrightarrow{\mathrm{CA}}$ を $\boldsymbol{a}$, $\boldsymbol{b}$, $\boldsymbol{c}$ を用いて表せ．

(2)　$(\overrightarrow{\mathrm{OC}}, \overrightarrow{\mathrm{AB}}) = 0$ が成り立つことを示し，OC $\perp$ AB を証明せよ．

例題 2.1　2 つのベクトル $\boldsymbol{a} = (a_1, a_2, a_3)$ と $\boldsymbol{b} = (b_1, b_2, b_3)$ でつくられる平行四辺形の面積 S が，次の式で与えられることを示せ．

$$\begin{aligned} S &= \sqrt{|\boldsymbol{a}|^2|\boldsymbol{b}|^2 - (\boldsymbol{a}, \boldsymbol{b})^2} \\ &= \sqrt{(a_2b_3 - a_3b_2)^2 + (a_3b_1 - a_1b_3)^2 + (a_1b_2 - a_2b_1)^2}. \end{aligned}$$

解　2 つのベクトル $\boldsymbol{a} = (a_1, a_2, a_3)$ と $\boldsymbol{b} = (b_1, b_2, b_3)$ のなす角を θ とするとき，求める面積 S は

$$S = |\boldsymbol{a}||\boldsymbol{b}| \sin\theta$$

で与えられる．$\sin\theta \geqq 0$ であるから，$\cos^2\theta + \sin^2\theta = 1$ を用いると，

$$\begin{aligned} S &= |\boldsymbol{a}||\boldsymbol{b}|\sqrt{1 - \cos^2\theta} \\ &= |\boldsymbol{a}||\boldsymbol{b}|\sqrt{1 - \frac{(\boldsymbol{a}, \boldsymbol{b})^2}{|\boldsymbol{a}|^2|\boldsymbol{b}|^2}} \\ &= \sqrt{|\boldsymbol{a}|^2|\boldsymbol{b}|^2 - (\boldsymbol{a}, \boldsymbol{b})^2} \end{aligned}$$

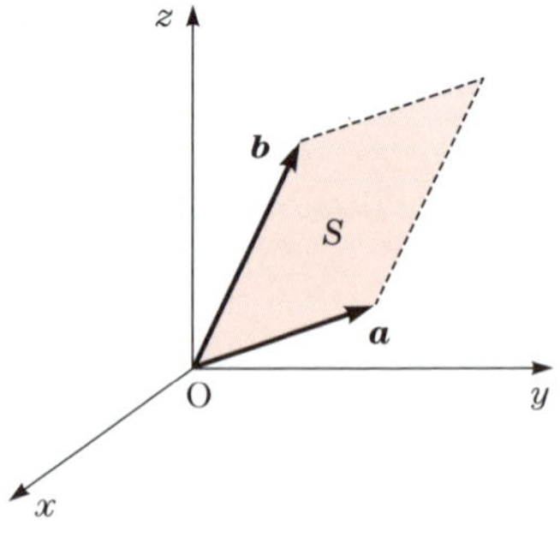

となる．また，やや長い計算を実際に行うと

$$\begin{aligned} &|\boldsymbol{a}|^2|\boldsymbol{b}|^2 - (\boldsymbol{a}, \boldsymbol{b})^2 \\ &= ({a_1}^2 + {a_2}^2 + {a_3}^2)({b_1}^2 + {b_2}^2 + {b_3}^2) - (a_1b_1 + a_2b_2 + a_3b_3)^2 \\ &= (a_2b_3 - a_3b_2)^2 + (a_3b_1 - a_1b_3)^2 + (a_1b_2 - a_2b_1)^2 \end{aligned}$$

が成り立つことも確かめられる（各自確かめてみよ）．◆

次に，空間ベクトルの外積を定義しよう．

定義 2.2 2つの空間ベクトル $\boldsymbol{a} = (a_1, a_2, a_3)$ と $\boldsymbol{b} = (b_1, b_2, b_3)$ に対し $\boldsymbol{a}$ と $\boldsymbol{b}$ の**外積**を $\boldsymbol{a} \times \boldsymbol{b}$ と表し,

$$\begin{aligned}\boldsymbol{a} \times \boldsymbol{b} &= (a_2 b_3 - a_3 b_2,\ a_3 b_1 - a_1 b_3,\ a_1 b_2 - a_2 b_1) \\ &= \left(\begin{vmatrix} a_2 & a_3 \\ b_2 & b_3 \end{vmatrix}, \begin{vmatrix} a_3 & a_1 \\ b_3 & b_1 \end{vmatrix}, \begin{vmatrix} a_1 & a_2 \\ b_1 & b_2 \end{vmatrix} \right)\end{aligned}$$

と定義する.

内積を計算した結果が「数」であるのに対し, 外積を計算した結果は「ベクトル」になることに注意しよう. $\boldsymbol{a} \times \boldsymbol{b}$ は次のような覚え方をしておくとよい.

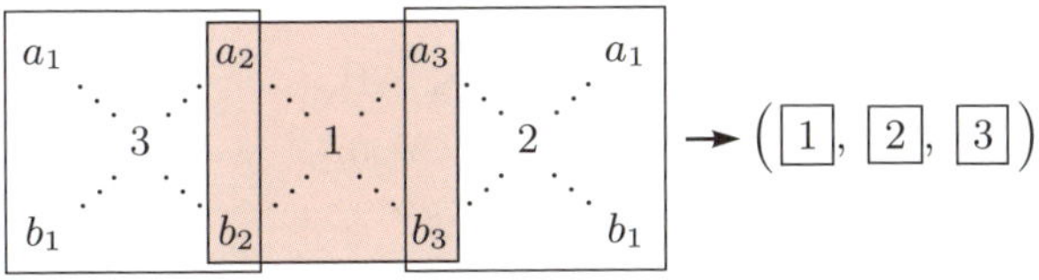

ベクトルの外積 $\boldsymbol{a} \times \boldsymbol{b}$ は次の性質をもっている.

(i) $\boldsymbol{a} \times \boldsymbol{b}$ は $\boldsymbol{a}$ と $\boldsymbol{b}$ の両方に直交するベクトルである (より正確には, $\boldsymbol{a} \times \boldsymbol{b}$ の向きが $\boldsymbol{a}, \boldsymbol{b}$ と**右手系** (下の左図) をなすように与えられる. 数学的には, 第4章で学ぶ3次の行列式を用いて, $\det(\boldsymbol{a}, \boldsymbol{b}, \boldsymbol{a} \times \boldsymbol{b}) > 0$ で定義される).

(ii) $\boldsymbol{a} \times \boldsymbol{b}$ の大きさは $\boldsymbol{a}$ と $\boldsymbol{b}$ のつくる平行四辺形の面積に等しい.

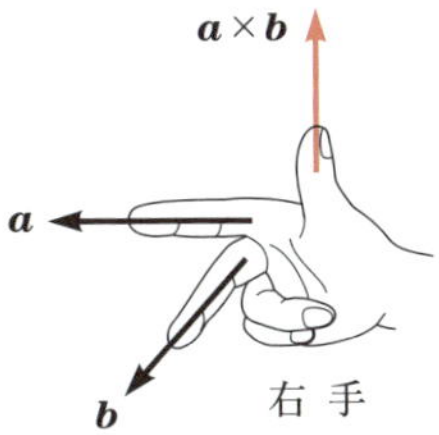

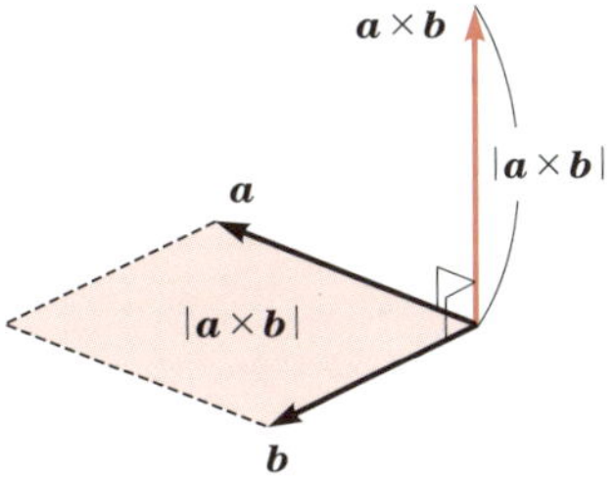

問 2.3 (1) $(\boldsymbol{a} \times \boldsymbol{b}, \boldsymbol{a}) = (\boldsymbol{a} \times \boldsymbol{b}, \boldsymbol{b}) = 0$ を示し, 上の性質 (i) が成り立つことを確かめよ.

(2) 例題 2.1 の結果を用いて, 上の性質 (ii) が成り立つことを確かめよ.

例題 2.2　空間内に 4 点 A, B, C, D がある．この 4 点でつくられる四面体 ABCD の体積 V が

$$V = \frac{1}{6}\left| \left(\overrightarrow{\mathrm{AB}} \times \overrightarrow{\mathrm{AC}},\ \overrightarrow{\mathrm{AD}}\right) \right|$$

で与えられることを示せ．

解　外積の性質 (ii) より，3 点 A, B, C がつくる三角形 ABC の面積 S は，

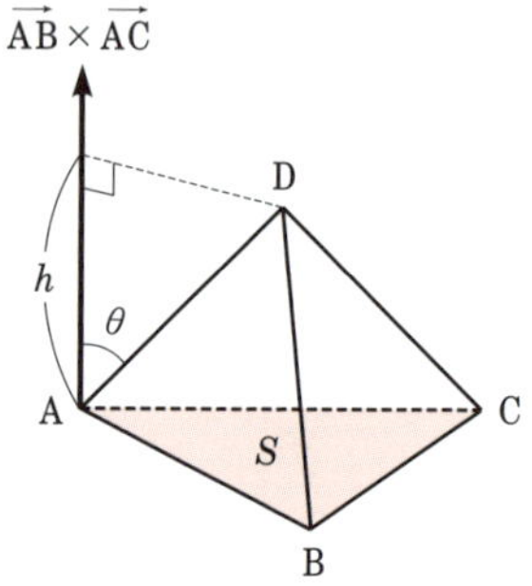

$$S = \frac{1}{2}\left|\overrightarrow{\mathrm{AB}} \times \overrightarrow{\mathrm{AC}}\right|$$

で与えられる．また，外積の性質 (i) より，$\overrightarrow{\mathrm{AB}} \times \overrightarrow{\mathrm{AC}}$ は 3 点 A, B, C のつくる平面に対して垂直である．よって，点 D から 3 点 A, B, C のつくる平面に下ろした垂線の長さ h は，$\overrightarrow{\mathrm{AD}}$ と $\overrightarrow{\mathrm{AB}} \times \overrightarrow{\mathrm{AC}}$ のなす角を θ とするとき，

$$h = |\overrightarrow{\mathrm{AD}}||\cos\theta| = |\overrightarrow{\mathrm{AD}}|\frac{\left|\left(\overrightarrow{\mathrm{AB}} \times \overrightarrow{\mathrm{AC}}, \overrightarrow{\mathrm{AD}}\right)\right|}{|\overrightarrow{\mathrm{AB}} \times \overrightarrow{\mathrm{AC}}|\,|\overrightarrow{\mathrm{AD}}|} = \frac{\left|\left(\overrightarrow{\mathrm{AB}} \times \overrightarrow{\mathrm{AC}}, \overrightarrow{\mathrm{AD}}\right)\right|}{|\overrightarrow{\mathrm{AB}} \times \overrightarrow{\mathrm{AC}}|}$$

となる．よって，求める体積 V は，三角錐の体積を与える公式より

$$V = \frac{1}{3}Sh = \frac{1}{6}\left|\left(\overrightarrow{\mathrm{AB}} \times \overrightarrow{\mathrm{AC}}, \overrightarrow{\mathrm{AD}}\right)\right|$$

で与えられる．◆

問 2.4　空間内の 4 点 $\mathrm{A}(1,0,1)$, $\mathrm{B}(-1,1,2)$, $\mathrm{C}(0,1,3)$, $\mathrm{D}(1,2,0)$ のつくる四面体 ABCD の体積を求めよ．

2.2　空間内の直線と平面

1.1 節で述べたように，出発点と方向ベクトルを決めておけば，平面上に直線を描くことができた．空間内においても出発点と方向ベクトルを決めれば，直

線を描くことができる．すなわち，空間内の点 $\mathrm{P}_0(x_0, y_0, z_0)$ を出発点とし，方向が $\boldsymbol{v} = (a, b, c)$ によって定められる**直線のベクトル方程式**は，

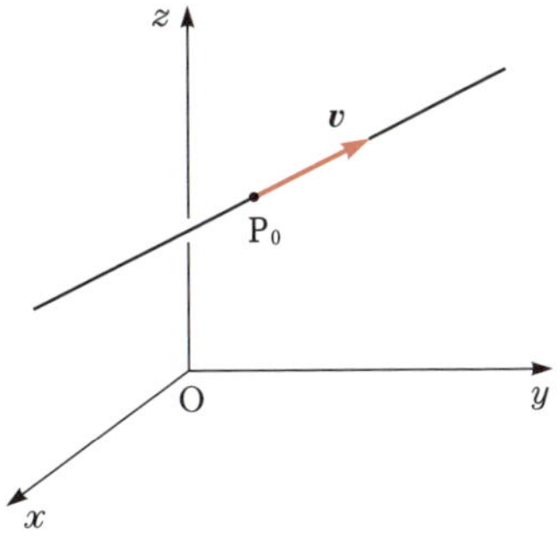

$$\begin{pmatrix} x \\ y \\ z \end{pmatrix} = \begin{pmatrix} x_0 \\ y_0 \\ z_0 \end{pmatrix} + t \begin{pmatrix} a \\ b \\ c \end{pmatrix} \qquad (t \text{ は実数})$$

で与えられる．これは，単に

$$\overrightarrow{\mathrm{OP}} = \overrightarrow{\mathrm{OP}_0} + t\boldsymbol{v} \qquad (t \text{ は実数})$$

のように表されることも多い．ここで，P は直線上の点である．

> **例題 2.3** xyz 空間内において，2 点 $(3, 5, 1)$ と $(2, 3, 5)$ を通る直線のベクトル方程式を求めよ．

解 直線の方向を定めるベクトル（の 1 つ）は

$$\boldsymbol{v} = \begin{pmatrix} 2 \\ 3 \\ 5 \end{pmatrix} - \begin{pmatrix} 3 \\ 5 \\ 1 \end{pmatrix} = \begin{pmatrix} -1 \\ -2 \\ 4 \end{pmatrix}$$

であるから，求める直線のベクトル方程式は，次のように与えられる．

$$\begin{pmatrix} x \\ y \\ z \end{pmatrix} = \begin{pmatrix} 3 \\ 5 \\ 1 \end{pmatrix} + t \begin{pmatrix} -1 \\ -2 \\ 4 \end{pmatrix} \qquad (t \text{ は実数}).$$

◆

問 2.5 次の 2 直線は交わるか．交わっていればその交点を求めよ．

$$\ell_1 : \begin{pmatrix} x \\ y \\ z \end{pmatrix} = \begin{pmatrix} 1 \\ 0 \\ 2 \end{pmatrix} + t \begin{pmatrix} -1 \\ 2 \\ 0 \end{pmatrix}, \qquad \ell_2 : \begin{pmatrix} x \\ y \\ z \end{pmatrix} = \begin{pmatrix} 3 \\ 4 \\ -1 \end{pmatrix} + s \begin{pmatrix} 1 \\ 1 \\ 1 \end{pmatrix}.$$

次に，空間内の平面について考えよう．次の左図を見ればわかるように，平

面は直線と違って2次元的な広がりをもつ図形である．それゆえ，平面を表すには，たった1つの方向だけを指定すればよいのではなく，2つの方向を決めなければならない．すなわち，点 $\mathrm{P}_0(x_0, y_0, z_0)$ を通り，方向を定めるベクトルが $\boldsymbol{u}_1 = (u_{11}, u_{21}, u_{31})$ と $\boldsymbol{u}_2 = (u_{12}, u_{22}, u_{32})$ であるとき，xyz 空間内の**平面のベクトル方程式**は，

$$\begin{pmatrix} x \\ y \\ z \end{pmatrix} = \begin{pmatrix} x_0 \\ y_0 \\ z_0 \end{pmatrix} + s\begin{pmatrix} u_{11} \\ u_{21} \\ u_{31} \end{pmatrix} + t\begin{pmatrix} u_{12} \\ u_{22} \\ u_{32} \end{pmatrix} \qquad (s, t \text{ は実数})$$

で与えられる．ただし，$\boldsymbol{u}_1$ と $\boldsymbol{u}_2$ の方向は異なるものとする．これは，単に

$$\overrightarrow{\mathrm{OP}} = \overrightarrow{\mathrm{OP}_0} + s\boldsymbol{u}_1 + t\boldsymbol{u}_2 \qquad (s, t \text{ は実数})$$

のように表されることも多い．ここで，P は平面上の点である．

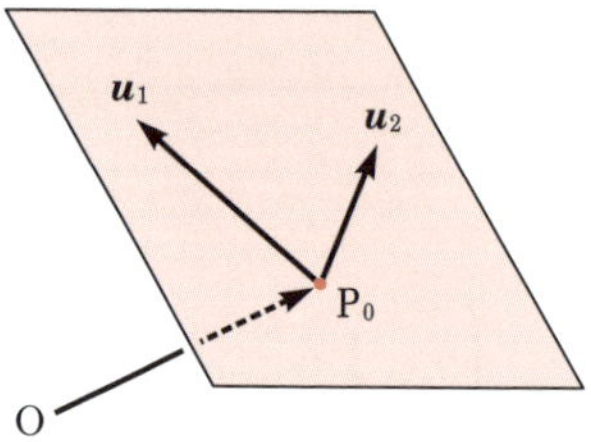

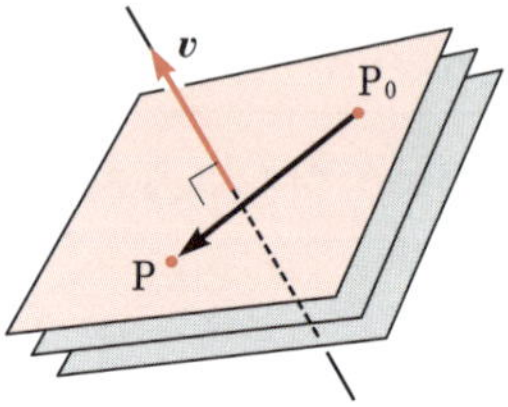

ところで，空間内の平面を表すのには，もう1つの方法がある．空間内の平面に対して，これを垂直に「串刺し」にするベクトル $\boldsymbol{v} = (a, b, c)$ を1つ選ぶ．$\boldsymbol{v}$ は平面の**法線ベクトル**とよばれている．この $\boldsymbol{v}$ によって串刺しにされる平面は，上の右図のように無数にある．このうち，点 $\mathrm{P}_0(x_0, y_0, z_0)$ を通るものはただ1つに決まるはずである．いま，この平面上の点を $\mathrm{P}(x, y, z)$ としよう．上の右図からわかるように，$\boldsymbol{v}$ と $\overrightarrow{\mathrm{P}_0\mathrm{P}}$ は直交している．よって，

$$(\boldsymbol{v}, \overrightarrow{\mathrm{P}_0\mathrm{P}}) = 0.$$

すなわち，

$$a(x - x_0) + b(y - y_0) + c(z - z_0) = 0$$

を得る．この式は，

$$ax + by + cz = d \qquad (d \text{ はある定数})$$

の形をしているので，次のことがわかる．

定理 2.1 $\boldsymbol{v} = (a, b, c)$ を法線ベクトルにもつ xyz 空間内の平面は

$$ax + by + cz = d$$

で与えられる．ただし，d は他の何らかの情報によって決定される定数である．これを**平面の 1 次方程式**という．

以下では，直線と平面に関するいくつかの典型的な問題を考える．

例題 2.4 xyz 空間内において，3 点 A$(0, 1, 0)$, B$(0, 0, 1)$, C$(1, -1, 0)$ を通る平面のベクトル方程式を求めよ．また，その 1 次方程式も求めよ．

解 この平面の 2 つの方向を定めるベクトルは

$$\overrightarrow{\mathrm{AB}} = \begin{pmatrix} 0 \\ 0 \\ 1 \end{pmatrix} - \begin{pmatrix} 0 \\ 1 \\ 0 \end{pmatrix} = \begin{pmatrix} 0 \\ -1 \\ 1 \end{pmatrix},$$

$$\overrightarrow{\mathrm{AC}} = \begin{pmatrix} 1 \\ -1 \\ 0 \end{pmatrix} - \begin{pmatrix} 0 \\ 1 \\ 0 \end{pmatrix} = \begin{pmatrix} 1 \\ -2 \\ 0 \end{pmatrix}$$

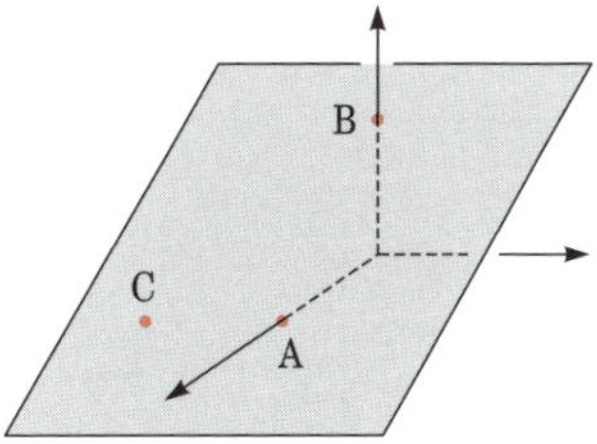

である．よって，求める平面のベクトル方程式は次のように与えられる．

$$\begin{pmatrix} x \\ y \\ z \end{pmatrix} = \begin{pmatrix} 0 \\ 1 \\ 0 \end{pmatrix} + s \begin{pmatrix} 0 \\ -1 \\ 1 \end{pmatrix} + t \begin{pmatrix} 1 \\ -2 \\ 0 \end{pmatrix} \qquad (s, t \text{ は実数})$$

一方，この平面の法線ベクトル $\boldsymbol{v}$ は $\overrightarrow{\mathrm{AB}}$ と $\overrightarrow{\mathrm{AC}}$ の両方に直交しているから，$\boldsymbol{v} = \overrightarrow{\mathrm{AB}} \times \overrightarrow{\mathrm{AC}}$ と考えることができる．すなわち，

$$\boldsymbol{v} = \overrightarrow{\mathrm{AB}} \times \overrightarrow{\mathrm{AC}} = \begin{pmatrix} -1\cdot 0 - 1\cdot(-2) \\ 1\cdot 1 - 0\cdot 0 \\ 0\cdot(-2) - (-1)\cdot 1 \end{pmatrix} = \begin{pmatrix} 2 \\ 1 \\ 1 \end{pmatrix}.$$

よって，求める平面の1次方程式は

$$2x + y + z = d \qquad (d\text{は定数})$$

と表せる．これが，点 $\mathrm{A}(0,1,0)$ を通るので，

$$2\cdot 0 + 1 + 0 = d$$

が成り立つはずである．これより，$d=1$ を得る．よって求める平面の1次方程式は $2x+y+z=1$ である．◆

問 2.6　xyz 空間内において，3点 $\mathrm{A}(1,-1,0)$, $\mathrm{B}(3,-2,-1)$, $\mathrm{C}(0,4,2)$ を通る平面のベクトル方程式を求めよ．また，その1次方程式も求めよ．

例題 2.5　次の平面 α と直線 ℓ の交点を求めよ．

$$\alpha : 3x - 2y + z - 5 = 0,$$
$$\ell : (x,y,z) = (1,-2,-1) + t(2,3,-1).$$

解　求める交点 (x_0, y_0, z_0) は直線 ℓ 上にあるから，次の式

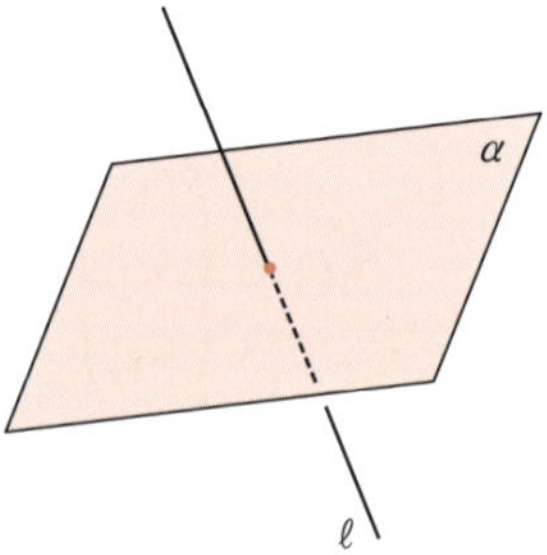

$$(1) \qquad \begin{cases} x_0 = 1 + 2t \\ y_0 = -2 + 3t \\ z_0 = -1 - t \end{cases}$$

で与えられる．一方，交点は平面 α 上の点でもあるので，(x_0, y_0, z_0) は

$$3x_0 - 2y_0 + z_0 - 5 = 0$$

をみたす．よって，式(1)を上式に代入すると

$$3(1+2t) - 2(-2+3t) + (-1-t) - 5 = 0.$$

したがって，$t=1$ を得る．よって，求める交点は，$(3,1,-2)$ である． ◆

問 2.7 xyz 空間内において，点 $(2,0,1)$ を通り $\boldsymbol{u}=(1,-3,2)$ を法線ベクトルにもつ平面 α がある．

(1) 点 $(3,7,-3)$ を通り $\boldsymbol{v}=(1,5,-7)$ を方向ベクトルとする直線と平面 α の交点の座標を求めよ．

(2) 点 $(3,7,-3)$ から平面 α に下ろした垂線の足の座標を求めよ．

例題 2.6 次の直線 ℓ を含み，点 $\mathrm{P}(1,-1,-1)$ を通る平面の 1 次方程式を求めよ．

$$\ell:(x,y,z)=(0,1,1)+t(1,-3,-2).$$

解説 この問題に対しては，いろいろな考え方がある．例えば，直線 ℓ 上の 2 点 $\mathrm{Q}(0,1,1)$ と $\mathrm{R}(1,-2,-1)$（$t=0,1$ のときの点）をとり，3 点 P, Q, R を通る平面を例題 2.4 の方法で求めてもよい．ここでは，一般に2 つの平面の交わりが直線になるという事実に注意して，次のように考える．

直線 ℓ のベクトル方程式を，各成分ごとに t について解くと，

$$\frac{x}{1}=\frac{y-1}{-3}=\frac{z-1}{-2}=t$$

を得る．これは，次の 2 つの平面 α_1, α_2 の 1 次方程式

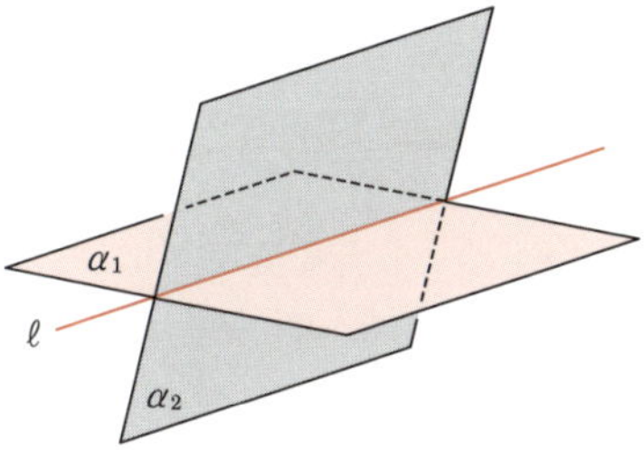

$$\alpha_1:\frac{x}{1}=\frac{y-1}{-3},\qquad \alpha_2:\frac{y-1}{-3}=\frac{z-1}{-2}$$

すなわち，

$$\alpha_1:3x+y-1=0,\qquad \alpha_2:2y-3z+1=0$$

の交わりであると考えられる．そこで，求める平面の方程式を

$$(1)\qquad h(3x+y-1)+(2y-3z+1)=0$$

とおいてみよう（次ページの注意 2.1 を参照）．ここで，h は（未知）定数である．(1) は点 P を通るので，

$$h\{3\cdot 1+(-1)-1\}+\{2(-1)-3(-1)+1\}=0$$

が成り立つはずである．これを解くと，$h=-2$ を得る．よって，求める平面の 1 次方程式は，$2x+z-1=0$ である．◆

✔ **注意 2.1**　式 (1) のようにおいて計算を行って，h がうまく求められない場合は，

$$(3x+y-1)+k(2y-3z+1)=0$$

とおいてやるとよい．一般に，2 つの平面

$$a_1x+b_1y+c_1z+d_1=0 \quad と \quad a_2x+b_2y+c_2z+d_2=0$$

の交線を含む平面は，次の式で与えられる．

$$h(a_1x+b_1y+c_1z+d_1)+k(a_2x+b_2y+c_2z+d_2)=0 \qquad (h, k\ は定数)$$

問 2.8　2 つの平面 $x-y+2z=1$ と $2x+y-z=2$ の交線のベクトル方程式を求めよ．

2.3　空間上の 1 次変換

平面上の 1 次変換と同様に，空間上の **1 次変換**は，空間上の点 (x_1, x_2, x_3) を点 $(x_1{}', x_2{}', x_3{}')$ に移す変換で，

$$\begin{pmatrix} x_1{}' \\ x_2{}' \\ x_3{}' \end{pmatrix} = \begin{pmatrix} a_{11} & a_{12} & a_{13} \\ a_{21} & a_{22} & a_{23} \\ a_{31} & a_{32} & a_{33} \end{pmatrix} \begin{pmatrix} x_1 \\ x_2 \\ x_3 \end{pmatrix}$$

によって与えられる．これは，ベクトルと行列の記号を用いて

$$\boldsymbol{u}' = A\boldsymbol{u}$$

と表されることも多い．ここで，

$$\boldsymbol{u}' = \begin{pmatrix} x_1{}' \\ x_2{}' \\ x_3{}' \end{pmatrix}, \quad \boldsymbol{u} = \begin{pmatrix} x_1 \\ x_2 \\ x_3 \end{pmatrix}, \quad A = \begin{pmatrix} a_{11} & a_{12} & a_{13} \\ a_{21} & a_{22} & a_{23} \\ a_{31} & a_{32} & a_{33} \end{pmatrix}$$

である．空間上の 1 次変換を用いると，空間内の図形を移動させることができる．ここでは，空間上の 1 次変換として代表的ないくつかのものをごく手短に紹介する．それらのもつ性質は，平面上の 1 次変換からの類推で容易にわかるだろう．

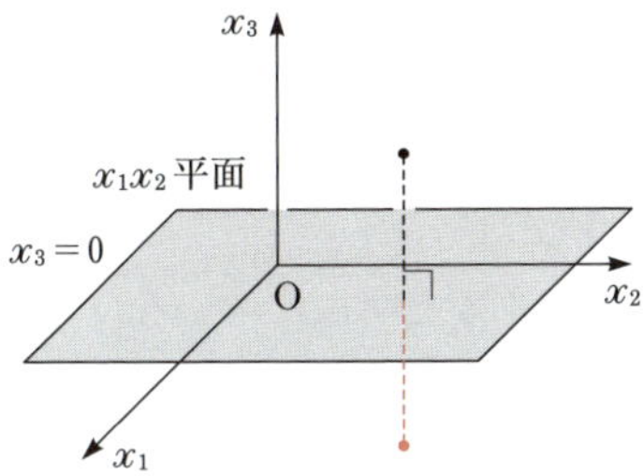

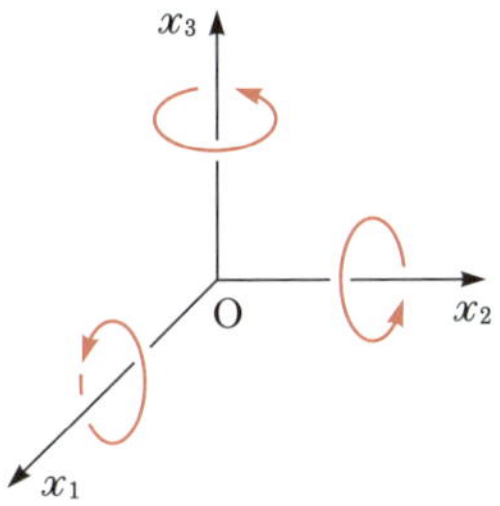

2.3.1 平面に関する対称移動

x_1x_2 平面に関する対称移動は，

$$\begin{pmatrix} x_1' \\ x_2' \\ x_3' \end{pmatrix} = \begin{pmatrix} 1 & 0 & 0 \\ 0 & 1 & 0 \\ 0 & 0 & -1 \end{pmatrix} \begin{pmatrix} x_1 \\ x_2 \\ x_3 \end{pmatrix}$$

で与えられる（上の左図を参照）．また，x_2x_3 平面，x_3x_1 平面に関する対称移動も同様の形をしていることはすぐにわかる．

2.3.2 軸のまわりの回転

x_3 軸のまわりの角 θ 回転は，

$$\begin{pmatrix} x_1' \\ x_2' \\ x_3' \end{pmatrix} = \begin{pmatrix} \cos\theta & -\sin\theta & 0 \\ \sin\theta & \cos\theta & 0 \\ 0 & 0 & 1 \end{pmatrix} \begin{pmatrix} x_1 \\ x_2 \\ x_3 \end{pmatrix}$$

で与えられる（上の右図参照）．これは，次のように考えるとよい．

x_3 軸のまわりの角 θ 回転を表す行列を A とおく．x_3 軸は回転によって動かないので，

$$A\begin{pmatrix}0\\0\\1\end{pmatrix}=\begin{pmatrix}0\\0\\1\end{pmatrix}$$

を得る．一方，x_1x_2 平面上では，角 θ 回転になるので，

$$A\begin{pmatrix}1\\0\\0\end{pmatrix}=\begin{pmatrix}\cos\theta\\\sin\theta\\0\end{pmatrix},\quad A\begin{pmatrix}0\\1\\0\end{pmatrix}=\begin{pmatrix}-\sin\theta\\\cos\theta\\0\end{pmatrix}$$

となる．よって，3つの式をまとめると（注意 1.3 と同様に考える），

$$A\begin{pmatrix}1&0&0\\0&1&0\\0&0&1\end{pmatrix}=\begin{pmatrix}\cos\theta&-\sin\theta&0\\\sin\theta&\cos\theta&0\\0&0&1\end{pmatrix}$$

となる．$AE=A$（E は単位行列）であるから，

$$A=\begin{pmatrix}\cos\theta&-\sin\theta&0\\\sin\theta&\cos\theta&0\\0&0&1\end{pmatrix}.$$

問 2.9　x_2 軸のまわりの角 θ 回転を表す行列は

$$A=\begin{pmatrix}\cos\theta&0&-\sin\theta\\0&1&0\\\sin\theta&0&\cos\theta\end{pmatrix}$$

で与えられることを示せ．また，x_1 軸のまわりの角 θ 回転を表す行列を求めよ．

2.3.3　平面上への射影

$x_1x_2x_3$ 空間上の点 (x_1,x_2,x_3) を x_1x_2 平面上の点 $(x_1,x_2,0)$ へ射影する変換は

$$\begin{pmatrix}x_1{}'\\x_2{}'\\x_3{}'\end{pmatrix}=\begin{pmatrix}1&0&0\\0&1&0\\0&0&0\end{pmatrix}\begin{pmatrix}x_1\\x_2\\x_3\end{pmatrix}$$

で与えられる（次の図を参照）．x_2x_3 平面，x_3x_1 平面上への射影も同様の形をしていることはすぐにわかる．

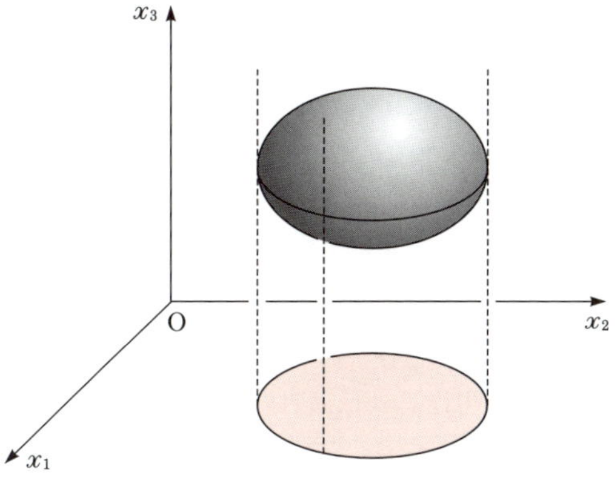

練習問題

2.1　2 つの平面 $3x - y - 2z + 4 = 0$ と $x + 2y - 3z = 0$ のなす角を求めよ．

2.2　1 辺の長さが ℓ の正四面体 OABC において，OA, BC の中点をそれぞれ M, N とする．このとき，以下の各問に答えよ．

(1)　$\boldsymbol{a} = \overrightarrow{\mathrm{OA}}$, $\boldsymbol{b} = \overrightarrow{\mathrm{OB}}$, $\boldsymbol{c} = \overrightarrow{\mathrm{OC}}$ とおくとき，$\overrightarrow{\mathrm{MN}}$ を $\boldsymbol{a}$, $\boldsymbol{b}$, $\boldsymbol{c}$ を用いて表せ．

(2)　$\overrightarrow{\mathrm{MN}}$ の大きさを求めよ．

(3)　$\overrightarrow{\mathrm{MN}}$ と $\overrightarrow{\mathrm{OB}}$ のなす角を求めよ．

2.3　平面 $\alpha : 2x + y - 2z = 2$ と 3 つの座標平面で囲まれる四面体の体積を求めよ．また，この平面 α と各座標平面との交線のつくる三角形の面積を求めよ．

2.4　（**点と平面の距離の公式**）　点 $\mathrm{P}(x_0, y_0, z_0)$ と平面 $\alpha : ax + by + cz + d = 0$（$a$, b, c, d は定数）との距離 h は，点 P から平面 α に下ろした垂線の足を Q とするとき，線分 PQ の長さによって定義される．h が次の式で与えられることを示せ．

$$h = \frac{|ax_0 + by_0 + cz_0 + d|}{\sqrt{a^2 + b^2 + c^2}}$$

2.5　空間内に 2 直線 $\ell_1 : (x, y, z) = s(2, -2, 3)$, $\ell_2 : (x, y, z) = (1, 0, -1) + t(1, 2, 3)$ がある．ℓ_1 上の任意の点 P と，ℓ_2 上の任意の点 Q を結ぶ線分 PQ の中点の全体は，どのような図形になるか．その図形の方程式を求めよ．

2.6　直線 ℓ は 2 点 $\mathrm{A}(1, 1, 0)$ と $\mathrm{B}(2, 1, 1)$ を通り，直線 m は 2 点 $\mathrm{C}(1, 1, 1)$ と $\mathrm{D}(1, 3, 2)$ を通る．このとき，以下の各問に答えよ．

(1)　ℓ を含み m に平行な平面の 1 次方程式を求めよ．

(2)　点 $\mathrm{P}(2, 0, 1)$ を通り，ℓ と m の両方に交わる直線を n とする．ℓ と n の交点および m と n の交点を求めよ．

2.7 空間内に 2 点 $\mathrm{P}(5, 4, 1)$, $\mathrm{Q}(1, 8, -3)$ および，平面 α： $2x + y - z = 1$ がある．このとき，次の各問に答えよ．

(1) 空間を平面 α によって 2 つの部分に分けるとき，2 点 P と Q はともに同じ部分内にあることを確かめよ．

(2) 平面 α 上に点 R をとり，2 つの線分の長さの和 $\overline{\mathrm{PR}} + \overline{\mathrm{RQ}}$ が最小になるようにしたい．点 R の座標を求めよ．

2.8 平面 $x - y + z = 1$ を z 軸のまわりに 45° 回転させて得られる平面の 1 次方程式を求めよ．

中心 $\mathrm{C}(x_0, y_0, z_0)$，半径 r の球面の方程式は

$$(x - x_0)^2 + (y - y_0)^2 + (z - z_0)^2 = r^2$$

で与えられる．

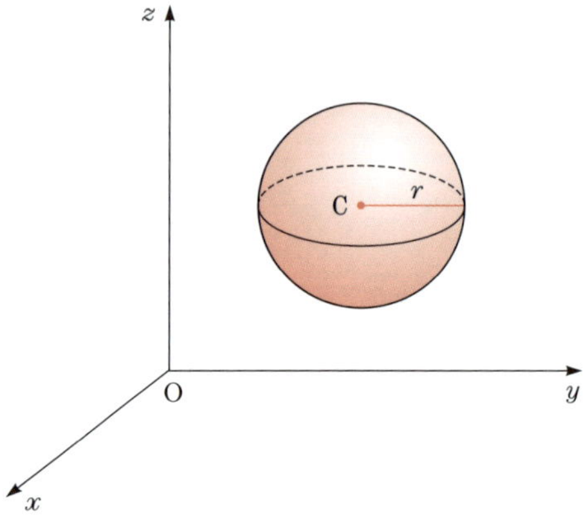

2.9 球面 S : $x^2 + y^2 + z^2 - 6x + 8y - 4z - 20 = 0$ について次の各問に答えよ．

(1) 球面 S の中心の座標と半径を求めよ．

(2) 球面 S が xy 平面と交わってできる円の中心の座標と半径を求めよ．

2.10 点 $\mathrm{A}(0, 1, 3)$ を通り，球面 $x^2 + y^2 + (z - 1)^2 = 1$ に接する直線を考える．このとき，直線と球面の接点 P の全体は 1 つの平面上にある．この平面の 1 次方程式を求めよ．

3
Chapter

連立 1 次方程式と行列の基本変形

自然科学，社会科学，工学などに現れる様々な問題が，最終的には連立1次方程式の問題に帰着される．この章では，行列の計算と連立1次方程式について学ぶ．最初に，一般の行列について和，スカラー倍，積という演算が定義されることを述べる．次に，連立1次方程式を効率的に解くために掃き出し法とよばれる計算法を説明した後，逆行列を求める方法を述べる．さらに，掃き出し法を行列の基本変形として理解する視点を説明し，連立1次方程式が解をもつための条件を調べる．

3.1 行列の計算

第1章で扱った2次正方行列に限らず，次のように「数」を並べたものも**行列**という．

$$\begin{pmatrix} 1 & 2 \\ 3 & 4 \\ 5 & 6 \end{pmatrix}, \qquad \begin{pmatrix} 1 & 2 & 3 \\ 0 & 1 & 4 \end{pmatrix}, \qquad \begin{pmatrix} 3 & 1 & 0 \\ 2 & 1 & -1 \\ -1 & 2 & 4 \end{pmatrix}.$$

このように，行列は，行と列の個数が異なっていてもよい．m 行 n 列である行列の一般的な表示は

$$A = \begin{pmatrix} a_{11} & a_{12} & \cdots & a_{1n} \\ a_{21} & a_{22} & \cdots & a_{2n} \\ \vdots & \vdots & \ddots & \vdots \\ a_{m1} & a_{m2} & \cdots & a_{mn} \end{pmatrix}$$

であるが，もっと単純に

$$A = (a_{ij}), \qquad A = (a_{ij})_{m \times n}, \qquad A = (a_{ij})_{\substack{1 \leqq i \leqq m \\ 1 \leqq j \leqq n}}$$

などのように表されることもある．

行列が正方形のとき，**正方行列**（行と列の個数を明示する場合は，n 次正方行列）という．行列は大文字のアルファベットで表すことが多い．

$$A = \begin{pmatrix} 1 & 2 \\ 3 & 4 \end{pmatrix}, \qquad B = \begin{pmatrix} 1 & 2 & 3 \\ 0 & 1 & 4 \end{pmatrix}, \qquad C = \begin{pmatrix} 3 & 1 & 0 \\ 2 & 1 & -1 \\ -1 & 2 & 4 \\ 2 & 0 & 1 \end{pmatrix}.$$

行列 C は4行3列の行列（単に 4×3 行列ともいう）である．行，列のことを，それぞれ**行ベクトル**，**列ベクトル**ということもある．例えば，

$$(2 \;\; 1 \;\; -1)$$

は C の第2行ベクトル，

$$\begin{pmatrix} 1 \\ 1 \\ 2 \\ 0 \end{pmatrix}$$

は C の第2列ベクトルである．行列を構成するおのおのの数を**成分**という．例えば，C の3行2列目の数2を C の $(3,2)$ 成分という．同様に，C の $(2,3)$ 成分は -1 である．一般に，$m \times n$ 行列

$$A = \begin{pmatrix} a_{11} & a_{12} & \cdots & a_{1n} \\ a_{21} & a_{22} & \cdots & a_{2n} \\ \vdots & \vdots & \ddots & \vdots \\ a_{m1} & a_{m2} & \cdots & a_{mn} \end{pmatrix}$$

の (i, j) 成分は a_{ij} で表される．また，$(i+2, j+2)$ 成分のように，数字が区別しにくいときは，$a_{i+2,\, j+2}$ のように「,」で区切って記せばよい．このとき，上の行列 A に対して，A のスカラー倍を

$$cA = \begin{pmatrix} ca_{11} & ca_{12} & \cdots & ca_{1n} \\ ca_{21} & ca_{22} & \cdots & ca_{2n} \\ \vdots & \vdots & \ddots & \vdots \\ ca_{m1} & ca_{m2} & \cdots & ca_{mn} \end{pmatrix}$$

で定義する．例えば，

$$A = \begin{pmatrix} 1 & 3 & 2 \\ -1 & 0 & 2 \end{pmatrix}$$

のとき，

$$3A = \begin{pmatrix} 3 & 9 & 6 \\ -3 & 0 & 6 \end{pmatrix}, \qquad -A = \begin{pmatrix} -1 & -3 & -2 \\ 1 & 0 & -2 \end{pmatrix}$$

である．また，2 つの行列

$$A = \begin{pmatrix} a_{11} & a_{12} & \cdots & a_{1n} \\ a_{21} & a_{22} & \cdots & a_{2n} \\ \vdots & \vdots & \ddots & \vdots \\ a_{m1} & a_{m2} & \cdots & a_{mn} \end{pmatrix}, \qquad B = \begin{pmatrix} b_{11} & b_{12} & \cdots & b_{1n} \\ b_{21} & b_{22} & \cdots & b_{2n} \\ \vdots & \vdots & \ddots & \vdots \\ b_{m1} & b_{m2} & \cdots & b_{mn} \end{pmatrix}$$

に対して，A と B の和を

$$A + B = \begin{pmatrix} a_{11} + b_{11} & a_{12} + b_{12} & \cdots & a_{1n} + b_{1n} \\ a_{21} + b_{21} & a_{22} + b_{22} & \cdots & a_{2n} + b_{2n} \\ \vdots & \vdots & \ddots & \vdots \\ a_{m1} + b_{m1} & a_{m2} + b_{m2} & \cdots & a_{mn} + b_{mn} \end{pmatrix}$$

で定義する．例えば，

$$A=\begin{pmatrix}1&2&3\\4&5&6\end{pmatrix},\quad B=\begin{pmatrix}3&4&1\\-1&0&2\end{pmatrix},$$

$$C=\begin{pmatrix}1&2&3\\2&1&0\\-1&4&2\end{pmatrix},\quad D=\begin{pmatrix}3&1&-2\\0&-1&4\\3&-3&0\end{pmatrix}$$

に対して，各成分ごとの和を計算して

$$A+B=\begin{pmatrix}1&2&3\\4&5&6\end{pmatrix}+\begin{pmatrix}3&4&1\\-1&0&2\end{pmatrix}=\begin{pmatrix}4&6&4\\3&5&8\end{pmatrix},$$

$$C+D=\begin{pmatrix}1&2&3\\2&1&0\\-1&4&2\end{pmatrix}+\begin{pmatrix}3&1&-2\\0&-1&4\\3&-3&0\end{pmatrix}=\begin{pmatrix}4&3&1\\2&0&4\\2&1&2\end{pmatrix}$$

のように行列の和を求めることができる．ただし，行の個数や列の個数が異なる行列同士の和は考えない．この例では，$A+C$ は計算できない．また，A と B の差 $A-B$ は，$A+(-1)B$ と考えればよい．

問 3.1　A,B,C,D を上の 4 つの行列とするとき，$-A+2B$，$3C+D$ を求めよ．

次に，行列の積を考えよう．2 次正方行列の積の計算方法を思い出すと，

$$A=\begin{pmatrix}2&1&3\\4&1&0\end{pmatrix},\quad B=\begin{pmatrix}1&1\\-1&2\\2&1\end{pmatrix}$$

の積 AB は，

$$\begin{matrix} & \begin{pmatrix}1&1\\-1&2\\2&1\end{pmatrix}\\ \begin{pmatrix}2&1&3\\4&1&0\end{pmatrix} & \begin{pmatrix}2\cdot1+1\cdot(-1)+3\cdot2 & 2\cdot1+1\cdot2+3\cdot1\\4\cdot1+1\cdot(-1)+0\cdot2 & 4\cdot1+1\cdot2+0\cdot1\end{pmatrix}\end{matrix}$$

より,

$$AB = \begin{pmatrix} 2 & 1 & 3 \\ 4 & 1 & 0 \end{pmatrix} \begin{pmatrix} 1 & 1 \\ -1 & 2 \\ 2 & 1 \end{pmatrix} = \begin{pmatrix} 2-1+6 & 2+2+3 \\ 4-1+0 & 4+2+0 \end{pmatrix} = \begin{pmatrix} 7 & 7 \\ 3 & 6 \end{pmatrix}$$

のように計算すればよいことがわかる.

一般に, 2つの行列 A と B の積 AB は, 左側にある A の列の個数と右側にある B の行の個数が同じときにだけ定義できて, $m \times n$ 行列と $n \times \ell$ 行列の積は, $m \times \ell$ 行列になる. すなわち, m 行 n 列の行列 A と n 行 ℓ 列の行列 B の積 AB は, m 行 ℓ 列の行列になり, その (i, j) 成分は,

$$A = \begin{pmatrix} a_{11} & a_{12} & \cdots & a_{1n} \\ \vdots & \vdots & & \vdots \\ a_{i1} & a_{i2} & \cdots & a_{in} \\ \vdots & \vdots & & \vdots \\ a_{m1} & a_{m2} & \cdots & a_{mn} \end{pmatrix}, \qquad B = \begin{pmatrix} b_{11} & \cdots & b_{1j} & \cdots & b_{1\ell} \\ b_{21} & \cdots & b_{2j} & \cdots & b_{2\ell} \\ \vdots & & \vdots & & \vdots \\ b_{n1} & \cdots & b_{nj} & \cdots & b_{n\ell} \end{pmatrix}$$

より,

$$a_{i1}b_{1j} + a_{i2}b_{2j} + \cdots + a_{in}b_{nj} = \sum_{k=1}^{n} a_{ik}b_{kj}$$

で定義される*1. このように行列の積を定義しておくと, $m \times n$ 行列 A と $n \times \ell$ 行列 B の積 AB を計算するときに, 行列 B を

$$B = (\boldsymbol{b}_1\ \boldsymbol{b}_2\ \cdots\ \boldsymbol{b}_\ell), \qquad \boldsymbol{b}_j = \begin{pmatrix} b_{1j} \\ b_{2j} \\ \vdots \\ b_{nj} \end{pmatrix} \text{ は } B \text{ の第 } j \text{ 列ベクトル}$$

*1 積 AB の (i, j) 成分は, A の第 i 行ベクトルと B の第 j 列ベクトルの内積をとったものとみなすことができる. また, $\sum_{k=1}^{n}$ は和を意味する記号である. 一般に, 数列 $\{a_n\}$ の初項から第 n 項までの和 $a_1 + a_2 + \cdots + a_n$ を $\sum_{k=1}^{n} a_k$ で表す.

のように列ベクトルごとのブロックに分け

$$AB = A(\boldsymbol{b}_1\ \boldsymbol{b}_2\ \cdots\ \boldsymbol{b}_\ell) = (A\boldsymbol{b}_1\ A\boldsymbol{b}_2\ \cdots\ A\boldsymbol{b}_\ell) \tag{1}$$

と計算することもできる．また，2 次正方行列の場合と同様に，A が n 次正方行列であるとき，$A^2, A^3, \cdots$，は自然に定義される．

問 3.2　行列

$$A = \begin{pmatrix} 2 & 1 & 3 \\ 4 & 1 & 0 \end{pmatrix}, \quad B = (1 \quad 3), \quad C = \begin{pmatrix} 1 & 0 & 0 \\ 1 & 0 & 1 \\ 0 & 1 & 0 \end{pmatrix}, \quad D = \begin{pmatrix} 1 \\ 1 \\ 0 \end{pmatrix}$$

に対して，次の計算は可能か．可能ならば計算を行え．

(1)　AC　　(2)　CA　　(3)　CD　　(4)　BA　　(5)　DB　　(6)　BD

このようにして，行列の和と積が定義されたが，これらの演算に対しても（定義できる範囲において），普通の数と同様な次の計算規則が成り立つ．

$$\begin{aligned} &(A+B)+C = A+(B+C), \quad (AB)C = A(BC), \\ &A(B+C) = AB+AC, \quad (A+B)C = AC+BC, \\ &A+B = B+A. \end{aligned}$$

積については，一般に $AB = BA$ は成立しない．

2 次正方行列の場合と同様に，

$$\begin{pmatrix} 0 & 0 & 0 \\ 0 & 0 & 0 \end{pmatrix}, \quad \begin{pmatrix} 0 & 0 \\ 0 & 0 \end{pmatrix}$$

のように，すべての成分が 0 である行列を**零行列**といい，O で表す．また，

$$\begin{pmatrix} 1 & 0 \\ 0 & 1 \end{pmatrix}, \quad \begin{pmatrix} 1 & 0 & 0 \\ 0 & 1 & 0 \\ 0 & 0 & 1 \end{pmatrix}$$

のように，対角成分が 1 で他の成分がすべて 0 である正方行列を**単位行列**といい，E もしくは E_n（n は正方行列の次数）で表す．A を一般の $m \times n$ 行列とするとき，零行列と単位行列は次の計算規則をみたす．

$$A+O = O+A = A, \quad E_m A = A, \quad AE_n = A$$

3.1.1 行列のブロック分け計算

2つの行列 A と B の積 AB を計算するときに，B を列ベクトルごとのブロックに分けて計算できることはすでに述べた．この計算法は，次のようにもう少し一般的に行うことができる．例えば，

$$\left(\begin{array}{cc|cc} 1 & 1 & 0 & 1 \\ 0 & 0 & 1 & 2 \\ \hline 1 & 0 & -1 & 0 \\ 0 & 1 & -1 & 0 \end{array}\right)\left(\begin{array}{cc|cc} 1 & 0 & 1 & 2 \\ 0 & 1 & 2 & 1 \\ \hline -1 & 0 & -1 & 0 \\ 0 & 1 & 0 & 1 \end{array}\right)$$

のようにブロックをつくり，

$$\left(\begin{array}{c|c} A_{11} & A_{12} \\ \hline A_{21} & A_{22} \end{array}\right)\left(\begin{array}{c|c} B_{11} & B_{12} \\ \hline B_{21} & B_{22} \end{array}\right)$$

とおく．このとき，求める行列の積は，各ブロックをあたかも行列の成分と考えて積の計算を行うことにより

$$\left(\begin{array}{c|c} A_{11}B_{11} + A_{12}B_{21} & A_{11}B_{12} + A_{12}B_{22} \\ \hline A_{21}B_{11} + A_{22}B_{21} & A_{21}B_{12} + A_{22}B_{22} \end{array}\right)$$

で与えられる．ここで，各ブロックは

$$\begin{aligned} A_{11}B_{11} + A_{12}B_{21} &= \begin{pmatrix} 1 & 1 \\ 0 & 0 \end{pmatrix}\begin{pmatrix} 1 & 0 \\ 0 & 1 \end{pmatrix} + \begin{pmatrix} 0 & 1 \\ 1 & 2 \end{pmatrix}\begin{pmatrix} -1 & 0 \\ 0 & 1 \end{pmatrix} \\ &= \begin{pmatrix} 1 & 1 \\ 0 & 0 \end{pmatrix} + \begin{pmatrix} 0 & 1 \\ -1 & 2 \end{pmatrix} = \begin{pmatrix} 1 & 2 \\ -1 & 2 \end{pmatrix}, \end{aligned}$$

$$\begin{aligned} A_{21}B_{11} + A_{22}B_{21} &= \begin{pmatrix} 1 & 0 \\ 0 & 1 \end{pmatrix}\begin{pmatrix} 1 & 0 \\ 0 & 1 \end{pmatrix} + \begin{pmatrix} -1 & 0 \\ -1 & 0 \end{pmatrix}\begin{pmatrix} -1 & 0 \\ 0 & 1 \end{pmatrix} \\ &= \begin{pmatrix} 1 & 0 \\ 0 & 1 \end{pmatrix} + \begin{pmatrix} 1 & 0 \\ 1 & 0 \end{pmatrix} = \begin{pmatrix} 2 & 0 \\ 1 & 1 \end{pmatrix} \end{aligned}$$

のように計算すればよい．最終的な結果は，

$$\left(\begin{array}{cc|cc} 1 & 2 & 3 & 4 \\ -1 & 2 & -1 & 2 \\ \hline 2 & 0 & 2 & 2 \\ 1 & 1 & 3 & 1 \end{array}\right)$$

となる．ただし，行列をブロックに分けるときには，ブロックごとの計算がきちんとできるように分けなければならない．例えば，

$$\left(\begin{array}{cc|c} 1 & 2 & 3 \\ 4 & 5 & 6 \\ \hline 7 & 8 & 9 \end{array}\right)\left(\begin{array}{c|cc} 1 & 3 & 1 \\ 0 & 1 & 1 \\ \hline 2 & -1 & 1 \end{array}\right), \qquad \left(\begin{array}{cc|c} 1 & 2 & 3 \\ 4 & 5 & 6 \\ \hline 7 & 8 & 9 \end{array}\right)\left(\begin{array}{c|cc} 1 & 3 & 1 \\ \hline 0 & 1 & 1 \\ 2 & -1 & 1 \end{array}\right)$$

において，左のブロックの分け方だと問題なく計算ができるが，右のブロックの分け方ではブロックごとの計算ができない．また，ブロックの分け方は計算が可能でありさえすれば，どのように分けてもよい．例えば，下の例のように 9 つのブロックに分けてもよい．行列をブロックに分けるときは，零行列や単位行列が現れるように分けるとその後の計算が楽になる．

$$\left(\begin{array}{cc|c|c} 1 & 0 & 0 & 2 \\ 0 & 1 & 0 & 1 \\ \hline 0 & 0 & 1 & 0 \\ \hline 1 & -1 & 1 & 0 \end{array}\right)\left(\begin{array}{cc|c|c} 1 & 1 & 4 & 1 \\ 1 & 3 & 1 & 1 \\ \hline 2 & 1 & 1 & 0 \\ \hline 1 & 1 & 0 & 1 \end{array}\right)$$

問 3.3　次の 2 通りにブロック分けされた行列の積を求めよ．

$$\left(\begin{array}{cc|cc} 1 & 0 & 0 & 2 \\ 0 & 1 & 0 & 1 \\ \hline 0 & 0 & 1 & 0 \\ 1 & -1 & 1 & 0 \end{array}\right)\left(\begin{array}{cc|cc} 1 & 1 & 4 & 1 \\ 1 & 3 & 1 & 1 \\ \hline 2 & 1 & 1 & 0 \\ 1 & 1 & 0 & 1 \end{array}\right), \qquad \left(\begin{array}{ccc|c} 1 & 0 & 0 & 2 \\ 0 & 1 & 0 & 1 \\ 0 & 0 & 1 & 0 \\ \hline 1 & -1 & 1 & 0 \end{array}\right)\left(\begin{array}{ccc|c} 1 & 1 & 4 & 1 \\ 1 & 3 & 1 & 1 \\ 2 & 1 & 1 & 0 \\ \hline 1 & 1 & 0 & 1 \end{array}\right)$$

3.1.2　行列の一般的記法を用いた計算

ここでは，行列の一般的記法

$$A = (a_{ij}), \qquad A = (a_{ij})_{m \times n}, \qquad A = (a_{ij})_{\substack{1 \leqq i \leqq m \\ 1 \leqq j \leqq n}}$$

を用いた行列の計算について述べる．

$A=(a_{ij})$ と $B=(b_{ij})$ がともに $m \times n$ 行列であるとき，和 $A+B$ は

$$A+B=(a_{ij}+b_{ij})$$

と表される．これは，$A+B$ の (i,j) 成分が $a_{ij}+b_{ij}$ で与えられることを意味する．また，$m \times n$ 行列 $A=(a_{ik})$ と $n \times \ell$ 行列 $B=(b_{kj})$ の積 AB は

$$AB=\left(\sum_{k=1}^{n} a_{ik}b_{kj}\right)$$

と表される．これは，$m \times \ell$ 行列 AB の (i,j) 成分が $\sum\limits_{k=1}^{n} a_{ik}b_{kj}$（$A$ の第 i 行ベクトルと B の第 j 列ベクトルの内積）で与えられることを意味する．とくに，$m \times n$ 行列 $A=(a_{ij})$ とベクトル（$n \times 1$ 行列と考える）$\boldsymbol{x}=(x_j)$ の積 $A\boldsymbol{x}$ は

$$A\boldsymbol{x}=\left(\sum_{j=1}^{n} a_{ij}x_j\right)$$

で表される．これは，ベクトル $A\boldsymbol{x}$ の第 i 成分が $\sum\limits_{j=1}^{n} a_{ij}x_j$ で与えられることを意味している．

n 次単位行列については

$$E=(\delta_{ij}), \qquad E=(\delta_{ij})_{1 \leqq i,j \leqq n}$$

などのように表されることが多い．ここで，

$$\delta_{ij}=\begin{cases} 1 & (i=j) \\ 0 & (i \neq j) \end{cases}$$

は**クロネッカーのデルタ**とよばれる記号である．この記号を用いると，例えば，n 次正方行列 $A=(a_{ij})$ の逆行列は，

$$\sum_{k=1}^{n} a_{ik}x_{kj}=\sum_{k=1}^{n} x_{ik}a_{kj}=\delta_{ij}$$

をみたす行列 $X=(x_{ij})$ として定義される．

一般に，行列 A に対して，A の行ベクトルと列ベクトルを入れ替えて得られる行列を A の**転置行列**といい，${}^tA$ で表す．例えば，2次正方行列

$$A = \begin{pmatrix} a_1 & b_1 \\ a_2 & b_2 \end{pmatrix}$$

の転置行列は

$${}^tA = \begin{pmatrix} a_1 & a_2 \\ b_1 & b_2 \end{pmatrix}$$

である．

✔ **注意 3.1**　転置行列は，A^T のように表されることもある．

$A = (a_{ij})$ を $m \times n$ 行列とするとき，A の転置行列を

$${}^tA = (a_{ji})$$

で表す．これは，${}^tA$ の (i, j) 成分が A の (j, i) 成分 a_{ji} に等しいことを意味している．このように約束しておくと，${}^t({}^tA) = A$, ${}^t(A + B) = {}^tA + {}^tB$ が成り立つことは容易に示せる．また，$\ell \times m$ 行列 A と $m \times n$ 行列 B に対して，次の等式

$${}^t(AB) = {}^tB\,{}^tA$$

が成り立つことが示される．実際，

$$\begin{aligned} {}^t(AB) \text{ の } (i,j) \text{ 成分} = AB \text{ の } (j,i) \text{ 成分} &= \sum_{k=1}^{m} a_{jk} b_{ki} = \sum_{k=1}^{m} b_{ki} a_{jk} \\ &= \sum_{k=1}^{m} ({}^tB \text{ の } (i,k) \text{ 成分})({}^tA \text{ の } (k,j) \text{ 成分}) \\ &= {}^tB\,{}^tA \text{ の } (i,j) \text{ 成分}. \end{aligned}$$

3.2　連立1次方程式の分類

1.2 節で連立1次方程式が行列を用いた形で表せることを述べたが，本節と次節において，より一般的な形で連立1次方程式について学ぶ．最初に，連立1次方程式の分類について述べる．

次の 3 つの連立 1 次方程式を考えよう．

(i) $\begin{cases} 2x - y = 1 \\ x + y = 2 \end{cases}$　(ii) $\begin{cases} x + 2y = 5 \\ 3x + 6y = 15 \end{cases}$　(iii) $\begin{cases} 2x + 3y = 4 \\ 4x + 6y = 14 \end{cases}$

上の 3 つの連立 1 次方程式の係数を並べた行列は，それぞれ次のようになる．

$$A_1 = \begin{pmatrix} 2 & -1 \\ 1 & 1 \end{pmatrix} \qquad A_2 = \begin{pmatrix} 1 & 2 \\ 3 & 6 \end{pmatrix} \qquad A_3 = \begin{pmatrix} 2 & 3 \\ 4 & 6 \end{pmatrix}$$

(i) の場合：行列を用いると，(i) は

$$(1) \qquad A_1 \begin{pmatrix} x \\ y \end{pmatrix} = \begin{pmatrix} 1 \\ 2 \end{pmatrix}$$

のように書ける．

$$\det A_1 = \begin{vmatrix} 2 & -1 \\ 1 & 1 \end{vmatrix} = 2 \cdot 1 - (-1) \cdot 1$$
$$= 3 \neq 0$$

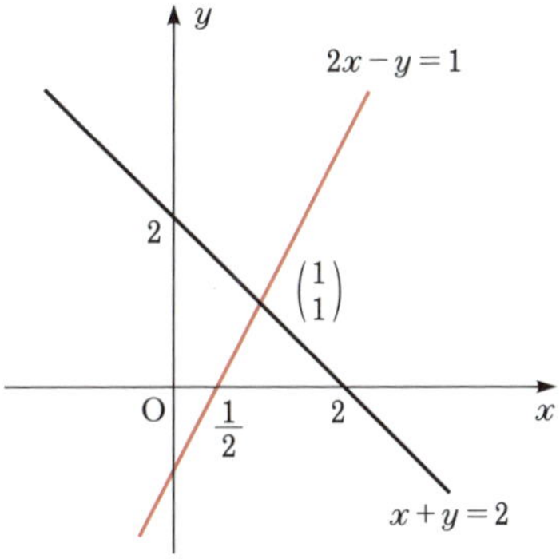

であるから，A_1 は逆行列をもつ．よって，
式 (1) の両辺に ${A_1}^{-1}$ を左側から掛けて，逆行列の公式を用いれば，(i) の解は

$$\begin{pmatrix} x \\ y \end{pmatrix} = \begin{pmatrix} 2 & -1 \\ 1 & 1 \end{pmatrix}^{-1} \begin{pmatrix} 1 \\ 2 \end{pmatrix} = \frac{1}{3} \begin{pmatrix} 1 & 1 \\ -1 & 2 \end{pmatrix} \begin{pmatrix} 1 \\ 2 \end{pmatrix} = \begin{pmatrix} 1 \\ 1 \end{pmatrix}$$

のただ 1 つであることがわかる．図形的には 2 直線 $2x - y = 1$ と $x + y = 2$ が，上図のようにただ 1 点 $(1, 1)$ で交わるということである．

(ii) の場合：

$$\det A_2 = \begin{vmatrix} 1 & 2 \\ 3 & 6 \end{vmatrix} = 1 \cdot 6 - 2 \cdot 3 = 0$$

であるから，A_2 は逆行列をもたない．(ii) は見かけは 2 つの式であるが，第 1 式を 3 倍すると第 2 式になるので実は 1 つの式

$$x + 2y = 5$$

でしかない．

よって，(ii) の解は直線のパラメータ表示（ベクトル方程式）を用いて

$$\begin{pmatrix} x \\ y \end{pmatrix} = \begin{pmatrix} 5-2t \\ t \end{pmatrix} = \begin{pmatrix} 5 \\ 0 \end{pmatrix} + t\begin{pmatrix} -2 \\ 1 \end{pmatrix}$$

(t は任意定数)

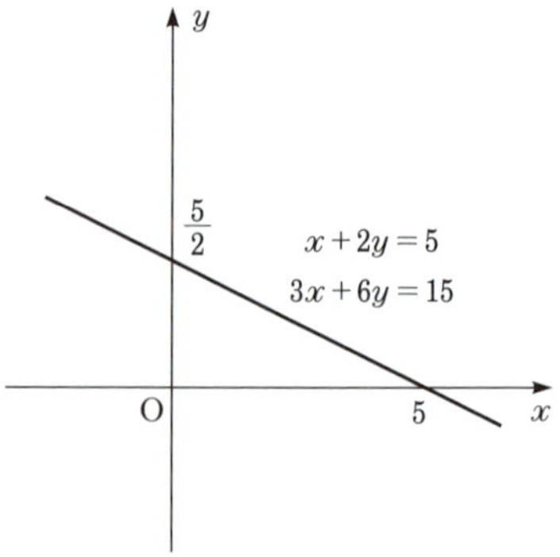

と書ける（連立1次方程式の解を表すときは，パラメータを任意定数という）．任意定数 t の値を自由に選ぶことができるので，(ii) の解は無限個ある．図形的には，2直線 $x+2y=5$ と $3x+6y=15$ が上図のように重なっているということである．そのため，直線 $x+2y=5$（あるいは $3x+6y=15$）上のすべての点が (ii) の解になっている．

(iii) の場合：

$$\det A_3 = \begin{vmatrix} 2 & 3 \\ 4 & 6 \end{vmatrix} = 2\cdot 6 - 3\cdot 4 = 0$$

であるから，A_3 は逆行列をもたない．第1式を2倍すると

$$4x+6y=8$$

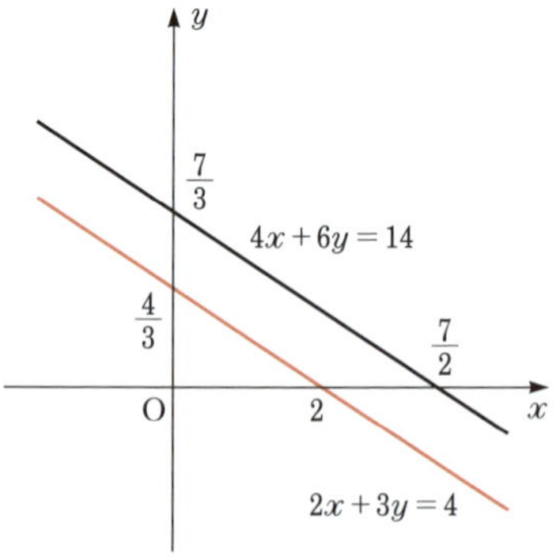

を得る．この式と第2式 $4x+6y=14$ を比較すると，(iii) の解が存在しないことは明らかである．図形的には，2直線 $2x+3y=4$ と $4x+6y=14$ が右図のように平行になっていて，共通な点が存在しないということである．

このような最も簡単な2変数の連立1次方程式に限らず，どんな連立1次方程式であっても，解は

$$
\begin{cases}
\text{存在する} & \begin{cases} \text{ただ 1 つ（任意定数がない）} \\ \text{無限個（任意定数がある）} \end{cases} \\
\text{存在しない} &
\end{cases}
$$

のいずれかに分類される．

3.3 掃き出し法

高等学校までに学んだ連立 1 次方程式は，2 変数あるいは 3 変数の連立 1 次方程式であり，しかも，変数と式の個数が同じ場合がほとんどであった．ここでは，もっと一般的な m 個の式からなる n 変数の連立 1 次方程式（$m \neq n$ の場合もありうる）

$$
\begin{cases}
a_{11}x_1 + a_{12}x_2 + \cdots + a_{1n}x_n = b_1 \\
a_{21}x_1 + a_{22}x_2 + \cdots + a_{2n}x_n = b_2 \\
\qquad \vdots \\
a_{m1}x_1 + a_{m2}x_2 + \cdots + a_{mn}x_n = b_m
\end{cases}
$$

を効率的に解く方法を具体的な例題を通して説明する．理解のしやすさを考慮して，主に 3 変数の連立 1 次方程式を扱うが，上のような m 個の式からなる n 変数の連立 1 次方程式に対しても同様に考えていくことができる．

まず，最も簡単な次の連立 1 次方程式

$$
\begin{cases}
2x + 4y = 6 \\
3x + 2y = 1
\end{cases}
$$

を考える．この連立 1 次方程式は，次のようにして解くことができる．最初に第 1 式を 2 で割る（あるいは 1/2 倍する）と，

$$
\begin{cases}
x + 2y = 3 \\
3x + 2y = 1
\end{cases}
$$

を得る．この操作により，第 1 式の変数 x の係数を 1 にした．次に，第 1 式を 3 倍して第 2 式から引くと

$$\begin{cases} x + 2y = 3 \\ \quad - 4y = -8 \end{cases}$$

となる．この操作により，第2式から変数 x が消去された．第2式を -4 で割ると，

$$\begin{cases} x + 2y = 3 \\ \quad y = 2 \end{cases}$$

を得る．この操作によって，第2式の変数 y の係数が1になった．第2式を2倍して第1式から引くと，

$$\begin{cases} x \quad = -1 \\ \quad y = 2 \end{cases}$$

を得る．以上の操作をまとめると，次のようになる．

(1)　第1式の変数 x の係数を1にする．

(2)　第1式を利用して，他の式から変数 x を消去する．

(3)　第2式の変数 y の係数を1にする．

(4)　第2式を利用して，他の式から変数 y を消去する．

この操作は，変数や式の個数がもっと多い場合であっても適用できる一般的なものである．これが**掃き出し法**とよばれる計算方法の基本である．

例題 3.1　次の連立1次方程式を解け．

$$\begin{cases} 3x + 2y + z = 1 \\ x + 4y - 3z = -3 \\ 2x + 3y + 2z = 5 \end{cases}$$

解説　先に述べた例を参考にすれば，第1式を3で割り，

$$\begin{cases} x + \dfrac{2}{3}y + \dfrac{1}{3}z = \dfrac{1}{3} \\ x + 4y - 3z = -3 \\ 2x + 3y + 2z = 5 \end{cases}$$

としたいところである．しかし，これでは式の中に分数が現れて以後の計算でミスが生じやすくなる．そこで，このケースでは第 1 式と第 2 式を交換して式の並ぶ順番を変更した後，次のように計算を行う．

(1) 第 1 式と第 2 式を交換．第 1 式の x の係数を 1 にする．

(2) 第 2 式－第 1 式× 3, 第 3 式－第 1 式× 2 より第 2 式，第 3 式から x を消去．

(3) 第 2 式÷ (−10) より第 2 式の y の係数を 1 にする．

(4) 第 1 式－第 2 式× 4, 第 3 式－第 2 式× (−5) より第 1 式，第 3 式から y を消去．

(5) 第 3 式÷ 3 より第 3 式の z の係数を 1 にする．

(6) 第 1 式－第 3 式，第 2 式－第 3 式× (−1) より第 1 式，第 2 式から z を消去．

以下に，掃き出し法の操作に対応した式を左側に示し，式の係数だけを取り出して作成した表を右側に示した．

$$\begin{cases} 3x + 2y + z = 1 \\ x + 4y - 3z = -3 \\ 2x + 3y + 2z = 5 \end{cases}$$

$\downarrow$ (1)

$$\begin{cases} x + 4y - 3z = -3 \\ 3x + 2y + z = 1 \\ 2x + 3y + 2z = 5 \end{cases}$$

$\downarrow$ (2)

$$\begin{cases} x + 4y - 3z = -3 \\ -10y + 10z = 10 \\ -5y + 8z = 11 \end{cases}$$

$\downarrow$ (3)

（次ページへ続く）

	x	y	z	
	3	2	1	1
	1	4	−3	−3
	2	3	2	5
(1)	1	4	−3	−3
	3	2	1	1
	2	3	2	5
(2)	1	4	−3	−3
	0	−10	10	10
	0	−5	8	11
(3)				

$$\begin{cases} x+4y-3z=-3 \\ y-z=-1 \\ -5y+8z=11 \end{cases}$$

$$\downarrow (4)$$

$$\begin{cases} x+z=1 \\ y-z=-1 \\ 3z=6 \end{cases}$$

$$\downarrow (5)$$

$$\begin{cases} x+z=1 \\ y-z=-1 \\ z=2 \end{cases}$$

$$\downarrow (6)$$

$$\begin{cases} x=-1 \\ y=1 \\ z=2 \end{cases}$$

	x	y	z	
	1	4	−3	−3
	0	1	−1	−1
	0	−5	8	11
(4)	1	0	1	1
	0	1	−1	−1
	0	0	3	6
(5)	1	0	1	1
	0	1	−1	−1
	0	0	1	2
(6)	1	0	0	−1
	0	1	0	1
	0	0	1	2

以上の結果から，$x=-1,\ y=1,\ z=2$ を得る．◆

掃き出し法を用いて実際に計算を行うときは，上の解答の右側の表だけを用いればよい．この表を見れば，掃き出し法とは，連立1次方程式の変数 x, y, z の係数からなる行列を単位行列に変形していく操作であることがわかる．また，手計算で掃き出し法を行うときには，途中の計算でなるべく分数が現れないように工夫するとよい．例えば，

$$\begin{cases} 5x-4y-5z=8 \\ 2x-3y-3z=5 \\ 7x-2y-3z=8 \end{cases}$$

のような場合は，第1式−第2式×2より

$$\begin{cases} x+2y+\ \ z=-2 \\ 2x-3y-3z=\ \ 5 \\ 7x-2y-3z=\ \ 8 \end{cases}$$

として，第 1 式の x の係数を 1 にしてから計算を進めるとよい．

問 3.4 上の連立 1 次方程式を解け．

例題 3.1 では，連立 1 次方程式がただ 1 つの解をもつ場合を扱った．連立 1 次方程式が解をもたない場合や無限個の解をもつ場合も同様に扱うことができる．

例題 3.2 次の連立 1 次方程式が解をもてば，それを求めよ．

(i) $\begin{cases} x+3z=1 \\ 2x+3y+4z=3 \\ x+3y+z=3 \end{cases}$ (ii) $\begin{cases} x+2y+3z=4 \\ 3x+8y+5z=6 \\ x+6y-5z=-8 \end{cases}$

解 (i) 掃き出し法を用いる．

(1) 第 2 式－第 1 式× 2,
第 3 式－第 1 式

(2) 第 3 式－第 2 式

よって，

$$\begin{cases} x \qquad\ +3z=1 \\ \qquad 3y-2z=1 \\ 0x+0y+0z=1 \end{cases}$$

x	y	z	
1	0	3	1
2	3	4	3
1	3	1	3
1	0	3	1
0	3	−2	1
0	3	−2	2
1	0	3	1
0	3	−2	1
0	0	0	1

を得るが，この第 3 式はいかなる x, y, z についても成立しない．よって，(i) の解は存在しない．

(ii) 掃き出し法を用いる．

(1) 第 2 式－第 1 式× 3,
第 3 式－第 1 式

(2) 第 2 式÷ 2

(3) 第 3 式－第 2 式× 4

(4) 第 1 式－第 2 式× 2

これより

$$\begin{cases} x \quad\ \ + 7z = \ \ 10 \\ \quad\ \ y - 2z = -3 \end{cases}$$

よって，(ii) の解は，パラメータ t を用いて次のように表される．

$$x = -7t + 10, \qquad y = 2t - 3, \qquad z = t$$

さらに，これをベクトル表示すれば次のようになる．

$$\begin{pmatrix} x \\ y \\ z \end{pmatrix} = \begin{pmatrix} 10 \\ -3 \\ 0 \end{pmatrix} + t \begin{pmatrix} -7 \\ 2 \\ 1 \end{pmatrix} \ (t \text{ は任意定数}).$$ ◆

x	y	z	
1	2	3	4
3	8	5	6
1	6	−5	−8
1	2	3	4
0	2	−4	−6
0	4	−8	−12
1	2	3	4
0	1	−2	−3
0	4	−8	−12
1	2	3	4
0	1	−2	−3
0	0	0	0
1	0	7	10
0	1	−2	−3
0	0	0	0

問 3.5　次の連立1次方程式が解をもてば，それを求めよ．

(1) $\begin{cases} x + 4y - 3z = 1 \\ x + 3y - z = -2 \\ 3x + 5y + 5z = 0 \end{cases}$

(2) $\begin{cases} x + 2y - z = 3 \\ 2x + 3y - 5z = 9 \\ 3x + 8y + z = 7 \end{cases}$　　(3) $\begin{cases} x - y + 2z = 4 \\ x + y + z = 1 \\ 3x + y + 4z = 6 \end{cases}$

このように，掃き出し法を用いると連立1次方程式を効率的に解くことができる．最後に，掃き出し法を用いて計算をするときに，注意しなければならない場合を取り上げてこの節を終える．

例題 3.3　次の連立1次方程式が解をもてば，それを求めよ．

(i) $\begin{cases} x - 2y + z = 0 \\ -2x + 4y + z = 1 \\ 3x - 5y + 2z = 1 \end{cases}$　　(ii) $\begin{cases} x - y + 2z = 4 \\ 2x - 2y + z = 2 \\ -x + y + 3z = 6 \end{cases}$

解説　(i)　これまで通りに，

第2式＋第1式×2,

第3式−第1式×3

として掃き出し法を行うと第 2 式の第 2 列目の成分が 0 になる．このときは，第 2 式と第 3 式の交換を行い，通常通りの計算を続ける．

x	y	z	
1	-2	1	0
-2	4	1	1
3	-5	2	1
1	-2	1	0
0	0	3	1 ←
0	1	-1	1 ←

(1)　第 1 式＋第 2 式× 2

(2)　第 3 式÷ 3

(3)　第 1 式＋第 3 式，
　　第 2 式＋第 3 式

x	y	z	
1	-2	1	0
0	1	-1	1
0	0	3	1
1	0	-1	2
0	1	-1	1
0	0	3	1
1	0	-1	2
0	1	-1	1
0	0	1	1/3
1	0	0	7/3
0	1	0	4/3
0	0	1	1/3

よって，求める解は $x = 7/3$, $y = 4/3$, $z = 1/3$ である．

(ii)　これまで通りに，
　　第 2 式－第 1 式× 2,
　　第 3 式＋第 1 式
として掃き出し法を行うと次のページの最初の表のようになる．

ところが，変数 y に対応する第 2 列目の第 2 式以下がすべて 0 になっている

x	y	z	
1	−1	2	4
2	−2	1	2
−1	1	3	6
1	−1	2	4
0	0	−3	−6
0	0	5	10

から，変数 y と z の並ぶ順番を変更する．その後，通常通り計算を続ける．

(1)　第2式÷(−3)

(2)　第3式−第2式×5

(3)　第1式−第2式×2

x	z	y	
1	2	−1	4
0	−3	0	−6
0	5	0	10
1	2	−1	4
0	1	0	2
0	5	0	10
1	2	−1	4
0	1	0	2
0	0	0	0
1	0	−1	0
0	1	0	2
0	0	0	0

変数 y と z を並べ替えたことに注意すると，$x-y=0$，$z=2$ を得る．したがって，求める解はパラメータ t を用いてベクトル表示すれば

$$\begin{pmatrix} x \\ y \\ z \end{pmatrix} = \begin{pmatrix} 0 \\ 0 \\ 2 \end{pmatrix} + t \begin{pmatrix} 1 \\ 1 \\ 0 \end{pmatrix} \quad (\text{ただし，} t \text{ は任意定数}).$$ ◆

✔ **注意 3.2**　連立1次方程式においては，式を並べる順番を変更することができるので，掃き出し法では行を入れ替えることができる．また

$$\begin{cases} 2x + y = 5 \\ 3x + 4y = 1 \end{cases} \longrightarrow \begin{cases} y + 2x = 5 \\ 4y + 3x = 1 \end{cases}$$

のように，変数の並ぶ順番を変更することができるので，掃き出し法では（最終列を除き）列を入れ替えることができる．この場合，表の上部に並んでいる変数についても，順番を変更することを忘れてはならない．

問 3.6 次の連立 1 次方程式が解をもてば，それを求めよ．

$$\begin{cases} 3y + 3z - 2w = -4 \\ x + y + 2z + 3w = 2 \\ x + 2y + 3z + 2w = 1 \\ 2x + 4y + 6z + 5w = 1 \end{cases}$$

3.4 逆行列

2 次正方行列の場合と同様に，n 次正方行列についても逆行列が定義される．

定義 3.1 n 次正方行列 A に対して，

$$AX = XA = E$$

をみたす n 次正方行列 X を A の**逆行列**といい，A^{-1} で表す．また，A が逆行列をもつとき，A を**正則行列**という．

逆行列は存在するとすれば，ただ 1 つである．すなわち，$AX = XA = E$ と $AY = YA = E$ をみたす X と Y があったとすると，$X = Y$ が成り立つ．実際，

$$X = XE = X(AY) = (XA)Y = EY = Y$$

である．

問 3.7 次が成り立つことを示せ．

(1) A が正則ならば，逆行列 A^{-1} も正則であり，

$$(A^{-1})^{-1} = A.$$

(2) A, B がともに n 次の正則行列ならば，積 AB も n 次の正則行列であり，

$$(AB)^{-1} = B^{-1}A^{-1}.$$

定義 3.1 によると，逆行列を見つけるためには $AX = E$ と $XA = E$ を同時にみたす X を探さなければならない．しかし，実際には $AX = E$ をみたす X，あるいは，$XA = E$ をみたす X のどちらか一方のみを求めれば十分である．つまり，$AX = E$ または $XA = E$ のうちのどちらかが成り立てば，もう一方の式も成り立つことが知られている*2.

以下では，A の逆行列とは $AX = E$ をみたす行列 X であると考えて，それを掃き出し法で求める方法を述べる．まず，簡単な例題から始める．

例題 3.4 次の行列の逆行列を求めよ．

$$A = \begin{pmatrix} 1 & 2 \\ 3 & 9 \end{pmatrix}$$

解説 $AX = E$ をみたす X を求めればよい．

$$X = \begin{pmatrix} x & z \\ y & w \end{pmatrix}$$

とおくと，

$$\begin{pmatrix} 1 & 2 \\ 3 & 9 \end{pmatrix}\begin{pmatrix} x & z \\ y & w \end{pmatrix} = \begin{pmatrix} 1 & 0 \\ 0 & 1 \end{pmatrix}$$

である．これは，2 つの連立 1 次方程式

$$\begin{pmatrix} 1 & 2 \\ 3 & 9 \end{pmatrix}\begin{pmatrix} x \\ y \end{pmatrix} = \begin{pmatrix} 1 \\ 0 \end{pmatrix}, \quad \begin{pmatrix} 1 & 2 \\ 3 & 9 \end{pmatrix}\begin{pmatrix} z \\ w \end{pmatrix} = \begin{pmatrix} 0 \\ 1 \end{pmatrix}$$

と同値である．この 2 つの連立方程式を掃き出し法で解けばよいのだが，2 つの方程式の左辺に同じ行列 A が現れることに注意して，掃き出し法の表を 1 つにまとめる．後は，通常の掃き出し法と同様の操作を行えばよい．

*2 齋藤正彦『線型代数入門』（東京大学出版会，1966）の第 2 章の [4.1] を参照.

(1) 第2行−第1行×3

(2) 第2行÷3

(3) 第1行−第2行×2

上の操作は，2つの連立1次方程式を同時に解いているのである．よって，求める逆行列は次のようになる．

$$A^{-1} = \frac{1}{3}\begin{pmatrix} 9 & -2 \\ -3 & 1 \end{pmatrix}.$$

◆

1	2	1	0
3	9	0	1
1	2	1	0
0	3	−3	1
1	2	1	0
0	1	−1	1/3
1	0	3	−2/3
0	1	−1	1/3

例題 3.5 次の行列の逆行列があればそれを求めよ．

(i) $\begin{pmatrix} 2 & 1 & -2 \\ 1 & 1 & -1 \\ 2 & 3 & -1 \end{pmatrix}$　(ii) $\begin{pmatrix} 1 & -1 & 2 \\ 1 & 1 & 1 \\ 3 & 1 & 4 \end{pmatrix}$

(iii) $\begin{pmatrix} 1 & 2 & -1 \\ 2 & 4 & 3 \\ -1 & -2 & 5 \end{pmatrix}$

解説 (i) 掃き出し法を用いる．表は右のようになる．

(1) 第1行と第2行を交換

(2) 第2行−第1行×2,
　　第3行−第1行×2

(3) 第2行÷(−1)

(4) 第1行−第2行,
　　第3行−第2行

(5) 第1行+第3行

よって，求める逆行列は次のようになる．

$$\begin{pmatrix} 2 & -5 & 1 \\ -1 & 2 & 0 \\ 1 & -4 & 1 \end{pmatrix}$$

2	1	−2	1	0	0
1	1	−1	0	1	0
2	3	−1	0	0	1
1	1	−1	0	1	0
2	1	−2	1	0	0
2	3	−1	0	0	1
1	1	−1	0	1	0
0	−1	0	1	−2	0
0	1	1	0	−2	1
1	1	−1	0	1	0
0	1	0	−1	2	0
0	1	1	0	−2	1
1	0	−1	1	−1	0
0	1	0	−1	2	0
0	0	1	1	−4	1
1	0	0	2	−5	1
0	1	0	−1	2	0
0	0	1	1	−4	1

(ii) 掃き出し法を用いる．表は右のようになる．

(1) 第 2 行－第 1 行,
第 3 行－第 1 行× 3

(2) 第 3 行－第 2 行× 2

ここで，左側の第 3 行がすべて 0 になった．この場合は左側の行列を単位行列に変形できないので，逆行列は存在しない．

1	−1	2	1	0	0
1	1	1	0	1	0
3	1	4	0	0	1
1	−1	2	1	0	0
0	2	−1	−1	1	0
0	4	−2	−3	0	1
1	−1	2	1	0	0
0	2	−1	−1	1	0
0	0	0	−1	−2	1

(iii) 掃き出し法を用いる．表は右のようになる．

(1) 第 2 行－第 1 行× 2,
第 3 行＋第 1 行

ここで，左側の第 2 列の第 2 行以下がすべて 0 になった．この場合は左側の行列を単位行列に変形できないので，逆行列は存在しない．◆

1	2	−1	1	0	0
2	4	3	0	1	0
−1	−2	5	0	0	1
1	2	−1	1	0	0
0	0	5	−2	1	0
0	0	4	1	0	1

連立 1 次方程式を解くときと違い，(ii) や (iii) のように，対角成分の下側がすべて 0 にできたとき，同時に，対角成分で 0 になるものが 1 つでも現れる場合は，その時点で逆行列がないと判断してよいことに注意しよう．そのような場合には，左側の行列を単位行列に変形することはできない．

問 3.8　次の行列の逆行列があれば求めよ．

(1) $\begin{pmatrix} 1 & -1 & 2 \\ 1 & 1 & 1 \\ 3 & 1 & 4 \end{pmatrix}$　(2) $\begin{pmatrix} 1 & 2 & 3 \\ 1 & 3 & 4 \\ 2 & 4 & 7 \end{pmatrix}$　(3) $\begin{pmatrix} 1 & 2 & 0 \\ 2 & 4 & 2 \\ 5 & 7 & 3 \end{pmatrix}$

3.5　行列の基本変形とランク

前節までに学んだ掃き出し法による連立 1 次方程式の解法と逆行列の計算法をまとめると，次のようになる．

行に関する操作

(1) 2 つの行を入れ替える．

(2) ある行に 0 でない数を掛ける．

(3) ある行に他の行を定数倍したものを加える．

これまで見てきたように，連立 1 次方程式や逆行列の計算においては，主として行に関する操作を利用する．

✔ **注意 3.3** 連立 1 次方程式を解く場合，例外的に行う列の入れ替え（例題 3.3）を除き，行に関する操作しか利用してはいけない．その理由は，連立 1 次方程式の変数をきちんと書いて行う方法（例題 3.1）に戻って考えればわかるだろう．

ここでは，列に関しても同様の操作を考えてみよう．

列に関する操作

(1) 2 つの列を入れ替える．

(2) ある列に 0 でない数を掛ける．

(3) ある列に他の列を定数倍したものを加える．

上の操作をそれぞれ，**行に関する基本変形**，**列に関する基本変形**という．

次に，これらの行と列に関する 6 通りの基本変形を，行列を用いて表すことを考えよう．簡単のため，3 次正方行列の場合を例にとって説明をする（一般には，基本変形を受ける行列 A は正方行列でなくてもよい）．

$$A = \begin{pmatrix} a_{11} & a_{12} & a_{13} \\ a_{21} & a_{22} & a_{23} \\ a_{31} & a_{32} & a_{33} \end{pmatrix}$$

に対して，単位行列を左側から掛けても，右側から掛けても行列 A は変わらない．

$$\begin{pmatrix} 1 & 0 & 0 \\ 0 & 1 & 0 \\ 0 & 0 & 1 \end{pmatrix} \begin{pmatrix} a_{11} & a_{12} & a_{13} \\ a_{21} & a_{22} & a_{23} \\ a_{31} & a_{32} & a_{33} \end{pmatrix} = \begin{pmatrix} a_{11} & a_{12} & a_{13} \\ a_{21} & a_{22} & a_{23} \\ a_{31} & a_{32} & a_{33} \end{pmatrix},$$

$$\begin{pmatrix} a_{11} & a_{12} & a_{13} \\ a_{21} & a_{22} & a_{23} \\ a_{31} & a_{32} & a_{33} \end{pmatrix} \begin{pmatrix} 1 & 0 & 0 \\ 0 & 1 & 0 \\ 0 & 0 & 1 \end{pmatrix} = \begin{pmatrix} a_{11} & a_{12} & a_{13} \\ a_{21} & a_{22} & a_{23} \\ a_{31} & a_{32} & a_{33} \end{pmatrix}.$$

これより，単位行列を少しだけ修正した行列を考えて，それを A の左側から，あるいは，右側から掛けると A が少しだけ変形されることが期待される（左側と右側の違いによって，変形結果は異なる）．

(1)　単位行列 E の第 1 行（列）と第 2 行（列）を入れ替えた行列

$$P = \begin{pmatrix} 0 & 1 & 0 \\ 1 & 0 & 0 \\ 0 & 0 & 1 \end{pmatrix}$$

を考える．この行列 P を A の左側から掛けると

$$\begin{pmatrix} 0 & 1 & 0 \\ 1 & 0 & 0 \\ 0 & 0 & 1 \end{pmatrix} \begin{pmatrix} a_{11} & a_{12} & a_{13} \\ a_{21} & a_{22} & a_{23} \\ a_{31} & a_{32} & a_{33} \end{pmatrix} = \begin{pmatrix} a_{21} & a_{22} & a_{23} \\ a_{11} & a_{12} & a_{13} \\ a_{31} & a_{32} & a_{33} \end{pmatrix}$$

となる．つまり，行列 A の第 1 行と第 2 行が交換される．一方，行列 P を A の右側から掛けると，

$$\begin{pmatrix} a_{11} & a_{12} & a_{13} \\ a_{21} & a_{22} & a_{23} \\ a_{31} & a_{32} & a_{33} \end{pmatrix} \begin{pmatrix} 0 & 1 & 0 \\ 1 & 0 & 0 \\ 0 & 0 & 1 \end{pmatrix} = \begin{pmatrix} a_{12} & a_{11} & a_{13} \\ a_{22} & a_{21} & a_{23} \\ a_{32} & a_{31} & a_{33} \end{pmatrix}$$

となり，行列 A の第 1 列と第 2 列が交換されることがわかる．

(2)　単位行列の対角成分の 1 つ，例えば $(3,3)$ 成分を定数 c にした

$$Q = \begin{pmatrix} 1 & 0 & 0 \\ 0 & 1 & 0 \\ 0 & 0 & c \end{pmatrix}$$

を考える．行列 Q を A の左側から掛けると

$$\begin{pmatrix} 1 & 0 & 0 \\ 0 & 1 & 0 \\ 0 & 0 & c \end{pmatrix} \begin{pmatrix} a_{11} & a_{12} & a_{13} \\ a_{21} & a_{22} & a_{23} \\ a_{31} & a_{32} & a_{33} \end{pmatrix} = \begin{pmatrix} a_{11} & a_{12} & a_{13} \\ a_{21} & a_{22} & a_{23} \\ ca_{31} & ca_{32} & ca_{33} \end{pmatrix}$$

となる．つまり，行列 A の第 3 行が c 倍される．一方，行列 Q を A の右側から掛けると，

$$\begin{pmatrix} a_{11} & a_{12} & a_{13} \\ a_{21} & a_{22} & a_{23} \\ a_{31} & a_{32} & a_{33} \end{pmatrix} \begin{pmatrix} 1 & 0 & 0 \\ 0 & 1 & 0 \\ 0 & 0 & c \end{pmatrix} = \begin{pmatrix} a_{11} & a_{12} & ca_{13} \\ a_{21} & a_{22} & ca_{23} \\ a_{31} & a_{32} & ca_{33} \end{pmatrix}$$

となり，行列 A の第 3 列が c 倍されることがわかる．

(3)　単位行列の非対角成分，例えば $(3, 1)$ 成分を定数 c にした

$$R = \begin{pmatrix} 1 & 0 & 0 \\ 0 & 1 & 0 \\ c & 0 & 1 \end{pmatrix}$$

を考える．行列 R を A の左側から掛けると，

$$\begin{pmatrix} 1 & 0 & 0 \\ 0 & 1 & 0 \\ c & 0 & 1 \end{pmatrix} \begin{pmatrix} a_{11} & a_{12} & a_{13} \\ a_{21} & a_{22} & a_{23} \\ a_{31} & a_{32} & a_{33} \end{pmatrix} = \begin{pmatrix} a_{11} & a_{12} & a_{13} \\ a_{21} & a_{22} & a_{23} \\ a_{31} + ca_{11} & a_{32} + ca_{12} & a_{33} + ca_{13} \end{pmatrix}$$

となる．つまり，行列 A の第 1 行が c 倍されて A の第 3 行に加えられることがわかる．また，行列 R を A の右側から掛けると

$$\begin{pmatrix} a_{11} & a_{12} & a_{13} \\ a_{21} & a_{22} & a_{23} \\ a_{31} & a_{32} & a_{33} \end{pmatrix} \begin{pmatrix} 1 & 0 & 0 \\ 0 & 1 & 0 \\ c & 0 & 1 \end{pmatrix} = \begin{pmatrix} a_{11} + ca_{13} & a_{12} & a_{13} \\ a_{21} + ca_{23} & a_{22} & a_{23} \\ a_{31} + ca_{33} & a_{32} & a_{33} \end{pmatrix}$$

となり，行列 A の第 3 列が c 倍されて A の第 1 列に加えられることがわかる．

上で述べた (1) ～ (3) は，行あるいは列に関する操作の (1) ～ (3) に対応している．これら 3 種類の行列を一般的な形でまとめておこう．

$$
\begin{array}{cc}
 & \begin{array}{ccccccccccc} & & & \text{第 } i \text{ 列} & & & & \text{第 } j \text{ 列} & & & \end{array} \\
P_n(i,j) = & \left(\begin{array}{ccccccccccc}
1 & & & \vdots & & & & \vdots & & & \\
 & \ddots & & \vdots & & & & \vdots & & & \\
 & & 1 & \vdots & & & & \vdots & & & \\
\cdots & \cdots & \cdots & 0 & \cdots & \cdots & \cdots & 1 & \cdots & \cdots & \cdots \\
 & & & \vdots & 1 & & & \vdots & & & \\
 & & & \vdots & & \ddots & & \vdots & & & \\
 & & & \vdots & & & 1 & \vdots & & & \\
\cdots & \cdots & \cdots & 1 & \cdots & \cdots & \cdots & 0 & \cdots & \cdots & \cdots \\
 & & & \vdots & & & & \vdots & 1 & & \\
 & & & \vdots & & & & \vdots & & \ddots & \\
 & & & \vdots & & & & \vdots & & & 1
\end{array}\right)
\begin{array}{l}
\\ \\ \\ \text{第 } i \text{ 行} \\ \\ \\ \\ \text{第 } j \text{ 行} \\ \\ \\ \\
\end{array}
\end{array}
$$

$P_n(i,j)$ は，n 次単位行列の 第 i 行（列）と第 j 行（列）を交換した行列である．$m \times n$ 行列 A に対して $P_m(i,j)$ を左から掛けると，A の第 i 行と第 j 行が交換される．また，$P_n(i,j)$ を右から掛けると A の第 i 列と第 j 列が交換される．

$$
\begin{array}{cc}
 & \begin{array}{ccccccc} & & & \text{第 } i \text{ 列} & & & \end{array} \\
Q_n(i;c) = & \left(\begin{array}{ccccccc}
1 & & & \vdots & & & \\
 & \ddots & & \vdots & & & \\
 & & 1 & \vdots & & & \\
\cdots & \cdots & \cdots & c & \cdots & \cdots & \cdots \\
 & & & \vdots & 1 & & \\
 & & & \vdots & & \ddots & \\
 & & & \vdots & & & 1
\end{array}\right)
\begin{array}{l}
\\ \\ \\ \text{第 } i \text{ 行} \\ \\ \\ \\
\end{array}
\end{array}
$$

$Q_n(i;c)$ は，n 次単位行列の (i,i) 成分を 0 でない数 c に変えた行列である．$m \times n$ 行列 A に対して $Q_m(i;c)$ を左から掛けると，A の第 i 行が c 倍される．

また，$Q_n(i;c)$ を右から掛けると，A の第 i 列が c 倍される．

$$R_n(i,j;c) = \begin{pmatrix} 1 & & & & \vdots & & \\ & \ddots & & & \vdots & & \\ \cdots & \cdots & 1 & \cdots & c & \cdots & \cdots \\ & & & \ddots & \vdots & & \\ & & & & 1 & & \\ & & & & \vdots & \ddots & \\ & & & & \vdots & & 1 \end{pmatrix} \begin{matrix} \\ \\ \text{第 } i \text{ 行} \\ \\ \\ \\ \\ \end{matrix}$$

（第 j 列）

$R_n(i,j;c)$ は，n 次単位行列の (i,j) 成分 $(i \neq j)$ を数 c に変えた行列である．$m \times n$ 行列 A に対して $R_m(i,j;c)$ を左から掛けると，A の第 i 行に第 j 行の c 倍が加わる．また，$R_n(i,j;c)$ を右から掛けると，A の第 j 列に第 i 列の c 倍が加わる．

上の 3 種類の行列 $P_n(i,j)$, $Q_n(i;c)$, $R_n(i,j;c)$ は逆行列をもち，それらは

$$P_n(i,j)^{-1} = P_n(i,j), \qquad Q_n(i;c)^{-1} = Q_n(i;1/c),$$
$$R_n(i,j;c)^{-1} = R_n(i,j;-c)$$

で与えられる．

問 3.9 次の行列

$$P_3(1,2) = \begin{pmatrix} 0 & 1 & 0 \\ 1 & 0 & 0 \\ 0 & 0 & 1 \end{pmatrix}, \quad Q_3(3;c) = \begin{pmatrix} 1 & 0 & 0 \\ 0 & 1 & 0 \\ 0 & 0 & c \end{pmatrix}, \quad R_3(3,1;c) = \begin{pmatrix} 1 & 0 & 0 \\ 0 & 1 & 0 \\ c & 0 & 1 \end{pmatrix}$$

の逆行列が，それぞれ $P_3(1,2)$，$Q_3(3;1/c)$，$R_3(3,1;-c)$ で与えられることを確かめよ．

上で述べた 3 種類の正方行列を**基本行列**という．これらは逆行列をもつので正則である．行列 A に対して，A の左側から基本行列を掛けることにより，A の行に関する基本変形が実行できる．また，A の右側から基本行列を掛けることにより，A の列に関する基本変形が実行できる．

行に関する基本変形は，左側から基本行列を掛けるため，**左基本変形**とよばれることもある．同様に，列に関する基本変形は，**右基本変形**とよばれる．左基本変形および右基本変形の両方を合わせて，単に**基本変形**という．基本変形を用いると，どんな行列 A であっても，例えば次のように変形できる．

$$A=\begin{pmatrix} a_{11} & a_{12} & a_{13} & \cdots & a_{1n} \\ a_{21} & a_{22} & a_{23} & \cdots & a_{2n} \\ a_{31} & a_{32} & a_{33} & \cdots & a_{3n} \\ \vdots & \vdots & \vdots & \ddots & \vdots \\ a_{m1} & a_{m2} & a_{m3} & \cdots & a_{mn} \end{pmatrix} \xrightarrow{(1)} \begin{pmatrix} 1 & a_{12}' & a_{13}' & \cdots & a_{1n}' \\ a_{21} & a_{22} & a_{23} & \cdots & a_{2n} \\ a_{31} & a_{32} & a_{33} & \cdots & a_{3n} \\ \vdots & \vdots & \vdots & \ddots & \vdots \\ a_{m1} & a_{m2} & a_{m3} & \cdots & a_{mn} \end{pmatrix}$$

$$\xrightarrow{(2)} \begin{pmatrix} 1 & a_{12}' & a_{13}' & \cdots & a_{1n}' \\ 0 & a_{22}' & a_{23}' & \cdots & a_{2n}' \\ 0 & a_{32}' & a_{33}' & \cdots & a_{3n}' \\ \vdots & \vdots & \vdots & \ddots & \vdots \\ 0 & a_{m2}' & a_{m3}' & \cdots & a_{mn}' \end{pmatrix} \xrightarrow{(3)} \left(\begin{array}{c|cccc} 1 & 0 & 0 & \cdots & 0 \\ \hline 0 & a_{22}' & a_{23}' & \cdots & a_{2n}' \\ 0 & a_{32}' & a_{33}' & \cdots & a_{3n}' \\ \vdots & \vdots & \vdots & \ddots & \vdots \\ 0 & a_{m2}' & a_{m3}' & \cdots & a_{mn}' \end{array}\right)$$

$$\xrightarrow{(4)} \left(\begin{array}{c|cccc} 1 & 0 & 0 & \cdots & 0 \\ \hline 0 & 1 & a_{23}'' & \cdots & a_{2n}'' \\ 0 & a_{32}' & a_{33}' & \cdots & a_{3n}' \\ \vdots & \vdots & \vdots & \ddots & \vdots \\ 0 & a_{m2}' & a_{m3}' & \cdots & a_{mn}' \end{array}\right) \xrightarrow{(5)} \left(\begin{array}{c|cccc} 1 & 0 & 0 & \cdots & 0 \\ \hline 0 & 1 & a_{23}'' & \cdots & a_{2n}'' \\ 0 & 0 & a_{33}'' & \cdots & a_{3n}'' \\ \vdots & \vdots & \vdots & \ddots & \vdots \\ 0 & 0 & a_{m3}'' & \cdots & a_{mn}'' \end{array}\right)$$

$$\xrightarrow{(6)} \left(\begin{array}{cc|ccc} 1 & 0 & 0 & \cdots & 0 \\ 0 & 1 & 0 & \cdots & 0 \\ \hline 0 & 0 & a_{33}'' & \cdots & a_{3n}'' \\ \vdots & \vdots & \vdots & \ddots & \vdots \\ 0 & 0 & a_{m3}'' & \cdots & a_{mn}'' \end{array}\right) \to \cdots \to \tilde{A}$$

(1)　第 1 行 $\div\ a_{11}$　　(2)　第 i 行 $-$ 第 1 行 $\times\ a_{i1}$

(3)　第 j 列 $-$ 第 1 列 $\times\ a_{1j}'$　　(4)　第 2 行 $\div\ a_{22}'$

(5)　第 i 行 $-$ 第 2 行 $\times\ a_{i2}'$　　(6)　第 j 列 $-$ 第 2 列 $\times\ a_{2j}''$

このように次々に変形すれば，最終的には

$$\tilde{A} = \begin{pmatrix} 1 & \cdots & 0 & 0 & \cdots & 0 \\ \vdots & \ddots & \vdots & \vdots & & \vdots \\ 0 & \cdots & 1 & 0 & \cdots & 0 \\ 0 & \cdots & 0 & 0 & \cdots & 0 \\ \vdots & & \vdots & \vdots & \ddots & \vdots \\ 0 & \cdots & 0 & 0 & \cdots & 0 \end{pmatrix}$$

のような 0 と 1 だけからなる形の行列に変形できる．上の変形で行う操作を行列によって表すことを，次の例題を通して考えてみよう．

例題 3.6 行列

$$A = \begin{pmatrix} 2 & -1 & 1 \\ 1 & 1 & 2 \end{pmatrix}$$

は，適当な行列 P と Q を用いて

$$PAQ = \tilde{A}, \quad \tilde{A} = \begin{pmatrix} 1 & 0 & 0 \\ 0 & 1 & 0 \end{pmatrix}$$

のように変形できるという．P と Q を求めよ．

解説 A に対して次の基本変形

(1) 第 1 行と第 2 行を交換

(2) 第 2 行－第 1 行× 2

(3) 第 2 列－第 1 列

(4) 第 3 列－第 1 列× 2

(5) 第 2 行÷ (−3)

(6) 第 3 列－第 2 列

を順に行えば $\tilde{A}$ のような形の行列に変形できることはすぐにわかる．問題は P と Q を求めることである．まず，操作 (1) を与える行列 P_1 は，

2	−1	1
1	1	2
1	1	2
2	−1	1
1	1	2
0	−3	−3
1	0	2
0	−3	−3
1	0	0
0	−3	−3
1	0	0
0	1	1
1	0	0
0	1	0

$$P_1 = P_2(1,2) = \begin{pmatrix} 0 & 1 \\ 1 & 0 \end{pmatrix}$$

であり，P_1A は

$$P_1A = A_1, \qquad A_1 = \begin{pmatrix} 1 & 1 & 2 \\ 2 & -1 & 1 \end{pmatrix}.$$

同様に，A_1 に対して (2) の操作を行うことは，

$$P_2 = R_2(2,1;-2) = \begin{pmatrix} 1 & 0 \\ -2 & 1 \end{pmatrix}$$

を用いることであるから，P_2A_1 は

$$P_2A_1 = A_2, \qquad A_2 = \begin{pmatrix} 1 & 1 & 2 \\ 0 & -3 & -3 \end{pmatrix}$$

と書ける．$A_1 = P_1A$ であるから，

$$P_2P_1A = A_2$$

となる．さらに，行列 A_2 に対して操作 (3) を行う．これは，行列

$$Q_3 = R_3(1,2;-1) = \begin{pmatrix} 1 & -1 & 0 \\ 0 & 1 & 0 \\ 0 & 0 & 1 \end{pmatrix}$$

によって

$$A_2Q_3 = \begin{pmatrix} 1 & 0 & 2 \\ 0 & -3 & -3 \end{pmatrix}$$

のように書ける．$A_2 = P_2P_1A$ であるから，

$$P_2P_1AQ_3 = A_3, \qquad A_3 = \begin{pmatrix} 1 & 0 & 2 \\ 0 & -3 & -3 \end{pmatrix}$$

となる．同様に考えて操作 (4) ～ (6) を行うと，最終的には

$$P_5P_2P_1\,A\,Q_3Q_4Q_6 = \begin{pmatrix} 1 & 0 & 0 \\ 0 & 1 & 0 \end{pmatrix} = \tilde{A}$$

となることがわかる．ただし，各操作を与える行列は

$$Q_4 = R_3(1,3;-2) = \begin{pmatrix} 1 & 0 & -2 \\ 0 & 1 & 0 \\ 0 & 0 & 1 \end{pmatrix},$$

$$P_5 = Q_2(2;-1/3) = \begin{pmatrix} 1 & 0 \\ 0 & -1/3 \end{pmatrix},$$

$$Q_6 = R_3(2,3;-1) = \begin{pmatrix} 1 & 0 & 0 \\ 0 & 1 & -1 \\ 0 & 0 & 1 \end{pmatrix}$$

である．したがって，

$$P = P_5P_2P_1 = \frac{1}{3}\begin{pmatrix} 0 & 3 \\ -1 & 2 \end{pmatrix}, \qquad Q = Q_3Q_4Q_6 = \begin{pmatrix} 1 & -1 & -1 \\ 0 & 1 & -1 \\ 0 & 0 & 1 \end{pmatrix}$$

とおくと，$PAQ = \tilde{A}$ が成り立つ．ここで，P_1, P_2, P_5 は行に関する操作 (1), (2), (5) に対応しており，Q_3, Q_4, Q_6 は列に関する操作 (3), (4), (6) に対応している．◆

上で述べたことからわかるように，どんな行列 A に対しても，基本変形を次々に行うことにより，$\tilde{A}$ の形の行列に変形できる．$\tilde{A}$ を A の**ランク標準形**という．証明は省略するが，$\tilde{A}$ に現れる 1 の個数は，基本変形の仕方によらず，与えられた行列 A に固有の数であることが知られている[*3]．そこで，$\tilde{A}$ に現れる 1 の個数を行列の**階数**または**ランク**という．上の例題の行列 A の場合，ランクは 2 である．以上の結果は次のようにまとめられる．

---

*3　齋藤正彦『線型代数入門』（東京大学出版会，1966）の第 2 章の定理 [4.2]．

定理 3.1　$m \times n$ 行列 A に対して，適当な m 次正則行列 P と n 次正則行列 Q を用いて

$$PAQ = \tilde{A}, \quad \tilde{A} = \begin{pmatrix} 1 & \cdots & 0 & 0 & \cdots & 0 \\ \vdots & \ddots & \vdots & \vdots & & \vdots \\ 0 & \cdots & 1 & 0 & \cdots & 0 \\ 0 & \cdots & 0 & 0 & \cdots & 0 \\ \vdots & & \vdots & \vdots & \ddots & \vdots \\ 0 & \cdots & 0 & 0 & \cdots & 0 \end{pmatrix}$$

とできる．P と Q は，それぞれ，行に関する基本変形，列に関する基本変形を表す基本行列の積として具体的に与えられる．また，$\tilde{A}$ を A のランク標準形という．

定義 3.2　行列 A のランク標準形 $\tilde{A}$ に現れる 1 の個数を A のランク（階数）という．

行列 A のランクは $r(A)$, $\mathrm{rank}(A)$ などの記号を用いて表される．例えば，例題 3.6 の場合であれば，$r(A) = 2$ あるいは $\mathrm{rank}(A) = 2$ と表される．

また，上の定理における P と Q を求める計算は，実際には逆行列を求めるときと同様の計算である．ここでは，例題 3.6 の行列 A に対して行った (1) ～ (6) の操作に対応する計算（行列変形の表）を次ページに示す．

これより，例題 3.6 と同じ次の結果を得る．

$$P = \frac{1}{3}\begin{pmatrix} 0 & 3 \\ -1 & 2 \end{pmatrix}, \quad Q = \begin{pmatrix} 1 & -1 & -1 \\ 0 & 1 & -1 \\ 0 & 0 & 1 \end{pmatrix}.$$

✔ **注意 3.4**　行列をランク標準形に変形する行列 P と Q の選び方は何通りもある．例えば，例題 3.6 の場合では，

$$P = \frac{1}{3}\begin{pmatrix} 1 & 1 \\ -2 & 1 \end{pmatrix}, \quad Q = \begin{pmatrix} 0 & 0 & 1 \\ 0 & 1 & 1 \\ 1 & 0 & -1 \end{pmatrix}$$

	2	−1	1	1	0	P
	1	1	2	0	1	
Q	1	0	0			
	0	1	0			
	0	0	1			

1	1	2	0	1
2	−1	1	1	0
1	0	0		
0	1	0		
0	0	1		

1	1	2	0	1
0	−3	−3	1	−2
1	0	0		
0	1	0		
0	0	1		

（右側に続く）

1	0	2	0	1
0	−3	−3	1	−2
1	−1	0		
0	1	0		
0	0	1		

1	0	0	0	1
0	−3	−3	1	−2
1	−1	−2		
0	1	0		
0	0	1		

1	0	0	0	1
0	1	1	−1/3	2/3
1	−1	−2		
0	1	0		
0	0	1		

1	0	0	0	1
0	1	0	−1/3	2/3
1	−1	−1		
0	1	−1		
0	0	1		

としても，$PAQ = \tilde{A}$ を得る．これは，どんな順番で行基本変形と列基本変形を行ったのかによる違いである．重要なことは，どのような順番で基本変形を行っても，最終的に得られるランク標準形はただ 1 通りに決まるということである．このことから，行列のランクには何か別の数学的な意味があると思われる．本書では，5.2 節で行列のランクの意味を改めて考える．

✔**注意 3.5** 逆行列を求める場合は行に関する基本変形のみを用いていたが，ランク標準形への変形を行う場合は列に関する基本変形も利用する．その違いが上の計算方法（表）に反映されている．これまでに学んだ計算方法をまとめると，次のようになる．

(1) 連立 1 次方程式の解法では，例外的な変数交換のケースを除き，行に関する基本変形のみを利用する．

(2) 逆行列の計算においては，行に関する基本変形のみを利用する．

(3) 行列をランク標準形へ変形するときは，行に関する基本変形と列に関する基本変形の両方を利用する．

(1) ～ (3) は同じような計算だが，その違いを理解し混同しないように注意しよう．

問 3.10　行列

$$A = \begin{pmatrix} 1 & 2 & 3 \\ 1 & 2 & 3 \\ 1 & 2 & 3 \end{pmatrix}$$

は，適当な正則行列 P と Q を用いて

$$PAQ = \tilde{A}, \qquad \tilde{A} = \begin{pmatrix} 1 & 0 & 0 \\ 0 & 0 & 0 \\ 0 & 0 & 0 \end{pmatrix}$$

のように変形できるという．P と Q を求めよ．

例題 3.7　行列

$$A = \begin{pmatrix} 1 & -2 & 1 & 1 & 1 \\ 2 & -3 & 1 & 1 & 0 \\ 0 & 1 & -1 & 1 & 2 \\ -1 & 1 & 0 & 0 & 1 \end{pmatrix}$$

のランクを求めよ．

解説　ランク標準形に変形する行列を求めるのではなくて，単に A の**ランクを求めるだけ**ならば，行基本変形のみを用いて次のような方針で計算するとよい．

(1)　第 2 行－第 1 行× 2,
　　第 4 行＋第 1 行

(2)　第 3 行－第 2 行,
　　第 4 行＋第 2 行

(3)　第 3 行÷ 2

この時点で，A のランクは 3 であると結論できる．実際，列変形を用いて計算を続けると

(1)　第 2 列＋第 1 列× 2,
　　第 3 列－第 1 列,
　　第 4 列－第 1 列,
　　第 5 列－第 1 列

1	−2	1	1	1
2	−3	1	1	0
0	1	−1	1	2
−1	1	0	0	1
1	−2	1	1	1
0	1	−1	−1	−2
0	1	−1	1	2
0	−1	1	1	2
1	−2	1	1	1
0	1	−1	−1	−2
0	0	0	2	4
0	0	0	0	0
1	−2	1	1	1
0	1	−1	−1	−2
0	0	0	1	2
0	0	0	0	0

(2) 第 3 列＋第 2 列,
第 4 列＋第 2 列,
第 5 列＋第 2 列× 2

(3) 第 3 列と第 4 列を交換

(4) 第 5 列－第 3 列× 2

となる．したがって，この行列のランクは 3 である． ◆

1	0	0	0	0
0	1	−1	−1	−2
0	0	0	1	2
0	0	0	0	0
1	0	0	0	0
0	1	0	0	0
0	0	0	1	2
0	0	0	0	0
1	0	0	0	0
0	1	0	0	0
0	0	1	0	2
0	0	0	0	0
1	0	0	0	0
0	1	0	0	0
0	0	1	0	0
0	0	0	0	0

上の例題において行変形のみを用いて得られた行列は，**階段行列**とよばれる次の形の行列であり，そのランクは r である．

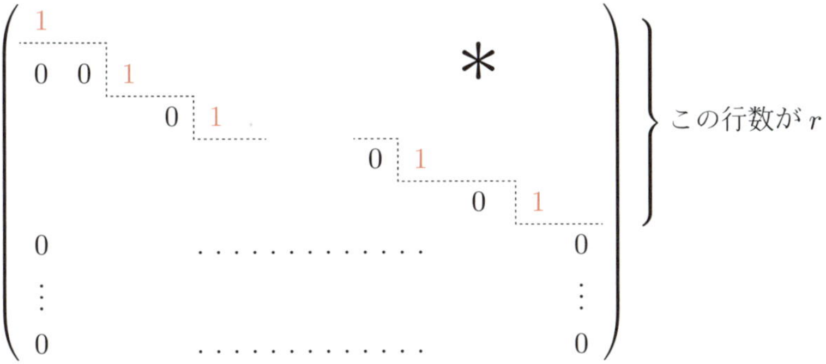

例えば，次の 2 つの階段行列のランクは，それぞれ 2 と 3 である．

$$\begin{pmatrix} 1 & 2 & 8 & 2 \\ 0 & 0 & 1 & -1 \\ 0 & 0 & 0 & 0 \end{pmatrix}, \quad \begin{pmatrix} 1 & 3 & 1 & 2 & 3 & 7 \\ 0 & 1 & 4 & -1 & 1 & 1 \\ 0 & 0 & 1 & 3 & 5 & 2 \\ 0 & 0 & 0 & 0 & 0 & 0 \end{pmatrix}$$

問 3.11　次の行列を階段行列に変形し，ランクを求めよ．

(1) $\begin{pmatrix} 1 & 2 & 3 & 4 \\ 3 & 8 & 5 & 6 \\ 1 & 6 & -5 & -8 \end{pmatrix}$　　(2) $\begin{pmatrix} -3 & -2 & 1 \\ 5 & 7 & 4 \\ -1 & 3 & 4 \end{pmatrix}$

(3) $\begin{pmatrix} 1 & 1 & 2 \\ -1 & 4 & 1 \\ -2 & 3 & -1 \\ -1 & 9 & 4 \end{pmatrix}$

行列のランクは，5.2 節で説明するように，数学的にいろいろな意味をもつ．現時点では，行列のランクとは，行列を次々に基本変形していき 0 と 1 だけからなるランク標準形へ変形したときに，その中に現れる 1 の個数であると理解して，先に進むことにしよう．

3.6　連立1次方程式の解の構造

ここでは，連立 1 次方程式 $A\boldsymbol{x} = \boldsymbol{b}$ を具体的に解くことではなく，解の存在やその個数を判定する条件を考える．簡単のため，A は正則行列であるとする．すなわち，A は逆行列をもち，$A\boldsymbol{x} = \boldsymbol{b}$ の解は

$$\boldsymbol{x} = A^{-1}\boldsymbol{b}$$

で与えられているとする．

ところで，例題 3.4 と 3.5 で見たように，掃き出し法においては，A に何回か行基本変形を行うことによって A を単位行列に変形している．すなわち，いくつかの基本行列の積からなる正則行列 P を用いて

$$PA = E$$

と変形している．よって，A の逆行列は $A^{-1} = P$ であり，$A\boldsymbol{x} = \boldsymbol{b}$ の解は

$$\boldsymbol{x} = P\boldsymbol{b}$$

で与えられる．これは，連立 1 次方程式の解が掃き出し法によって求められる

ことを保証している．掃き出し法を，連立 1 次方程式を解くための便利な計算法としてだけでなく，基本行列を左側から掛ける「同値変形」として理解しておくことが重要である．

最後に，行列のランクを用いて，連立 1 次方程式の解の種類を分類した定理 3.2 と，解の形を表現した定理 3.3 を紹介して終わることにする．3.2 節で述べたように，連立 1 次方程式は

$$\begin{cases} \text{解をもたない} \\ \text{解をもつ} \quad \begin{cases} \text{ただ 1 つの解をもつ（任意定数がない）} \\ \text{解を無数にもつ（任意定数がある）} \end{cases} \end{cases}$$

のように分類される．次の定理を用いると，連立 1 次方程式が解をもつかどうかを判定できる．

定理 3.2（**連立 1 次方程式の解の分類定理**） (i) 連立 1 次方程式

$$(1) \qquad \begin{cases} a_{11}x_1 + a_{12}x_2 + \cdots + a_{1n}x_n = b_1 \\ a_{21}x_1 + a_{22}x_2 + \cdots + a_{2n}x_n = b_2 \\ \qquad \vdots \\ a_{m1}x_1 + a_{m2}x_2 + \cdots + a_{mn}x_n = b_m \end{cases}$$

が解をもつための必要十分条件は，2 つの行列

$$A = \begin{pmatrix} a_{11} & a_{12} & \cdots & a_{1n} \\ a_{21} & a_{22} & \cdots & a_{2n} \\ \vdots & \vdots & \ddots & \vdots \\ a_{m1} & a_{m2} & \cdots & a_{mn} \end{pmatrix}, \quad B = \begin{pmatrix} a_{11} & a_{12} & \cdots & a_{1n} & b_1 \\ a_{21} & a_{22} & \cdots & a_{2n} & b_2 \\ \vdots & \vdots & \ddots & \vdots & \vdots \\ a_{m1} & a_{m2} & \cdots & a_{mn} & b_m \end{pmatrix}$$

のランクが等しい，すなわち，$r(A) = r(B)$ が成り立つことである．A を**係数行列**，A に列ベクトル $\boldsymbol{b}$ を加えた行列 B を**拡大係数行列**という．

(ii) 連立 1 次方程式 (1) が解をもつとき，それは $n - r(A)$ 個の任意定数を含む解をもつ．すなわち，

$r(A) = n$ ならば，連立1次方程式 (1) はただ1つの解をもつ．

$r(A) < n$ ならば，連立1次方程式 (1) は無数の解をもつ．

この定理の証明は他の書物に譲ることにして[*4]，ここでは，定理 3.2 の意味を理解するために，次の連立1次方程式を例にとって考えてみよう．

$$\begin{cases} x + y - 2z + 2w = a \\ x + 2y - z + w = b \\ x - y - 4z + 4w = c \end{cases}$$

これは，4変数の連立1次方程式で，見かけの式は3つである．この方程式が解をもつために a, b, c がみたすべき条件を調べる．この方程式を掃き出し法で解いてみよう．

(1)　第2行−第1行，
　　第3行−第1行

(2)　第3行+第2行×2

(3)　第1行−第2行

1	1	−2	2	a
1	2	−1	1	b
1	−1	−4	4	c
1	1	−2	2	a
0	1	1	−1	$b-a$
0	−2	−2	2	$c-a$
1	1	−2	2	a
0	1	1	−1	$b-a$
0	0	0	0	$-3a+2b+c$
1	0	−3	3	$2a-b$
0	1	1	−1	$b-a$
0	0	0	0	$-3a+2b+c$

これより，

$$\begin{cases} x \quad\; - 3z + 3w = 2a - b \\ \quad y + \;\; z - \;\; w = b - a \\ \qquad\qquad\quad\; 0 = -3a + 2b + c \end{cases}$$

よって，$-3a + 2b + c \neq 0$ のとき，与えられた方程式は解をもたない．一方，$-3a + 2b + c = 0$ のとき，与えられた3つの方程式は次の2つの式

$$\begin{cases} x \quad\; - 3z + 3w = 2a - b \\ \quad y + \;\; z - \;\; w = b - a \end{cases}$$

からなる連立方程式と同値であり，2つの任意定数 t, t' を含む解

[*4] 齋藤正彦『線型代数入門』（東京大学出版会，1966）の第2章の §5.

$$\begin{cases} x = 3t - 3t' + (2a - b) \\ y = -t + t' + (b - a) \\ z = t \\ w = t' \end{cases}$$

すなわち，

$$\begin{pmatrix} x \\ y \\ z \\ w \end{pmatrix} = \begin{pmatrix} 2a - b \\ b - a \\ 0 \\ 0 \end{pmatrix} + t \begin{pmatrix} 3 \\ -1 \\ 1 \\ 0 \end{pmatrix} + t' \begin{pmatrix} -3 \\ 1 \\ 0 \\ 1 \end{pmatrix}$$

をもつ．

この結果を踏まえた上で，係数行列 A と拡大係数行列 B のランクを調べてみよう．A と B のランクを別々に計算してもよいのだが，A と B の形がたった 1 列異なるだけであるから，A と B を並べて同時に計算を行うとよい．

1	1	-2	2	1	1	-2	2	a
1	2	-1	1	1	2	-1	1	b
1	-1	-4	4	1	-1	-4	4	c
1	1	-2	2	1	1	-2	2	a
0	1	1	-1	0	1	1	-1	$b-a$
0	-2	-2	2	0	-2	-2	2	$c-a$
1	1	-2	2	1	1	-2	2	a
0	1	1	-1	0	1	1	-1	$b-a$
0	0	0	0	0	0	0	0	$-3a+2b+c$

前節で述べた階段行列の性質より，$-3a + 2b + c = 0$ のとき $r(A) = r(B)$ が成り立つことがわかる．すなわち，定理 3.2 における $r(A) = r(B)$ とは，掃き出し法を用いて連立 1 次方程式を解いたときに方程式が解をもつための条件（この例では $-3a + 2b + c = 0$）を言い換えたものであることがわかる．このとき，$r(A) = r(B) = 2$ であり，方程式の式の個数は実は 2 つだったことになる．つまり，この方程式は見かけ上は 3 つの式からなっていたのだが，実は 2 つの式しかなかったのである（独立な式は 2 つであるといってもよい）．その結果として，**解の自由度**，すなわち，任意定数の個数は

変数の個数 − (独立な)式の個数

により，$n - r(A) = 4 - 2 = 2$ であることがわかる．すなわち，$r(A)$ は，与えられた方程式の（見かけ上でない）本当に必要な独立した式の個数を意味している．

この例をよく眺めると，掃き出し法を用いて，一般的な形の連立 1 次方程式を解くということは，方程式 (1) を

$$(2)\quad \begin{cases} x_1 \qquad\qquad + a_{1\,r+1}'x_{r+1} + \cdots + a_{1n}'x_n = b_1' \\ \quad x_2 \qquad\quad + a_{2\,r+1}'x_{r+1} + \cdots + a_{2n}'x_n = b_2' \\ \qquad \ddots \qquad\qquad\qquad \vdots \\ \qquad\quad x_r + a_{r\,r+1}'x_{r+1} + \cdots + a_{rn}'x_n = b_r' \\ \qquad\qquad\qquad\qquad\qquad 0 = b_{r+1}' \\ \qquad\qquad\qquad\qquad\qquad 0 = b_{r+2}' \\ \qquad\qquad\qquad\qquad\qquad \vdots \\ \qquad\qquad\qquad\qquad\qquad 0 = b_m' \end{cases}$$

の形の方程式へ変形することであると気がつく．ここで，$r = r(A)$ である．

✔ **注意 3.6**　正確には，連立 1 次方程式の解法では，変数の並ぶ順番を変更する（例題 3.3(ii)）ことがあるので，変数の並びは必ずしも $x_1, x_2, \cdots, x_n$ のような順番通りにそろっていないことがありうる．

これより，もしも $b_{r+1}', b_{r+2}', \cdots, b_m'$ の中に 1 つでも 0 でないものがあれば，$r(A) \neq r(B)$ となるため，連立 1 次方程式 (2) は解をもたない．

一方，$r(A) = r(B)$ ならば，すべての $b_{r+1}', b_{r+2}', \cdots, b_m'$ が 0 になり，連立 1 次方程式 (2) は解をもつ．このとき，方程式 (2) は r（$= r(A)$）個の式からなる連立 1 次方程式となり，その解は

$$\begin{cases} x_1 &= b_1' - a_{1\,r+1}'t_{r+1} - \cdots - a_{1n}'t_n \\ x_2 &= b_2' - a_{2\,r+1}'t_{r+1} - \cdots - a_{2n}'t_n \\ &\vdots \\ x_r &= b_r' - a_{r\,r+1}'t_{r+1} - \cdots - a_{rn}'t_n \\ x_{r+1} &= t_{r+1} \\ &\vdots \\ x_n &= t_n \end{cases}$$

すなわち,

$$\begin{pmatrix} x_1 \\ x_2 \\ \vdots \\ x_r \\ x_{r+1} \\ \vdots \\ x_n \end{pmatrix} = \begin{pmatrix} b_1' \\ b_2' \\ \vdots \\ b_r' \\ 0 \\ \vdots \\ 0 \end{pmatrix} + t_{r+1}\begin{pmatrix} -a_{1\,r+1}' \\ -a_{2\,r+1}' \\ \vdots \\ -a_{r\,r+1}' \\ 1 \\ \vdots \\ 0 \end{pmatrix} + \cdots + t_n\begin{pmatrix} -a_{1n}' \\ -a_{2n}' \\ \vdots \\ -a_{rn}' \\ 0 \\ \vdots \\ 1 \end{pmatrix}$$

で与えられる. ここで, $t_{r+1}, \cdots, t_n$ は任意定数であって, その個数は $n-r = n-r(A)$ である. 以上により, 次の定理が成り立つことがわかる.

定理 3.3 **(連立 1 次方程式の解の構造定理)** 連立 1 次方程式

$$(1) \qquad \begin{cases} a_{11}x_1 + a_{12}x_2 + \cdots + a_{1n}x_n = b_1 \\ a_{21}x_1 + a_{22}x_2 + \cdots + a_{2n}x_n = b_2 \\ \quad\vdots \\ a_{m1}x_1 + a_{m2}x_2 + \cdots + a_{mn}x_n = b_m \end{cases}$$

が解をもてば, それは次の形で与えられる.

$$\boldsymbol{x} = \boldsymbol{b}' + t_{r+1}\boldsymbol{a}_{r+1}' + \cdots + t_n\boldsymbol{a}_n' \qquad (t_{r+1}, \cdots, t_n \text{ は任意定数}).$$

ここで，$r = r(A)$（A は連立 1 次方程式 (1) の係数行列）であって，

$$\boldsymbol{x} = \begin{pmatrix} x_1 \\ x_2 \\ \vdots \\ x_r \\ x_{r+1} \\ \vdots \\ x_n \end{pmatrix}, \quad \boldsymbol{b}' = \begin{pmatrix} b_1{}' \\ b_2{}' \\ \vdots \\ b_r{}' \\ 0 \\ \vdots \\ 0 \end{pmatrix}, \quad \boldsymbol{a}_{r+1}{}' = \begin{pmatrix} -a_{1\,r+1}{}' \\ -a_{2\,r+1}{}' \\ \vdots \\ -a_{r\,r+1}{}' \\ 1 \\ \vdots \\ 0 \end{pmatrix}, \quad \boldsymbol{a}_n{}' = \begin{pmatrix} -a_{1n}{}' \\ -a_{2n}{}' \\ \vdots \\ -a_{rn}{}' \\ 0 \\ \vdots \\ 1 \end{pmatrix}$$

である．これより，

任意定数の個数（解の自由度）$=$ 変数の個数 $n -$ 独立な式の個数 $r(A)$

が成り立つ．とくに，(1) において定数項がすべて 0 となる連立 1 次方程式

$$\begin{cases} a_{11}x_1 + a_{12}x_2 + \cdots + a_{1n}x_n = 0 \\ a_{21}x_1 + a_{22}x_2 + \cdots + a_{2n}x_n = 0 \\ \quad\vdots \\ a_{m1}x_1 + a_{m2}x_2 + \cdots + a_{mn}x_n = 0 \end{cases}$$

は解をもち，それは

$$\boldsymbol{x} = t_{r+1}\boldsymbol{a}_{r+1}{}' + \cdots + t_n\boldsymbol{a}_n{}'$$

で与えられる．ここで，$r = r(A)$ である．

問 3.12　次の連立 1 次方程式が解をもつかどうか調べよ．

$$\begin{cases} x - 2y + 3z = a \\ 2x + y + z = b \\ x + 3y - 2z = c \end{cases}$$

問 3.13　$\boldsymbol{x}_0$ は連立 1 次方程式 $A\boldsymbol{x} = \boldsymbol{b}$ の解の 1 つであるとする．このとき，$A\boldsymbol{x} = \boldsymbol{b}$ の任意の解は，

$$\boldsymbol{x} = \boldsymbol{x}_0 + \boldsymbol{x}'$$

の形で表されることを示せ．ここで，$\boldsymbol{x}'$ は $A\boldsymbol{x} = \boldsymbol{0}$ の解である．

練習問題

3.1 次の連立 1 次方程式が解をもてば，それを求めよ．

(1) $\begin{cases} x_1 + x_2 + x_3 = 0 \\ 4x_1 + x_2 + 2x_3 = 0 \\ 3x_1 - 3x_2 - x_3 = 0 \end{cases}$　(2) $\begin{cases} 2x_1 + 3x_2 + x_3 = 4 \\ 3x_1 + 2x_2 - 2x_3 = -1 \\ 5x_1 + 4x_2 - 2x_3 = 1 \end{cases}$

(3) $\begin{cases} x_1 + x_2 + x_3 = 2 \\ 2x_1 + 2x_2 + x_4 = 1 \\ x_1 - x_3 + x_4 = -1 \\ 4x_1 + 3x_2 + 2x_4 = 1 \end{cases}$　(4) $\begin{cases} 3x_2 + 3x_3 - 2x_4 = 2 \\ x_1 + x_2 + 2x_3 + 3x_4 = 0 \\ x_1 + 2x_2 + 3x_3 + 2x_4 = 1 \\ x_1 + 3x_2 + 4x_3 + 2x_4 = 1 \end{cases}$

(5) $\begin{cases} x_1 - 3x_2 - x_3 + 2x_4 = 3 \\ -x_1 + 3x_2 + 2x_3 - 2x_4 = 1 \\ -x_1 + 3x_2 + 4x_3 - 2x_4 = 9 \\ 2x_1 - 6x_2 - 5x_3 + 4x_4 = -6 \end{cases}$

(6) $\begin{cases} x_1 - 2x_2 + 3x_4 = 2 \\ x_1 - 2x_2 + x_3 + 2x_4 + x_5 = 2 \\ 2x_1 - 4x_2 + x_3 + 5x_4 + 2x_5 = 5 \end{cases}$

3.2 次の行列の逆行列があれば求めよ．

(1) $\begin{pmatrix} 2 & 1 & 0 \\ 6 & 4 & -1 \\ -5 & -3 & 1 \end{pmatrix}$　(2) $\begin{pmatrix} 1 & -2 & -1 & -1 \\ 2 & 3 & 5 & -5 \\ 3 & 1 & 4 & 2 \\ 1 & 5 & 6 & 0 \end{pmatrix}$

(3) $\begin{pmatrix} 1 & -1 & 1 & -1 \\ -1 & 0 & 0 & 0 \\ 1 & 0 & 1 & -1 \\ -1 & 0 & -1 & 0 \end{pmatrix}$

3.3 正方行列 A が次のようにブロック分けされているとする.

$$A = \begin{pmatrix} B & C \\ O & D \end{pmatrix}$$

ただし, B, D は正則な正方行列, O は零行列とする. このとき, A の逆行列を B, C, D を用いて具体的に表せ.

3.4 次の行列のランクを求めよ.

(1) $\begin{pmatrix} 1 & 2 & 3 & 4 \\ 5 & 6 & 7 & 8 \\ 9 & 10 & 11 & 12 \end{pmatrix}$　　(2) $\begin{pmatrix} 1 & x & x \\ x & 1 & x \\ x & x & 1 \end{pmatrix}$

(3) $\begin{pmatrix} a & b & b & b \\ a & b & a & a \\ a & a & b & a \\ b & b & b & a \end{pmatrix}$

3.5 次の連立 1 次方程式が解をもつように a の値を定め, 解を求めよ.

(1) $\begin{cases} x - 3y + 4z = -2 \\ 5x + 2y + 3z = a \\ 4x - y + 5z = 3 \end{cases}$　　(2) $\begin{cases} x + 2y + 3z + 4w = 2 \\ 3x + y - z - 3w = 1 \\ 4x + 3y + 2z + w = a \\ 7x + 5y + 3z + w = 5 \end{cases}$

3.6 次の行列 A をランク標準形 $\tilde{A}$ に変形せよ. また, 行列 A を $\tilde{A}$ に変形する行列 P と Q ($\tilde{A} = PAQ$) を求めよ.

(1) $A = \begin{pmatrix} 1 & 4 \\ 2 & 5 \\ 3 & 6 \end{pmatrix}$　　(2) $A = \begin{pmatrix} 1 & 2 & 1 & 4 \\ 2 & 4 & 3 & 5 \\ -1 & -2 & 0 & -7 \end{pmatrix}$

4
Chapter

行列式

行列式は連立 1 次方程式の解法の研究の中から生まれた概念である．ここでは，2 変数と 3 変数の連立 1 次方程式を解くことにより，2 次と 3 次の行列式の定義を導いた後，n 次の行列式を定義する．次に，2 次と 3 次の行列式の間に成り立つ関係式を調べた後，n 次の行列式を計算する方法（余因子展開）を説明する．また，行列式の計算規則を述べ，行列式の計算方法とその応用について説明する．

4.1　2 次と 3 次の行列式

1.2 節で見たように，2 次の行列式は次のように定義される．

定義 4.1　2 次正方行列

$$A = \begin{pmatrix} a_{11} & a_{12} \\ a_{21} & a_{22} \end{pmatrix}$$

の**行列式**を

$$\det A = |A| = \begin{vmatrix} a_{11} & a_{12} \\ a_{21} & a_{22} \end{vmatrix} = a_{11}a_{22} - a_{12}a_{21}$$

と定義する．

行列

$$A = \begin{pmatrix} a_{11} & a_{12} \\ a_{21} & a_{22} \end{pmatrix}$$

に対して，列ベクトルを

$$\boldsymbol{a}_1 = \begin{pmatrix} a_{11} \\ a_{21} \end{pmatrix}, \quad \boldsymbol{a}_2 = \begin{pmatrix} a_{12} \\ a_{22} \end{pmatrix}$$

とおくと，$A = (\boldsymbol{a}_1\ \boldsymbol{a}_2)$ と表されるので，行列式は列ベクトルを用いることにより $\det(\boldsymbol{a}_1, \boldsymbol{a}_2)$ と書ける．

連立1次方程式

$$\begin{cases} a_1x + b_1y = p_1 \\ a_2x + b_2y = p_2 \end{cases}$$

を加減法で解いてみよう．

$$\begin{array}{rrl} & b_2 \cdot a_1x + b_2 \cdot b_1y &= b_2 \cdot p_1 \\ - & b_1 \cdot a_2x + b_1 \cdot b_2y &= b_1 \cdot p_2 \\ \hline & (b_2a_1 - b_1a_2)x & = b_2p_1 - b_1p_2 \end{array}$$

であるから，$a_1b_2 - a_2b_1 \neq 0$ のとき

$$x = \frac{p_1b_2 - p_2b_1}{a_1b_2 - a_2b_1}$$

となる．同様にして，

$$y = \frac{a_1p_2 - a_2p_1}{a_1b_2 - a_2b_1}$$

を得る．この結果を行列式を用いて書くと，**クラメルの公式**を得る：

$$x = \frac{\det(\boldsymbol{p}, \boldsymbol{b})}{\det(\boldsymbol{a}, \boldsymbol{b})} = \frac{\begin{vmatrix} p_1 & b_1 \\ p_2 & b_2 \end{vmatrix}}{\begin{vmatrix} a_1 & b_1 \\ a_2 & b_2 \end{vmatrix}}, \quad y = \frac{\det(\boldsymbol{a}, \boldsymbol{p})}{\det(\boldsymbol{a}, \boldsymbol{b})} = \frac{\begin{vmatrix} a_1 & p_1 \\ a_2 & p_2 \end{vmatrix}}{\begin{vmatrix} a_1 & b_1 \\ a_2 & b_2 \end{vmatrix}}.$$

ただし，

$$\boldsymbol{a} = \begin{pmatrix} a_1 \\ a_2 \end{pmatrix}, \quad \boldsymbol{b} = \begin{pmatrix} b_1 \\ b_2 \end{pmatrix}, \quad \boldsymbol{p} = \begin{pmatrix} p_1 \\ p_2 \end{pmatrix}.$$

次に，3 次の行列式を考えるために，3 変数の連立 1 次方程式

$$\begin{cases} a_1x + b_1y + c_1z = p_1 \\ a_2x + b_2y + c_2z = p_2 \\ a_3x + b_3y + c_3z = p_3 \end{cases}$$

を加減法で解いてみよう．上式において，第 1 式 $\times\, c_2$ $-$ 第 2 式 $\times\, c_1$ により，z を消去すると，

$$(a_1c_2 - a_2c_1)\,x + (b_1c_2 - b_2c_1)\,y = c_2p_1 - c_1p_2$$

を得る．同様に，第 1 式 $\times\, c_3$ $-$ 第 3 式 $\times\, c_1$ により，

$$(a_1c_3 - a_3c_1)\,x + (b_1c_3 - b_3c_1)\,y = c_3p_1 - c_1p_3$$

を得る．この 2 式から y を消去すると

$$\begin{aligned} &\{\,(a_1c_2 - a_2c_1)(b_1c_3 - b_3c_1) - (a_1c_3 - a_3c_1)(b_1c_2 - b_2c_1)\,\}x \\ &\qquad = (c_2p_1 - c_1p_2)(b_1c_3 - b_3c_1) - (c_3p_1 - c_1p_3)(b_1c_2 - b_2c_1) \end{aligned}$$

となる．（分母が 0 にならないものと仮定して）かなり長い計算をすると，

$$x = \frac{p_1b_2c_3 + p_2b_3c_1 + p_3b_1c_2 - p_1b_3c_2 - p_2b_1c_3 - p_3b_2c_1}{a_1b_2c_3 + a_2b_3c_1 + a_3b_1c_2 - a_1b_3c_2 - a_2b_1c_3 - a_3b_2c_1}$$

となる．同様にして，

$$y = \frac{a_1p_2c_3 + a_2p_3c_1 + a_3p_1c_2 - a_1p_3c_2 - a_2p_1c_3 - a_3p_2c_1}{a_1b_2c_3 + a_2b_3c_1 + a_3b_1c_2 - a_1b_3c_2 - a_2b_1c_3 - a_3b_2c_1},$$

$$z = \frac{a_1b_2p_3 + a_2b_3p_1 + a_3b_1p_2 - a_1b_3p_2 - a_2b_1p_3 - a_3b_2p_1}{a_1b_2c_3 + a_2b_3c_1 + a_3b_1c_2 - a_1b_3c_2 - a_2b_1c_3 - a_3b_2c_1}$$

を得る．

問 4.1　上の結果が正しいことを確かめよ．

この結果から，3 次行列

$$A = (\boldsymbol{a}\ \ \boldsymbol{b}\ \ \boldsymbol{c}) = \begin{pmatrix} a_1 & b_1 & c_1 \\ a_2 & b_2 & c_2 \\ a_3 & b_3 & c_3 \end{pmatrix}$$

の行列式を

$$\begin{aligned} \det A &= \det(\boldsymbol{a}, \boldsymbol{b}, \boldsymbol{c}) = |A| \\ &= a_1b_2c_3 + a_2b_3c_1 + a_3b_1c_2 - a_1b_3c_2 - a_2b_1c_3 - a_3b_2c_1 \end{aligned}$$

のように定義すれば，3 変数の連立 1 次方程式に対しても，2 変数の連立 1 次方程式と同様な次の**クラメルの公式**

$$x = \frac{\det(\boldsymbol{p}, \boldsymbol{b}, \boldsymbol{c})}{\det(\boldsymbol{a}, \boldsymbol{b}, \boldsymbol{c})}, \qquad y = \frac{\det(\boldsymbol{a}, \boldsymbol{p}, \boldsymbol{c})}{\det(\boldsymbol{a}, \boldsymbol{b}, \boldsymbol{c})}, \qquad z = \frac{\det(\boldsymbol{a}, \boldsymbol{b}, \boldsymbol{p})}{\det(\boldsymbol{a}, \boldsymbol{b}, \boldsymbol{c})}$$

が成り立つことがわかる．このようにして，3 次の行列式の定義を得る．

定義 4.2　3 次正方行列

$$A = \begin{pmatrix} a_{11} & a_{12} & a_{13} \\ a_{21} & a_{22} & a_{23} \\ a_{31} & a_{32} & a_{33} \end{pmatrix}$$

の**行列式**は次のように定義される．

$$\begin{aligned} \det A = |A| = a_{11}a_{22}a_{33} &+ a_{21}a_{32}a_{13} + a_{31}a_{12}a_{23} \\ &- a_{11}a_{32}a_{23} - a_{21}a_{12}a_{33} - a_{31}a_{22}a_{13}. \end{aligned}$$

この定義は右の図式のように覚えておくとよい．これを**サラスの方法**という．この方法は，3 次正方行列に対してのみ使える．

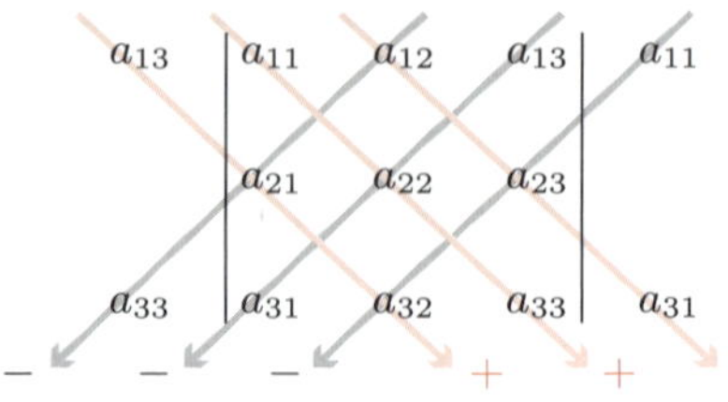

例えば,

$$A = \begin{pmatrix} 2 & 1 & 3 \\ -1 & 1 & 2 \\ 1 & -1 & 2 \end{pmatrix}$$

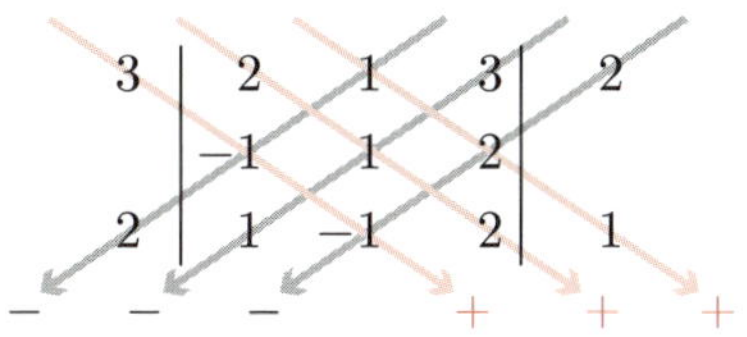

の行列式 $\det A$ は次のようにして計算される.

$$\begin{aligned} \det A &= 3\cdot(-1)\cdot(-1) + 2\cdot 1\cdot 2 + 1\cdot 2\cdot 1 \\ &\qquad -2\cdot(-1)\cdot 1 - 1\cdot 1\cdot 3 - (-1)\cdot 2\cdot 2 \\ &= 3+4+2+2-3+4 = 12. \end{aligned}$$

次に, 2 次と 3 次の行列式の間にどんな関係が成り立つのかを調べよう. それは, 一般の n 次の行列式を計算するときの手がかりになる.

$$\begin{aligned} &a_{11}a_{22}a_{33} + a_{21}a_{32}a_{13} + a_{31}a_{12}a_{23} - a_{11}a_{32}a_{23} - a_{21}a_{12}a_{33} - a_{31}a_{22}a_{13} \\ &\quad = a_{11}(a_{22}a_{33} - a_{23}a_{32}) - a_{12}(a_{21}a_{33} - a_{23}a_{31}) + a_{13}(a_{21}a_{32} - a_{22}a_{31}) \end{aligned}$$

であるから

$$\begin{vmatrix} a_{11} & a_{12} & a_{13} \\ a_{21} & a_{22} & a_{23} \\ a_{31} & a_{32} & a_{33} \end{vmatrix} = a_{11}\begin{vmatrix} a_{22} & a_{23} \\ a_{32} & a_{33} \end{vmatrix} - a_{12}\begin{vmatrix} a_{21} & a_{23} \\ a_{31} & a_{33} \end{vmatrix} + a_{13}\begin{vmatrix} a_{21} & a_{22} \\ a_{31} & a_{32} \end{vmatrix}$$

となることがわかる.

問 4.2　次の式が成り立つことを示せ.

$$\begin{aligned} \begin{vmatrix} a_{11} & a_{12} & a_{13} \\ a_{21} & a_{22} & a_{23} \\ a_{31} & a_{32} & a_{33} \end{vmatrix} &= -a_{21}\begin{vmatrix} a_{12} & a_{13} \\ a_{32} & a_{33} \end{vmatrix} + a_{22}\begin{vmatrix} a_{11} & a_{13} \\ a_{31} & a_{33} \end{vmatrix} - a_{23}\begin{vmatrix} a_{11} & a_{12} \\ a_{31} & a_{32} \end{vmatrix} \\ &= a_{31}\begin{vmatrix} a_{12} & a_{13} \\ a_{22} & a_{23} \end{vmatrix} - a_{32}\begin{vmatrix} a_{11} & a_{13} \\ a_{21} & a_{23} \end{vmatrix} + a_{33}\begin{vmatrix} a_{11} & a_{12} \\ a_{21} & a_{22} \end{vmatrix}. \end{aligned}$$

4.2　n 次の行列式

4.2.1　偶置換と奇置換

n 個の自然数 $1, 2, 3, \cdots, n$ を並べかえる操作を**置換**といい,

$$\sigma = \begin{pmatrix} 1 & 2 & \cdots & n \\ i_1 & i_2 & \cdots & i_n \end{pmatrix} \quad \text{あるいは} \quad \sigma = (i_1 \quad i_2 \quad \cdots \quad i_n)$$

のように表す．これらの記号は，1 を i_1 に，2 を i_2 に，$\cdots$, n を i_n に移すことを意味する．例えば，3 個の自然数 $1, 2, 3$ を並べかえる置換の総数は $3! = 6$ 通りあって，それらは

$$\sigma_1 = (1 \ \ 2 \ \ 3), \quad \sigma_2 = (3 \ \ 1 \ \ 2), \quad \sigma_3 = (2 \ \ 3 \ \ 1),$$
$$\sigma_4 = (1 \ \ 3 \ \ 2), \quad \sigma_5 = (2 \ \ 1 \ \ 3), \quad \sigma_6 = (3 \ \ 2 \ \ 1)$$

と表される．よって，σ_1 は 1 を 1 に，2 を 2 に，3 を 3 に移す置換であり，σ_2 は 1 を 3 に，2 を 1 に，3 を 2 に移す置換であり，$\sigma_3, \sigma_4, \sigma_5, \sigma_6$ についても同様である．

これより，置換は n 個の自然数 $1, 2, 3, \cdots, n$ を並べてできる順列であると考えてもよいことがわかる．また，小さい方から順に自然数が並んでいる順列を基本順列という．例えば,

$$(1 \ \ 2), \quad (1 \ \ 2 \ \ 3), \quad (1 \ \ 2 \ \ 3 \ \ 4)$$

は，それぞれ 2 個，3 個，4 個の自然数を並べる場合の基本順列である．

置換 $\sigma = (i_1 \ \ i_2 \ \ \cdots \ \ i_n)$ に対して，その順列の中の 2 つの数を交換する操作を何回か施して，基本順列に変形するとき，操作の回数が偶数回であるか奇数回であるかを調べてみる．このとき，操作の回数が偶数回であるような置換を**偶置換**，奇数回であるような置換を**奇置換**という．例えば,

$(1 \ \ 3 \ \ 2) \to (1 \ \ 2 \ \ 3)$　　1 回（2 と 3 を交換）

$(2 \ \ 3 \ \ 1) \to (1 \ \ 3 \ \ 2) \to (1 \ \ 2 \ \ 3)$　　2 回（まず 1 と 2 を交換，次に 2 と 3 を交換）

(1 2 3) 0 回（何も交換しない）

より，(2 3 1) と (1 2 3) は偶置換，(1 3 2) は奇置換であることがわかる．証明は他の書物に譲るが[*1]，順列を基本順列に変形するとき，操作の回数が偶数回であるか奇数回であるかは変形の仕方によらずに決まることが知られている．例えば，(2 3 1) は

(2 3 1) → (3 2 1) → (3 1 2) → (1 3 2) → (1 2 3) 4 回

2 と 3 を交換　1 と 2 を交換　1 と 3 を交換　2 と 3 を交換

のような 4 回の操作によっても変形できる．この操作の回数は偶数回である．

問 4.3 (2 4 5 3 1) は偶置換か奇置換のどちらであるかを調べよ．

4.2.2 行列式の定義

2 次の行列式を 2 個の自然数 1 と 2 を並べかえる置換を用いて表してみよう．

$$|A| = \begin{vmatrix} a_{11} & a_{12} \\ a_{21} & a_{22} \end{vmatrix} = a_{11}a_{22} - a_{12}a_{21}$$

をよく見ると，下のような性質がわかる．

$$|A| = \underset{\substack{\sigma_1 = (1\ 2) \\ \text{偶置換}}}{a_{11}a_{22}} - \underset{\substack{\sigma_2 = (2\ 1) \\ \text{奇置換}}}{a_{12}a_{21}}$$

したがって，2 次の行列式は

$$|A| = \sum_{\sigma} \mathrm{sgn}(\sigma)\, a_{1i_1} a_{2i_2}, \qquad \sigma = (i_1\ \ i_2)$$

で表される．ここで，上の和は $\sigma_1 = (1\ 2)$ と $\sigma_2 = (2\ 1)$ に関するものであり，$\mathrm{sgn}(\sigma)$ は σ が偶置換ならば $+1$，奇置換ならば -1 を意味する記号である．すなわち，

$$\mathrm{sgn}(\sigma_1) = 1, \qquad \mathrm{sgn}(\sigma_2) = -1.$$

[*1] 佐武一郎『線型代数学』（裳華房，1974）の第 II 章の定理 1.

3次の行列式についても，

$$|A| = a_{11}a_{22}a_{33} + a_{21}a_{32}a_{13} + a_{31}a_{12}a_{23} - a_{11}a_{32}a_{23} - a_{21}a_{12}a_{33} - a_{31}a_{22}a_{13}$$
$$= a_{11}a_{22}a_{33} + a_{13}a_{21}a_{32} + a_{12}a_{23}a_{31} - a_{11}a_{23}a_{32} - a_{12}a_{21}a_{33} - a_{13}a_{22}a_{31}$$

のように書き直した後，2次の行列式と同様に考えることができる．

$$|A| = \underset{\substack{\sigma_1 = (1\ 2\ 3) \\ \text{偶置換}}}{a_{11}a_{22}a_{33}} + \underset{\substack{\sigma_2 = (3\ 1\ 2) \\ \text{偶置換}}}{a_{13}a_{21}a_{32}} + \underset{\substack{\sigma_3 = (2\ 3\ 1) \\ \text{偶置換}}}{a_{12}a_{23}a_{31}}$$

$$- \underset{\substack{\sigma_4 = (1\ 3\ 2) \\ \text{奇置換}}}{a_{11}a_{23}a_{32}} - \underset{\substack{\sigma_5 = (2\ 1\ 3) \\ \text{奇置換}}}{a_{12}a_{21}a_{33}} - \underset{\substack{\sigma_6 = (3\ 2\ 1) \\ \text{奇置換}}}{a_{13}a_{22}a_{31}}$$

したがって，3次の行列式は

$$|A| = \sum_{\sigma} \operatorname{sgn}(\sigma)\, a_{1i_1}a_{2i_2}a_{3i_3}, \qquad \sigma = (i_1\ \ i_2\ \ i_3)$$

で表される．ここで，上の和は

$$\sigma_1 = (1\ \ 2\ \ 3), \quad \sigma_2 = (3\ \ 1\ \ 2), \quad \sigma_3 = (2\ \ 3\ \ 1),$$
$$\sigma_4 = (1\ \ 3\ \ 2), \quad \sigma_5 = (2\ \ 1\ \ 3), \quad \sigma_6 = (3\ \ 2\ \ 1)$$

に関するものである．

以上の結果を踏まえて，n 次正方行列の行列式を次のように定義する．

> **定義 4.3**　n 次正方行列 $A = (a_{ij})$ の**行列式**は次のように定義される．
>
> $$|A| = \sum_{\sigma} \operatorname{sgn}(\sigma)\, a_{1i_1}a_{2i_2}\cdots a_{ni_n}, \qquad \sigma = (i_1\ \ i_2\ \ \cdots\ \ i_n).$$
>
> ここで，$\sum$ は n 個の自然数を並べる場合のすべての順列に対する和を表し，$\operatorname{sgn}(\sigma)$ は σ が偶置換ならば $+1$，奇置換ならば -1 を意味する．

この定義は行列式の理論の出発点となるものであり，行列式の様々な性質が定義 4.3 から厳密に導かれる．その意味で定義 4.3 は重要であるが，行列式の計算に関する具体的な問題において，この定義が利用されることはほとんどない．

4.3 行列式の基本性質

ここでは，行列式の定義から導かれる計算規則をまとめて述べておこう．読者は，2 次または 3 次の行列式について，定義 4.1 または定義 4.2 にもとづく具体的な計算によって，以下の性質が成り立つことを確かめてみるとよい．もしくは，一般の n 次の行列式について，定義 4.3 にもとづいた論証によって[*2]，以下の性質が成り立つことを確かめてもよい．

(1) (列に関する加法性) 第 j 列が 2 つの列ベクトルの和である行列式は，それぞれの列ベクトルを第 j 列とする 2 つの行列式の和になる．

$$\begin{vmatrix} a_{11} & a_{1j}{}' + a_{1j}{}'' & a_{1n} \\ \vdots & \vdots & \vdots \\ a_{n1} & a_{nj}{}' + a_{nj}{}'' & a_{nn} \end{vmatrix} = \begin{vmatrix} a_{11} & a_{1j}{}' & a_{1n} \\ \vdots & \vdots & \vdots \\ a_{n1} & a_{nj}{}' & a_{nn} \end{vmatrix} + \begin{vmatrix} a_{11} & a_{1j}{}'' & a_{1n} \\ \vdots & \vdots & \vdots \\ a_{n1} & a_{nj}{}'' & a_{nn} \end{vmatrix}.$$

(2) (列に関するスカラー倍) ある列を λ 倍すると，行列式の値は λ 倍になる．

$$\begin{vmatrix} a_{11} & \lambda a_{1j} & a_{1n} \\ \vdots & \vdots & \vdots \\ a_{n1} & \lambda a_{nj} & a_{nn} \end{vmatrix} = \lambda \begin{vmatrix} a_{11} & a_{1j} & a_{1n} \\ \vdots & \vdots & \vdots \\ a_{n1} & a_{nj} & a_{nn} \end{vmatrix}.$$

(3) どれか 2 つの列を交換すると，行列式の符号が変わる．すなわち，第 j 列と第 k 列を交換したとき，

$$\begin{vmatrix} a_{11} & a_{1k} & a_{1j} & a_{1n} \\ \vdots & \vdots & \vdots & \vdots \\ a_{n1} & a_{nk} & a_{nj} & a_{nn} \end{vmatrix} = - \begin{vmatrix} a_{11} & a_{1j} & a_{1k} & a_{1n} \\ \vdots & \vdots & \vdots & \vdots \\ a_{n1} & a_{nj} & a_{nk} & a_{nn} \end{vmatrix}.$$

✔ **注意 4.1** 上の性質 (1)〜(3) をみたし，かつ，$|E| = 1$（E は単位行列）をみたすものは，定義 4.3 で与えられるもの以外には存在しない（本ページの脚注参照）．

上の (1)〜(3) を利用すると，次のような計算規則を導くことができる．

[*2] 佐武一郎『線型代数学』(裳華房，1974) の第 II 章の §2.

(4) 同じ列が2つあるときは，行列式の値は0になる．すなわち，第 j 列と第 k 列が等しいとき，

$$\begin{vmatrix} a_{11} & b_1 & b_1 & a_{1n} \\ \vdots & \vdots & \vdots & \vdots \\ a_{n1} & b_n & b_n & a_{nn} \end{vmatrix} = 0.$$

実際，上の行列式において，第 j 列と第 k 列を入れ替えると，(3) により

$$\begin{vmatrix} a_{11} & b_1 & b_1 & a_{1n} \\ \vdots & \vdots & \vdots & \vdots \\ a_{n1} & b_n & b_n & a_{nn} \end{vmatrix} = -\begin{vmatrix} a_{11} & b_1 & b_1 & a_{1n} \\ \vdots & \vdots & \vdots & \vdots \\ a_{n1} & b_n & b_n & a_{nn} \end{vmatrix}$$

を得る．右辺を左辺に移項すれば，(4) が成り立つことはすぐにわかる．

(5) ある列を定数倍して他の列に加えても行列式の値は変わらない．すなわち，第 k 列を λ 倍して第 j 列に加えてもその値は変わらない．

$$\begin{vmatrix} a_{11} & a_{1j} & a_{1k} & a_{1n} \\ \vdots & \vdots & \vdots & \vdots \\ a_{n1} & a_{nj} & a_{nk} & a_{nn} \end{vmatrix} = \begin{vmatrix} a_{11} & a_{1j} + \lambda a_{1k} & a_{1k} & a_{1n} \\ \vdots & \vdots & \vdots & \vdots \\ a_{n1} & a_{nj} + \lambda a_{nk} & a_{nk} & a_{nn} \end{vmatrix}.$$

なぜなら，(1) と (2) より，

$$\begin{vmatrix} a_{11} & a_{1j} + \lambda a_{1k} & a_{1k} & a_{1n} \\ \vdots & \vdots & \vdots & \vdots \\ a_{n1} & a_{nj} + \lambda a_{nk} & a_{nk} & a_{nn} \end{vmatrix} = \begin{vmatrix} a_{11} & a_{1j} & a_{1k} & a_{1n} \\ \vdots & \vdots & \vdots & \vdots \\ a_{n1} & a_{nj} & a_{nk} & a_{nn} \end{vmatrix} + \lambda \begin{vmatrix} a_{11} & a_{1k} & a_{1k} & a_{1n} \\ \vdots & \vdots & \vdots & \vdots \\ a_{n1} & a_{nk} & a_{nk} & a_{nn} \end{vmatrix}$$

である．ここで，上式の右辺の第2項は，(4) により0である．よって，(5) が成り立つ．

次に，行の操作に関する性質を述べる．そのために，行列の行ベクトルと列ベクトルを入れ替える操作を考える．3.1節で述べたように，行列 A の行ベクトルと列ベクトルを入れ替えて得られる行列を A の転置行列といい，${}^tA$ で表す．例えば，2次正方行列

$$A = \begin{pmatrix} a_{11} & a_{12} \\ a_{21} & a_{22} \end{pmatrix}$$

の転置行列は次のようになる．

$${}^tA = \begin{pmatrix} a_{11} & a_{21} \\ a_{12} & a_{22} \end{pmatrix}.$$

転置行列の行列式について，次の性質が成り立つ．

(6) （行列式の転置不変性） 行列式の行と列を入れ替えてもその値は変わらない．すなわち，

$$|{}^tA| = |A|.$$

問 4.4 2 次と 3 次の正方行列について，上の性質 (6) が成り立つことを確かめよ．

性質 (6) により，行に対しても (1) ～ (5) と同様の操作が可能になる．

(1′) （行に関する加法性） 第 i 行が 2 つの行ベクトルの和である行列式は，それぞれの行ベクトルを第 i 行とする 2 つの行列式の和になる．

$$\begin{vmatrix} a_{11} & \cdots & a_{1n} \\ \vdots & \vdots & \vdots \\ a_{i1}' + a_{i1}'' & \cdots & a_{in}' + a_{in}'' \\ \vdots & \vdots & \vdots \\ a_{n1} & \cdots & a_{nn} \end{vmatrix}$$

$$= \begin{vmatrix} a_{11} & \cdots & a_{1n} \\ \vdots & \vdots & \vdots \\ a_{i1}' & \cdots & a_{in}' \\ \vdots & \vdots & \vdots \\ a_{n1} & \cdots & a_{nn} \end{vmatrix} + \begin{vmatrix} a_{11} & \cdots & a_{1n} \\ \vdots & \vdots & \vdots \\ a_{i1}'' & \cdots & a_{in}'' \\ \vdots & \vdots & \vdots \\ a_{n1} & \cdots & a_{nn} \end{vmatrix}.$$

(2′)　(行に関するスカラー倍)　ある行を λ 倍すると，行列式の値は λ 倍になる．

$$\begin{vmatrix} a_{11} & \cdots & a_{1n} \\ \vdots & \vdots & \vdots \\ \lambda a_{i1} & \cdots & \lambda a_{in} \\ \vdots & \vdots & \vdots \\ a_{n1} & \cdots & a_{nn} \end{vmatrix} = \lambda \begin{vmatrix} a_{11} & \cdots & a_{1n} \\ \vdots & \vdots & \vdots \\ a_{i1} & \cdots & a_{in} \\ \vdots & \vdots & \vdots \\ a_{n1} & \cdots & a_{nn} \end{vmatrix}.$$

(3′)　どれか 2 つの行を交換すると符号が変わる．すなわち，第 j 行と第 k 行を交換したとき，

$$\begin{vmatrix} a_{11} & \cdots & a_{1n} \\ \vdots & \vdots & \vdots \\ a_{j1} & \cdots & a_{jn} \\ \vdots & \vdots & \vdots \\ a_{k1} & \cdots & a_{kn} \\ \vdots & \vdots & \vdots \\ a_{n1} & \cdots & a_{nn} \end{vmatrix} = - \begin{vmatrix} a_{11} & \cdots & a_{1n} \\ \vdots & \vdots & \vdots \\ a_{k1} & \cdots & a_{kn} \\ \vdots & \vdots & \vdots \\ a_{j1} & \cdots & a_{jn} \\ \vdots & \vdots & \vdots \\ a_{n1} & \cdots & a_{nn} \end{vmatrix}.$$

(4′)　同じ行が 2 つあるときは，行列式の値は 0 になる．すなわち，第 j 行と第 k 行が等しいとき，

$$\begin{vmatrix} a_{11} & \cdots & a_{1n} \\ \vdots & \vdots & \vdots \\ b_{1} & \cdots & b_{n} \\ \vdots & \vdots & \vdots \\ b_{1} & \cdots & b_{n} \\ \vdots & \vdots & \vdots \\ a_{n1} & \cdots & a_{nn} \end{vmatrix} = 0.$$

(5′)　ある行を何倍かして，他の行に加えても行列式の値は変わらない．すなわち，第 k 行を λ 倍して第 j 行に加えても行列式の値は変わらない．

$$
\begin{vmatrix}
a_{11} & \cdots & a_{1n} \\
\vdots & \vdots & \vdots \\
a_{j1} & \cdots & a_{jn} \\
\vdots & \vdots & \vdots \\
a_{k1} & \cdots & a_{kn} \\
\vdots & \vdots & \vdots \\
a_{n1} & \cdots & a_{nn}
\end{vmatrix}
=
\begin{vmatrix}
a_{11} & \cdots & a_{1n} \\
\vdots & \vdots & \vdots \\
a_{j1} + \lambda a_{k1} & \cdots & a_{jn} + \lambda a_{kn} \\
\vdots & \vdots & \vdots \\
a_{k1} & \cdots & a_{kn} \\
\vdots & \vdots & \vdots \\
a_{n1} & \cdots & a_{nn}
\end{vmatrix}.
$$

4.4 行列式の展開

4.1 節で，2 次と 3 次の行列式について述べ，2 次と 3 次の行列式の間に成り立つ関係式を調べた．この節では，$n-1$ 次と n 次の行列式の間に成り立つ関係式を調べ，n 次の行列式を $n-1$ 次の行列式によって表すことを考える．

まず，n 次正方行列から，$n-1$ 次正方行列をつくり出すことを考えよう．n 次正方行列 A から，第 i 行と第 j 列を取り除くと，$n-1$ 次正方行列が得られるが，これを A_{ij} と表すことにしよう．例えば，3 次正方行列

$$
A = \begin{pmatrix} a_{11} & a_{12} & a_{13} \\ a_{21} & a_{22} & a_{23} \\ a_{31} & a_{32} & a_{33} \end{pmatrix}
$$

から，第 1 行と第 2 列を取り除くと

$$
A_{12} = \begin{pmatrix} a_{21} & a_{23} \\ a_{31} & a_{33} \end{pmatrix}
$$

である．同様に

$$
\begin{pmatrix} a_{11} & a_{12} & a_{13} \\ a_{21} & a_{22} & a_{23} \\ a_{31} & a_{32} & a_{33} \end{pmatrix},
\quad
\begin{pmatrix} a_{11} & a_{12} & a_{13} \\ a_{21} & a_{22} & a_{23} \\ a_{31} & a_{32} & a_{33} \end{pmatrix},
\quad
\begin{pmatrix} a_{11} & a_{12} & a_{13} \\ a_{21} & a_{22} & a_{23} \\ a_{31} & a_{32} & a_{33} \end{pmatrix}
$$

により

$$A_{21} = \begin{pmatrix} a_{12} & a_{13} \\ a_{32} & a_{33} \end{pmatrix}, \quad A_{22} = \begin{pmatrix} a_{11} & a_{13} \\ a_{31} & a_{33} \end{pmatrix}, \quad A_{33} = \begin{pmatrix} a_{11} & a_{12} \\ a_{21} & a_{22} \end{pmatrix}$$

などがわかる．

上の3次正方行列 A の行列式は，2次正方行列 $A_{11}, A_{12}, \cdots,$ の行列式を用いて計算されるのである．実際，4.1節の結果（問4.2）から，

$$\begin{aligned} |A| &= a_{11}|A_{11}| - a_{12}|A_{12}| + a_{13}|A_{13}| \\ &= -a_{21}|A_{21}| + a_{22}|A_{22}| - a_{23}|A_{23}| \\ &= a_{31}|A_{31}| - a_{32}|A_{32}| + a_{33}|A_{33}| \end{aligned}$$

が成り立つことがわかる．この式を

$$\begin{aligned} |A| &= a_{11}(-1)^{1+1}|A_{11}| + a_{12}(-1)^{1+2}|A_{12}| + a_{13}(-1)^{1+3}|A_{13}| \\ &= a_{21}(-1)^{2+1}|A_{21}| + a_{22}(-1)^{2+2}|A_{22}| + a_{23}(-1)^{2+3}|A_{23}| \\ &= a_{31}(-1)^{3+1}|A_{31}| + a_{32}(-1)^{3+2}|A_{32}| + a_{33}(-1)^{3+3}|A_{33}| \end{aligned}$$

と書いておくと，規則性が見やすくなる（右辺の各項は，a_{ij} の指標 i, j に対応して，$a_{ij}(-1)^{i+j}|A_{ij}|$ として与えられている）．ここで，右辺の各 $|A_{ij}|$ は A から第 i 行と第 j 列を取り除いて得られる $n-1$ 次正方行列 A_{ij} の行列式であり，A の**小行列式**とよばれる．証明は省略するが[*3]，次の命題は上の関係式が一般的に成り立つことを示す．

$$|A_{ij}| = \begin{vmatrix} a_{11} & \cdots & a_{1j} & \cdots & a_{1n} \\ \vdots & & \vdots & & \vdots \\ a_{i1} & \cdots & a_{ij} & \cdots & a_{in} \\ \vdots & & \vdots & & \vdots \\ a_{n1} & \cdots & a_{nj} & \cdots & a_{nn} \end{vmatrix}$$

*3　佐武一郎『線型代数学』（裳華房，1974）の第II章の§3.

命題 4.1 $A=(a_{ij})$ は n 次正方行列であるとし，i は $1 \leqq i \leqq n$ をみたす整数とする．このとき，A の行列式は

$$|A| = a_{i1}\,(-1)^{i+1}|A_{i1}| + a_{i2}\,(-1)^{i+2}|A_{i2}| + \cdots + a_{in}\,(-1)^{i+n}|A_{in}|$$

で表される．ここで，右辺の $|A_{ij}|$ は A の小行列式であり，A から第 i 行と第 j 列を取り除いて得られる $n-1$ 次行列 A_{ij} の行列式である．

この命題の中に現れる符号 $(-1)^{i+j}$ は，a_{ij} の場所（行数の i と列数の j）によって決まり，チェスボードルールに従っていると覚えておくとよい．また，符号 $(-1)^{i+j}$ と小行列式 $|A_{ij}|$ を用いて

$$\begin{pmatrix} + & - & + & - & \cdots \\ - & + & - & + & \cdots \\ + & - & + & - & \cdots \\ - & + & - & + & \cdots \\ & & \cdots & & \end{pmatrix}$$

$$\Delta_{ij} = (-1)^{i+j}|A_{ij}|$$

と定義する．これを A の (i,j) **余因子**という．余因子を用いると，命題 4.1 は次のように書ける．

定理 4.1（行列式の行に関する**余因子展開**）

$$\begin{vmatrix} a_{11} & a_{12} & \cdots & a_{1n} \\ \vdots & \vdots & & \vdots \\ a_{i1} & a_{i2} & \cdots & a_{in} \\ \vdots & \vdots & & \vdots \\ a_{n1} & a_{n2} & \cdots & a_{nn} \end{vmatrix} = a_{i1}\Delta_{i1} + a_{i2}\Delta_{i2} + \cdots + a_{in}\Delta_{in}.$$

命題 4.1（定理 4.1）を繰り返し用いれば，3 次の行列式を利用して 4 次の行列式が，4 次の行列式を利用して 5 次の行列式が計算され，最終的には n 次の行列式が計算されることがわかる．

例題 4.1　次の行列式の値を求めよ.

(1)　$|A| = \begin{vmatrix} -1 & 1 & 0 \\ 0 & 0 & 1 \\ 0 & -1 & 0 \end{vmatrix}$　　(2)　$|A| = \begin{vmatrix} 0 & 1 & 0 & 0 \\ -1 & 0 & 1 & 0 \\ 0 & -1 & 0 & 1 \\ 0 & 0 & -1 & 0 \end{vmatrix}$

解　(1)　A の第 2 行に注目して，命題 4.1 を用いると

$$\begin{aligned} |A| &= a_{21}(-1)^{2+1}|A_{21}| + a_{22}(-1)^{2+2}|A_{22}| + a_{23}(-1)^{2+3}|A_{23}| \\ &= 0 \cdot (-1) \cdot |A_{21}| + 0 \cdot 1 \cdot |A_{22}| + 1 \cdot (-1) \cdot |A_{23}| \\ &= -\begin{vmatrix} -1 & 1 \\ 0 & -1 \end{vmatrix} = -1. \end{aligned}$$

(2)　A の第 1 行に注目して，命題 4.1 を用いると

$$\begin{aligned} |A| &= a_{11}(-1)^{1+1}|A_{11}| + a_{12}(-1)^{1+2}|A_{12}| \\ &\qquad + a_{13}(-1)^{1+3}|A_{13}| + a_{14}(-1)^{1+4}|A_{14}| \\ &= 0 \cdot 1 \cdot |A_{11}| + 1 \cdot (-1) \cdot |A_{12}| + 0 \cdot 1 \cdot |A_{13}| + 0 \cdot (-1) \cdot |A_{14}| \\ &= -\begin{vmatrix} -1 & 1 & 0 \\ 0 & 0 & 1 \\ 0 & -1 & 0 \end{vmatrix}. \end{aligned}$$

よって，(1) の結果から $|A| = 1$ となる.　◆

問 4.5　次の行列式の値を求めよ.

(1)　$\begin{vmatrix} 0 & 2 & -1 \\ 1 & 1 & 1 \\ 1 & -1 & 2 \end{vmatrix}$　　(2)　$\begin{vmatrix} 3 & 1 & -1 \\ 4 & 0 & 1 \\ 2 & 1 & 1 \end{vmatrix}$　　(3)　$\begin{vmatrix} -1 & 1 & 2 & 0 \\ 0 & 3 & 2 & 1 \\ 1 & 0 & 0 & 2 \\ 3 & 1 & -1 & 2 \end{vmatrix}$

前節で述べた行列式の転置不変性により，行に関する場合と同様に，次の公式が成り立つこともわかる.

定理 4.2 (行列式の列に関する**余因子展開**)

$$\begin{vmatrix} a_{11} & \cdots & a_{1j} & \cdots & a_{1n} \\ a_{21} & \cdots & a_{2j} & \cdots & a_{2n} \\ \vdots & & \vdots & & \vdots \\ a_{n1} & \cdots & a_{nj} & \cdots & a_{nn} \end{vmatrix} = a_{1j}\Delta_{1j} + a_{2j}\Delta_{2j} + \cdots + a_{nj}\Delta_{nj}.$$

例えば，3 次の行列式であれば

$$\begin{aligned} \begin{vmatrix} a_{11} & a_{12} & a_{13} \\ a_{21} & a_{22} & a_{23} \\ a_{31} & a_{32} & a_{33} \end{vmatrix} &= a_{11}\begin{vmatrix} a_{22} & a_{23} \\ a_{32} & a_{33} \end{vmatrix} - a_{21}\begin{vmatrix} a_{12} & a_{13} \\ a_{32} & a_{33} \end{vmatrix} + a_{31}\begin{vmatrix} a_{12} & a_{13} \\ a_{22} & a_{23} \end{vmatrix} \\ &= -a_{12}\begin{vmatrix} a_{21} & a_{23} \\ a_{31} & a_{33} \end{vmatrix} + a_{22}\begin{vmatrix} a_{11} & a_{13} \\ a_{31} & a_{33} \end{vmatrix} - a_{32}\begin{vmatrix} a_{11} & a_{13} \\ a_{21} & a_{23} \end{vmatrix} \\ &= a_{13}\begin{vmatrix} a_{21} & a_{22} \\ a_{31} & a_{32} \end{vmatrix} - a_{23}\begin{vmatrix} a_{11} & a_{12} \\ a_{31} & a_{32} \end{vmatrix} + a_{33}\begin{vmatrix} a_{11} & a_{12} \\ a_{21} & a_{22} \end{vmatrix}. \end{aligned}$$

4.5 行列式の計算法

ここでは，行列式の値を計算する実用的な方法を説明する．まず，行列式の展開を利用する方法から始める．

例題 4.2 次の行列式の値を求めよ．

$$|A| = \begin{vmatrix} 1 & -1 & 2 \\ 1 & 2 & 3 \\ 0 & 1 & 2 \end{vmatrix}$$

解　行列式の第1列に0があることに注目して，$|A|$ を第1列で余因子展開する．

$$\begin{aligned}|A| &= a_{11} \cdot \Delta_{11} + a_{21} \cdot \Delta_{21} + a_{31} \cdot \Delta_{31} \\ &= 1 \cdot \Delta_{11} + 1 \cdot \Delta_{21} + 0 \cdot \Delta_{31} \\ &= 1 \cdot (-1)^{1+1} \begin{vmatrix} 2 & 3 \\ 1 & 2 \end{vmatrix} + 1 \cdot (-1)^{2+1} \begin{vmatrix} -1 & 2 \\ 1 & 2 \end{vmatrix} \\ &= 1 \cdot 1 \cdot 1 + 1 \cdot (-1) \cdot (-4) = 5.\end{aligned}$$

◆

上の例題の解答を見ればわかるように，0が現れる成分に関する余因子は計算する必要がない．したがって，0がたくさん現れる行や列に関する余因子展開を行うと，行列式の計算は早く正確にできる．この計算方法を利用すると，次が示せる．

命題 4.2

$$\begin{vmatrix} a_{11} & a_{12} & a_{13} & \cdots & a_{1n} \\ 0 & a_{22} & a_{23} & \cdots & a_{2n} \\ 0 & 0 & a_{33} & \cdots & a_{3n} \\ \vdots & \vdots & \vdots & \ddots & \vdots \\ 0 & 0 & 0 & \cdots & a_{nn} \end{vmatrix} = a_{11}a_{22}\cdots a_{nn}$$

が成り立つ．

この命題は，列についての余因子展開を，第1列から順に行えば容易に示すことができる．同様に，

$$\begin{vmatrix} a_{11} & 0 & 0 & \cdots & 0 \\ a_{21} & a_{22} & 0 & \cdots & 0 \\ a_{31} & a_{32} & a_{33} & \ddots & \vdots \\ \vdots & \vdots & \vdots & \ddots & 0 \\ a_{n1} & a_{n2} & a_{n3} & \cdots & a_{nn} \end{vmatrix} = a_{11}a_{22}\cdots a_{nn}$$

が成り立つことも示せる．

行列式の基本性質と上の命題を利用すれば，次のような計算ができる．

例題 4.3 次の行列式の値を求めよ．

$$\begin{vmatrix} 2 & 1 & -1 \\ 1 & 2 & 3 \\ -1 & 4 & 2 \end{vmatrix}$$

解 行列を階段行列に変形するときと同様に行う．

$$\begin{vmatrix} 2 & 1 & -1 \\ 1 & 2 & 3 \\ -1 & 4 & 2 \end{vmatrix} = -\begin{vmatrix} 1 & 2 & 3 \\ 2 & 1 & -1 \\ -1 & 4 & 2 \end{vmatrix} \quad \text{（第 2 行と第 1 行を交換）}$$

$$= -\begin{vmatrix} 1 & 2 & 3 \\ 2-2\cdot 1 & 1-2\cdot 2 & -1-2\cdot 3 \\ -1 & 4 & 2 \end{vmatrix} \quad \text{（第 2 行−第 1 行×2）}$$

$$= -\begin{vmatrix} 1 & 2 & 3 \\ 0 & -3 & -7 \\ -1 & 4 & 2 \end{vmatrix} = -\begin{vmatrix} 1 & 2 & 3 \\ 0 & -3 & -7 \\ -1+1 & 4+2 & 2+3 \end{vmatrix} \quad \text{（第 3 行+第 1 行）}$$

$$= -\begin{vmatrix} 1 & 2 & 3 \\ 0 & -3 & -7 \\ 0 & 6 & 5 \end{vmatrix} = -\begin{vmatrix} 1 & 2 & 3 \\ 0 & -3 & -7 \\ 0 & 6+2\cdot(-3) & 5+2\cdot(-7) \end{vmatrix}$$

（第 3 行+第 2 行×2）

$$= -\begin{vmatrix} 1 & 2 & 3 \\ 0 & -3 & -7 \\ 0 & 0 & -9 \end{vmatrix} = -1\cdot(-3)\cdot(-9) = -27.$$ ◆

この計算方法も，行列式を計算するスタンダードな方法である．一般には，例題 4.2 と 4.3 で述べた方法を適当に組み合わせて計算を進める．

問 4.6 次の行列式の値を求めよ．

(1) $\begin{vmatrix} 1 & 1 & 2 \\ 3 & 1 & 4 \\ 2 & 1 & 5 \end{vmatrix}$　(2) $\begin{vmatrix} 3 & -3 & 2 \\ 1 & 4 & 1 \\ 2 & 1 & 2 \end{vmatrix}$　(3) $\begin{vmatrix} 1 & 1 & 1 & 1 \\ -1 & 1 & 1 & -1 \\ -1 & -1 & 1 & 1 \\ -1 & 1 & -1 & 1 \end{vmatrix}$

定理 4.3　正方行列 A が次のようにブロック分けされているとする．

$$A = \left(\begin{array}{c|c} B & C \\ \hline O & D \end{array}\right).$$

ただし，B, D は正方行列，O は零行列とする．このとき，次が成り立つ．

$$\det A = \det B \cdot \det D.$$

この定理を証明する方法としては，いろいろなものが知られており，中には非常に巧みなものもある．ここでは，簡単なケースについて定理 4.3 が成り立つことを確かめておこう．A が 4 次正方行列で，B が 2 次正方行列のときを考える．行列式の第 1 列に関する余因子展開を行うと

$$\begin{aligned}
\left|\begin{array}{cc|cc} b_{11} & b_{12} & c_{11} & c_{12} \\ b_{21} & b_{22} & c_{21} & c_{22} \\ \hline 0 & 0 & d_{11} & d_{12} \\ 0 & 0 & d_{21} & d_{22} \end{array}\right| &= b_{11} \begin{vmatrix} b_{22} & c_{21} & c_{22} \\ 0 & d_{11} & d_{12} \\ 0 & d_{21} & d_{22} \end{vmatrix} - b_{21} \begin{vmatrix} b_{12} & c_{11} & c_{12} \\ 0 & d_{11} & d_{12} \\ 0 & d_{21} & d_{22} \end{vmatrix} \\
&= b_{11}b_{22} \begin{vmatrix} d_{11} & d_{12} \\ d_{21} & d_{22} \end{vmatrix} - b_{21}b_{12} \begin{vmatrix} d_{11} & d_{12} \\ d_{21} & d_{22} \end{vmatrix} \\
&= (b_{11}b_{22} - b_{21}b_{12}) \begin{vmatrix} d_{11} & d_{12} \\ d_{21} & d_{22} \end{vmatrix} \\
&= \begin{vmatrix} b_{11} & b_{12} \\ b_{21} & b_{22} \end{vmatrix} \begin{vmatrix} d_{11} & d_{12} \\ d_{21} & d_{22} \end{vmatrix}.
\end{aligned}$$

よって，この場合には定理 4.3 が成り立つことがわかる．

問 4.7　行列式の第 1 列に関する余因子展開と上の結果を利用して，A が 5 次正方行列で，B が 3 次正方行列のときに，定理 4.3 が成り立つことを示せ．

問 4.8 定理 4.3 を用いて次の行列式の値を求めよ．

(1) $\begin{vmatrix} 1 & 3 & 4 & 2 \\ -1 & 1 & 3 & 1 \\ 0 & 0 & 1 & -1 \\ 0 & 0 & 1 & 2 \end{vmatrix}$ (2) $\begin{vmatrix} 2 & -1 & 4 & 1 & 1 \\ 3 & 3 & 1 & 1 & 6 \\ 1 & 3 & -2 & -5 & 1 \\ 0 & 0 & 0 & 2 & -1 \\ 0 & 0 & 0 & 2 & 1 \end{vmatrix}$

最後に，行列式の積に関する公式を紹介する．n 次正方行列 A と B の積 AB は n 次正方行列になる．このとき，AB の行列式について次が成り立つ．

定理 4.4 次数が等しい正方行列 A, B に対して次が成り立つ．

$$\det(AB) = \det A \cdot \det B.$$

2 次正方行列の場合に，定理 4.4 が正しいことは 1.2 節で確かめた (問 1.12)．ここでは，同じ 2 次正方行列の場合ではあるが，一般の n 次正方行列に対しても通用する考え方で証明を与える．

定理 4.4 の証明 簡単のため $n = 2$ の場合で考える．

$$A = \begin{pmatrix} a_{11} & a_{12} \\ a_{21} & a_{22} \end{pmatrix}, \qquad B = \begin{pmatrix} b_{11} & b_{12} \\ b_{21} & b_{22} \end{pmatrix}$$

とすると

$$AB = \begin{pmatrix} a_{11}b_{11} + a_{12}b_{21} & a_{11}b_{12} + a_{12}b_{22} \\ a_{21}b_{11} + a_{22}b_{21} & a_{21}b_{12} + a_{22}b_{22} \end{pmatrix}$$

である．計算の見通しをよくするために

$$c_1 = a_{11}b_{12} + a_{12}b_{22}, \qquad c_2 = a_{21}b_{12} + a_{22}b_{22}$$

とおき，行列式の列に関する加法性とスカラー倍に関する性質を用いると

$$\begin{aligned} \det(AB) &= \begin{vmatrix} a_{11}b_{11} + a_{12}b_{21} & c_1 \\ a_{21}b_{11} + a_{22}b_{21} & c_2 \end{vmatrix} = b_{11}\begin{vmatrix} a_{11} & c_1 \\ a_{21} & c_2 \end{vmatrix} + b_{21}\begin{vmatrix} a_{12} & c_1 \\ a_{22} & c_2 \end{vmatrix} \\ &= b_{11}\begin{vmatrix} a_{11} & a_{11}b_{12} + a_{12}b_{22} \\ a_{21} & a_{21}b_{12} + a_{22}b_{22} \end{vmatrix} + b_{21}\begin{vmatrix} a_{12} & a_{11}b_{12} + a_{12}b_{22} \\ a_{22} & a_{21}b_{12} + a_{22}b_{22} \end{vmatrix} \end{aligned}$$

$$= b_{11}b_{12}\begin{vmatrix} a_{11} & a_{11} \\ a_{21} & a_{21} \end{vmatrix} + b_{11}b_{22}\begin{vmatrix} a_{11} & a_{12} \\ a_{21} & a_{22} \end{vmatrix}$$
$$+ b_{21}b_{12}\begin{vmatrix} a_{12} & a_{11} \\ a_{22} & a_{21} \end{vmatrix} + b_{21}b_{22}\begin{vmatrix} a_{12} & a_{12} \\ a_{22} & a_{22} \end{vmatrix}.$$

最後の式の第 1 項と第 4 項の行列式は，2 つの列が一致しているので，ともに 0 である．よって，第 3 項の行列式の 2 つの列を交換すると，その符号が変わり

$$\begin{aligned} \det(AB) &= b_{11}b_{22}\begin{vmatrix} a_{11} & a_{12} \\ a_{21} & a_{22} \end{vmatrix} - b_{21}b_{12}\begin{vmatrix} a_{11} & a_{12} \\ a_{21} & a_{22} \end{vmatrix} \\ &= (b_{11}b_{22} - b_{21}b_{12})\begin{vmatrix} a_{11} & a_{12} \\ a_{21} & a_{22} \end{vmatrix} \\ &= (\det B)(\det A) = \det A \cdot \det B \end{aligned}$$

となることがわかる．■

問 4.9　行列

$$A = \begin{pmatrix} a & b \\ -b & a \end{pmatrix}, \quad B = \begin{pmatrix} c & d \\ -d & c \end{pmatrix}$$

に定理 4.4 を利用して，次の等式が成り立つことを示せ．

$$(ac - bd)^2 + (ad + bc)^2 = (a^2 + b^2)(c^2 + d^2)$$

4.6　行列式の応用

4.6.1　逆行列の存在条件

n 次正方行列 A が逆行列をもつための必要十分条件を調べよう．1.2 節で述べたように，2 次正方行列

$$A = \begin{pmatrix} a & b \\ c & d \end{pmatrix}$$

に対して

$$\widetilde{A} = \begin{pmatrix} d & -b \\ -c & a \end{pmatrix}$$

とおくと

$$A\widetilde{A} = \widetilde{A}A = |A|\,E$$

が成り立つ．よって，$\det A = |A| \neq 0$ ならば，A は逆行列をもち

$$A^{-1} = \frac{1}{|A|}\widetilde{A}$$

である．一般の n 次正方行列に対しても次の定理が成り立つ．

> **定理 4.5**　n 次正方行列 A が逆行列をもつための必要十分条件は $|A| \neq 0$ である．

✔ **注意 4.2**　n 次正方行列 $A = (a_{ij})$ の (i, j) 余因子を Δ_{ij} としよう．これを (i, j) 成分とする行列 $\Delta = (\Delta_{ij})$ の転置行列 ${}^t\Delta$ を A の**余因子行列**という．例えば，A が 2 次正方行列のとき，その余因子行列は

$${}^t\Delta = \begin{pmatrix} a_{22} & -a_{12} \\ -a_{21} & a_{11} \end{pmatrix}$$

である．余因子行列を用いると，定理 4.5 を証明することができる．しかし，（3 次以上の）余因子行列は，この定理の証明以外に利用されることがほとんどないので，ここでは説明を省略する（章末の練習問題 4.8）．

証明の代わりに定理 4.5 の基本的な使い方を具体例を通して説明する．

> **例題 4.4**　次の行列 A が逆行列をもたないとき，a と b の間に成り立つ関係式を調べよ．
>
> $$A = \begin{pmatrix} b & 0 & -1 \\ 0 & a & b \\ a & -1 & 2 \end{pmatrix}.$$

解　定理 4.5 より $\det A = |A| = 0$ であればよい．$|A|$ を第 1 列で余因子展開すると

$$\begin{aligned} |A| &= b \cdot (-1)^{1+1} \cdot \begin{vmatrix} a & b \\ -1 & 2 \end{vmatrix} + a \cdot (-1)^{3+1} \cdot \begin{vmatrix} 0 & -1 \\ a & b \end{vmatrix} \\ &= b(2a+b) + a^2 = (a+b)^2 \end{aligned}$$

であるから，$a+b=0$ でなければならない． ◆

問 4.10 次の行列が逆行列をもつために，a がみたすべき条件を調べよ．

(1) $\begin{pmatrix} 3 & 2 & -1 \\ -1 & a & -1 \\ 2 & -1 & 2 \end{pmatrix}$　　(2) $\begin{pmatrix} 1 & 0 & -1 & 0 \\ -1 & a & 0 & 1 \\ 0 & -1 & a & 1 \\ 1 & 0 & 1 & 0 \end{pmatrix}$

例題 4.5 次の連立1次方程式が自明な解[*4] $x_1=x_2=x_3=0$ 以外の解をもつように，λ の値を定めよ．

(1) $$\begin{cases} \lambda x_1 - 2x_3 = 0 \\ -x_1 + (1-\lambda)x_2 + x_3 = 0 \\ -x_1 + \lambda x_3 = 0 \end{cases}$$

解 連立1次方程式 (1) は，

$$A\boldsymbol{x} = \boldsymbol{0}, \quad A = \begin{pmatrix} \lambda & 0 & -2 \\ -1 & 1-\lambda & 1 \\ -1 & 0 & \lambda \end{pmatrix}, \quad \boldsymbol{x} = \begin{pmatrix} x_1 \\ x_2 \\ x_3 \end{pmatrix}$$

と書ける．このとき，$\det A = |A| \neq 0$ であると仮定すると，定理 4.5 より A は逆行列をもつ．よって，$A\boldsymbol{x}=\boldsymbol{0}$ の両辺に左側から A^{-1} を掛けると

$$\boldsymbol{x} = A^{-1}\boldsymbol{0} = \boldsymbol{0}$$

となり，$|A| \neq 0$ ならば，連立1次方程式 (1) は自明な解 $x_1=x_2=x_3=0$ 以外の解をもたない．ゆえに，$|A|=0$ でなければならない．$|A|$ を第1行に関する余因子展開によって計算すると

$$|A| = \begin{vmatrix} \lambda & 0 & -2 \\ -1 & 1-\lambda & 1 \\ -1 & 0 & \lambda \end{vmatrix} = \lambda \begin{vmatrix} 1-\lambda & 1 \\ 0 & \lambda \end{vmatrix} - 2 \begin{vmatrix} -1 & 1-\lambda \\ -1 & 0 \end{vmatrix}$$

[*4] 連立1次方程式 $A\boldsymbol{x}=\boldsymbol{b}$ において，(1) のように $\boldsymbol{b}=\boldsymbol{0}$ ならば，$\boldsymbol{x}=\boldsymbol{0}$ は連立1次方程式 $A\boldsymbol{x}=\boldsymbol{b}$ の解である．この解を自明な解という．

$$= \lambda^2(1-\lambda) - 2(1-\lambda) = -(\lambda-1)(\lambda^2-2)$$

である．したがって，$\lambda = 1, \pm\sqrt{2}$ である． ◆

問 4.11 次の連立 1 次方程式について，以下の各問に答えよ．

$$(*) \qquad \begin{pmatrix} 7-\lambda & 3 \\ 1 & 5-\lambda \end{pmatrix} \begin{pmatrix} x \\ y \end{pmatrix} = \begin{pmatrix} 0 \\ 0 \end{pmatrix}$$

(1) $(*)$ が自明な解 $x = y = 0$ 以外の解をもつように，λ の値を定めよ．

(2) 上の (1) で求めた λ に対して，$(*)$ の解を求めよ．

4.6.2 面積と体積

1.4 節で見たように，平面上の 2 つのベクトル $\boldsymbol{a} = (a_1, a_2)$ と $\boldsymbol{b} = (b_1, b_2)$ でつくられる平行四辺形の面積 S は

$$S = |\det(\boldsymbol{a}, \boldsymbol{b})| = |a_1b_2 - a_2b_1|$$

で与えられていた．つまり，2 次の行列式は平行四辺形の（符号付きの）面積である．この事実から類推して，3 次の行列式は空間内の 3 つのベクトル $\boldsymbol{a} = (a_1, a_2, a_3)$，$\boldsymbol{b} = (b_1, b_2, b_3)$，$\boldsymbol{c} = (c_1, c_2, c_3)$ でつくられる平行 6 面体の（符号付きの）体積であると考えられる．

2.1 節で説明したように，$\boldsymbol{a}$ と $\boldsymbol{b}$ でつくられる平行四辺形の面積は $S = |\boldsymbol{a} \times \boldsymbol{b}|$ である．また，$\boldsymbol{a} \times \boldsymbol{b}$ は，$\boldsymbol{a}$ と $\boldsymbol{b}$ のつくる平面に対して垂直で，その向きは $\boldsymbol{a}, \boldsymbol{b}$ と右手系をなすことがわかっている．さらに，2.1 節の例題 2.2 の解答で述べたように，点 C から $\boldsymbol{a}$ と $\boldsymbol{b}$ のつくる平面に下ろした垂線の長さ h は，

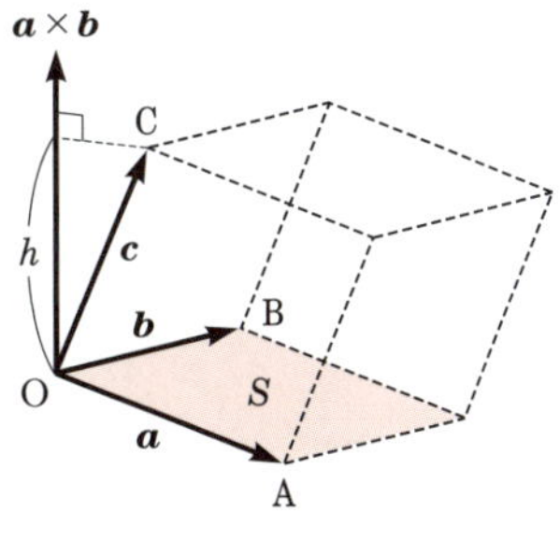

$$h = \frac{|(\boldsymbol{a} \times \boldsymbol{b}, \boldsymbol{c})|}{|\boldsymbol{a} \times \boldsymbol{b}|}$$

である．よって，空間内の 3 つのベクトル $\boldsymbol{a}, \boldsymbol{b}, \boldsymbol{c}$ でつくられる平行 6 面体の体積 V は

$$V = Sh = |(\boldsymbol{a} \times \boldsymbol{b}, \boldsymbol{c})|$$

で与えられることがわかる．$(\boldsymbol{a}\times\boldsymbol{b},\boldsymbol{c})$ を計算すると，定義 4.2 より

$$\begin{aligned}(\boldsymbol{a}\times\boldsymbol{b},\boldsymbol{c}) &= (a_2b_3-a_3b_2)c_1+(a_3b_1-a_1b_3)c_2+(a_1b_2-a_2b_1)c_3\\ &= a_1b_2c_3+a_2b_3c_1+a_3b_1c_2-a_1b_3c_2-a_2b_1c_3-a_3b_2c_1\\ &= \det(\boldsymbol{a},\boldsymbol{b},\boldsymbol{c})\end{aligned}$$

を得る．したがって，求める体積は，

$$V = |\det(\boldsymbol{a},\boldsymbol{b},\boldsymbol{c})|$$

で与えられる．

問 4.12　$\boldsymbol{a}=(-1,1,0)$, $\boldsymbol{b}=(1,0,2)$, $\boldsymbol{c}=(0,2,-1)$ でつくられる平行 6 面体の体積を求めよ．

◆発展 4.1　詳しくは次章で説明するが，一般に n 次元の空間を考えることができ，その中で n 個の線形独立なベクトル $\boldsymbol{a}_1$, $\boldsymbol{a}_2,\cdots,\boldsymbol{a}_n$ のつくる平行 $2n$ 面体を考えることができる．このとき，平行 $2n$ 面体の体積は

$$|\det(\boldsymbol{a}_1,\boldsymbol{a}_2,\cdots,\boldsymbol{a}_n)|$$

で定義される．

練習問題

4.1　次の行列式の値を求めよ．

(1) $\begin{vmatrix}1&1&2\\0&3&1\\2&-1&1\end{vmatrix}$　(2) $\begin{vmatrix}4&1&1\\3&3&2\\8&2&4\end{vmatrix}$　(3) $\begin{vmatrix}3&2&3\\8&6&9\\5&4&7\end{vmatrix}$

(4) $\begin{vmatrix}0&2&1&-1\\3&-3&0&1\\1&0&2&-1\\-1&-1&1&0\end{vmatrix}$　(5) $\begin{vmatrix}3&2&4&1\\-2&1&-2&1\\2&-2&3&-1\\1&1&3&2\end{vmatrix}$

(6) $\begin{vmatrix} -3 & 2 & 4 & 1 & 1 \\ 2 & 1 & -2 & 1 & 6 \\ 0 & 0 & 2 & -5 & 1 \\ 0 & 0 & -1 & 2 & 0 \\ 0 & 0 & 1 & -4 & 1 \end{vmatrix}$　　(7) $\begin{vmatrix} 0 & 0 & 0 & 1 & 0 \\ 0 & 0 & 1 & 0 & -1 \\ 0 & 1 & 0 & -1 & 0 \\ 1 & 0 & -1 & 0 & 0 \\ 0 & -1 & 0 & 0 & 0 \end{vmatrix}$

4.2 次の x についての方程式を解け．

(1) $\begin{vmatrix} 6-x & -1 & 5 \\ -3 & 2-x & -3 \\ -7 & 1 & -6-x \end{vmatrix} = 0$　　(2) $\begin{vmatrix} 2-x & 5 & -4 \\ 3 & 4-x & -4 \\ 2 & 6 & -5-x \end{vmatrix} = 0$

4.3 次の連立 1 次方程式について，以下の各問に答えよ．

$$(*) \qquad \begin{pmatrix} 2-\lambda & 1 & 1 \\ 2 & 3-\lambda & 2 \\ 1 & 1 & 2-\lambda \end{pmatrix} \begin{pmatrix} x \\ y \\ z \end{pmatrix} = \begin{pmatrix} 0 \\ 0 \\ 0 \end{pmatrix}$$

(1)　$(*)$ が自明な解 $x = y = z = 0$ 以外の解をもつように，λ の値を定めよ．

(2)　上の (1) で求めた λ に対して，$(*)$ の解を求めよ．

4.4 空間内の 3 点 $\mathrm{A}(a_1, a_2, a_3)$, $\mathrm{B}(b_1, b_2, b_3)$, $\mathrm{C}(c_1, c_2, c_3)$ を通る平面の 1 次方程式は次式で与えられることを示せ．

$$\begin{vmatrix} x & a_1 & b_1 & c_1 \\ y & a_2 & b_2 & c_2 \\ z & a_3 & b_3 & c_3 \\ 1 & 1 & 1 & 1 \end{vmatrix} = 0.$$

4.5 正方行列 A とその転置行列 ${}^tA$ が ${}^tA = -A$ をみたすとき，A を**交代行列**という．交代行列について以下の各問に答えよ．

(1)　2 次および 3 次の交代行列は，どのような形の行列であるか．

(2)　n を奇数とするとき，n 次交代行列 A の行列式は 0 であることを示せ．

4.6 （**クラメルの公式**） 3 変数の連立 1 次方程式

$$(*) \qquad \begin{cases} a_{11}x_1 + a_{12}x_2 + a_{13}x_3 = b_1 \\ a_{21}x_1 + a_{22}x_2 + a_{23}x_3 = b_2 \\ a_{31}x_1 + a_{32}x_2 + a_{33}x_3 = b_3 \end{cases}$$

に関するクラメルの公式を以下の手順に従って導け．

(1)　ベクトルを用いて

$$\boldsymbol{a}_1 = \begin{pmatrix} a_{11} \\ a_{21} \\ a_{31} \end{pmatrix}, \quad \boldsymbol{a}_2 = \begin{pmatrix} a_{12} \\ a_{22} \\ a_{32} \end{pmatrix}, \quad \boldsymbol{a}_3 = \begin{pmatrix} a_{13} \\ a_{23} \\ a_{33} \end{pmatrix}, \quad \boldsymbol{b} = \begin{pmatrix} b_1 \\ b_2 \\ b_3 \end{pmatrix}$$

とおくと，

$$x_1\boldsymbol{a}_1 + x_2\boldsymbol{a}_2 + x_3\boldsymbol{a}_3 = \boldsymbol{b}$$

と書けることを示せ．

(2)　$\det(\boldsymbol{b}, \boldsymbol{a}_2, \boldsymbol{a}_3) = x_1 \det(\boldsymbol{a}_1, \boldsymbol{a}_2, \boldsymbol{a}_3)$ が成り立つことを示せ．

(3)　$\det(\boldsymbol{a}_1, \boldsymbol{a}_2, \boldsymbol{a}_3) \neq 0$ ならば

$$x_1 = \frac{\det(\boldsymbol{b}, \boldsymbol{a}_2, \boldsymbol{a}_3)}{\det(\boldsymbol{a}_1, \boldsymbol{a}_2, \boldsymbol{a}_3)}, \quad x_2 = \frac{\det(\boldsymbol{a}_1, \boldsymbol{b}, \boldsymbol{a}_3)}{\det(\boldsymbol{a}_1, \boldsymbol{a}_2, \boldsymbol{a}_3)}, \quad x_3 = \frac{\det(\boldsymbol{a}_1, \boldsymbol{a}_2, \boldsymbol{b})}{\det(\boldsymbol{a}_1, \boldsymbol{a}_2, \boldsymbol{a}_3)}$$

が成り立つことを示せ．

✔ **注意 4.3**　この議論を用いると，一般の n 変数の場合も同様の公式が成り立つことがわかる．クラメルの公式は，理論的なものであって，掃き出し法のような実用的なものではない．また，連立1次方程式の掃き出し法による解法が行に関する操作であったのに対して，クラメルの公式による解法が列に関する操作であることに注意しよう．

4.7　次の式が成り立つことを示せ．

$$\begin{vmatrix} 1 & 1 & 1 \\ x_1 & x_2 & x_3 \\ {x_1}^2 & {x_2}^2 & {x_3}^2 \end{vmatrix} = (x_2 - x_1)(x_3 - x_1)(x_3 - x_2).$$

✔ **注意 4.4**　一般に

$$\begin{vmatrix} 1 & 1 & \cdots & 1 \\ x_1 & x_2 & \cdots & x_n \\ {x_1}^2 & {x_2}^2 & \cdots & {x_n}^2 \\ \vdots & \vdots & \ddots & \vdots \\ {x_1}^{n-1} & {x_2}^{n-1} & \cdots & {x_n}^{n-1} \end{vmatrix} = \prod_{1 \leqq i < j \leqq n} (x_j - x_i)$$

が成り立つことが知られている（**ヴァンデルモンドの行列式**）．ただし，$\displaystyle\prod_{1 \leqq i < j \leqq n}$ は，$1 \leqq i < j \leqq n$ をみたすすべての i, j に関して与えられる $x_j - x_i$ について積をとることを意味する．

4.8　3 次正方行列 $A=(a_{ij})$ の余因子行列を $\tilde{A}$ で表す．すなわち，

$$\tilde{A} = {}^t(\Delta_{ij})$$

ただし，Δ_{ij} は A の $(i,\,j)$ 余因子である．

(1)　行列式の行に関する余因子展開より

$$\begin{aligned}|A| &= a_{11}\Delta_{11} + a_{12}\Delta_{12} + a_{13}\Delta_{13}\\ &= a_{21}\Delta_{21} + a_{22}\Delta_{22} + a_{23}\Delta_{23}\\ &= a_{31}\Delta_{31} + a_{32}\Delta_{32} + a_{33}\Delta_{33}\end{aligned}$$

が成り立つことを確かめよ．

(2)　A の第 1 行を第 2 行で置き換えて得られる行列

$$A' = \begin{pmatrix} a_{21} & a_{22} & a_{23} \\ a_{21} & a_{22} & a_{23} \\ a_{31} & a_{32} & a_{33} \end{pmatrix}$$

を考える．$\det A' = |A'|$ を第 1 行に関して余因子展開することにより

$$a_{21}\Delta_{11} + a_{22}\Delta_{12} + a_{23}\Delta_{13} = 0$$

となることを示せ．

(3)　$A\tilde{A} = |A|\,E$ が成り立つことを示し，$\det A = |A| \neq 0$ ならば

$$A^{-1} = \frac{1}{|A|}\tilde{A}$$

が成り立つことを示せ．

(4)　行列式の列に関する余因子展開を利用して，$\tilde{A}A = |A|\,E$ が成り立つことを示し，$\det A = |A| \neq 0$ ならば

$$A^{-1} = \frac{1}{|A|}\tilde{A}$$

が成り立つことを示せ．

✔ **注意 4.5**　この証明は A が一般の n 次正方行列の場合にも通用する．

5 Chapter ベクトル空間と線形写像

この章では，ベクトル空間と線形写像の一般論を学ぶ．ここでは，ベクトルを向きと大きさをもつものとして考えるのではなく，加法とスカラー倍という演算が定義されるものとして考える．次に，ベクトルの線形独立性，基底と次元，ベクトル空間の直和について述べた後，線形写像を定義し，その像と核について説明する．また，基底を用いることによって，ベクトル空間に座標が導入され，線形写像が行列を用いて表されることを説明する．さらに，内積という演算がみたすべき性質にもとづいて，ベクトルの内積を定義することを考える．これにより，ベクトルの大きさや2つのベクトルのなす角度を測ることができる．このような一般化により，線形代数の理論がより多くの対象に対して適用できるようになる．

5.1 ベクトル空間

第1章と第2章では，向きと大きさをもつものをベクトルと定義し，物体に働く力や運動する点の位置や速度などをベクトルと考えた．ここでは，加法とスカラー倍という演算に着目したベクトルの定義を考える．そのために，平面上のベクトルがみたしている演算規則を調べる．

平面上のベクトルについては，基本的な演算である加法 $\boldsymbol{x}+\boldsymbol{y}$ および，スカラー倍 $k\boldsymbol{x}$（ただし，k は実数）が定義されている．例えば，$\boldsymbol{x}=(2,1)$ と $\boldsymbol{y}=(-2,3)$ に対して，

$$\boldsymbol{x}+\boldsymbol{y}=\begin{pmatrix}2\\1\end{pmatrix}+\begin{pmatrix}-2\\3\end{pmatrix}=\begin{pmatrix}0\\4\end{pmatrix},\qquad 3\boldsymbol{x}=3\begin{pmatrix}2\\1\end{pmatrix}=\begin{pmatrix}6\\3\end{pmatrix}$$

のような計算が実行できる．このような加法とスカラー倍という演算を行うとき，次の演算規則が自由に利用されている．

$$\begin{aligned}&\boldsymbol{x}+\boldsymbol{y}=\boldsymbol{y}+\boldsymbol{x}, && (\boldsymbol{x}+\boldsymbol{y})+\boldsymbol{z}=\boldsymbol{x}+(\boldsymbol{y}+\boldsymbol{z}),\\ &\alpha(\boldsymbol{x}+\boldsymbol{y})=\alpha\boldsymbol{x}+\alpha\boldsymbol{y}, && (\alpha+\beta)\boldsymbol{x}=\alpha\boldsymbol{x}+\beta\boldsymbol{x},\\ &1\boldsymbol{x}=\boldsymbol{x}, && \alpha(\beta\boldsymbol{x})=(\alpha\beta)\boldsymbol{x}.\end{aligned}$$

ここで，$\boldsymbol{x}, \boldsymbol{y}, \boldsymbol{z}$ はベクトルで，α, β はスカラー（実数）である．また，上の 6 つの規則の他に，普通の数の世界でいう「0」に相当する特別なものがある．すなわち，

- 特別なベクトル $\boldsymbol{0}$ があり，$\boldsymbol{0}+\boldsymbol{x}=\boldsymbol{x}$ がどんな $\boldsymbol{x}$ に対しても成り立つ．
- どんな $\boldsymbol{x}$ に対しても $-\boldsymbol{x}$ があり，$\boldsymbol{x}+(-\boldsymbol{x})=\boldsymbol{0}$ が成り立つ．

の 2 つも演算規則として利用されている．

以上より，平面上のベクトルとは，加法とスカラー倍という演算が定義され，上の 8 つの演算規則をみたすものであると考えてもよいだろう．この見方は，平面上のベクトルに限られたものでない．そこで，加法とスカラー倍が定義され，それらに関して上記のような演算が自由にできる舞台を**ベクトル空間**（**線形空間**）とよぶことにする．

定義 5.1 空でない集合 V 上に，加法とスカラー倍とよばれる演算で，上記の 8 つの演算規則をみたすものが定義されているとき，V を（実数をスカラー[*1]とする）ベクトル空間という．

ここでは，平面上の「矢印」のように向きと大きさをもつものをベクトルとみなすという考え方から，加法とスカラー倍という演算ができて上の 8 つの演算規則をみたすものならば，何であってもベクトルと見なしてもよいという考え方へ移行しているのである．

---

*1 スカラーという用語の正確な意味については，付録 B を参照せよ．

問 5.1　n 個の実数の組からなるものの集まり

$$\boldsymbol{R}^n = \{(x_1, x_2, \cdots, x_n) \mid x_1, x_2, \cdots, x_n \text{ は実数}\}$$

がベクトル空間であることを確かめよ．つまり，$\boldsymbol{x} = (x_1, x_2, \cdots, x_n)$ および $\boldsymbol{y} = (y_1, y_2, \cdots, y_n)$ に対して，加法とスカラー倍

$$\boldsymbol{x} + \boldsymbol{y} = \begin{pmatrix} x_1 + y_1 \\ x_2 + y_2 \\ \vdots \\ x_n + y_n \end{pmatrix}, \quad k\boldsymbol{x} = \begin{pmatrix} kx_1 \\ kx_2 \\ \vdots \\ kx_n \end{pmatrix}$$

が定義され，上の 8 つの規則が成立していることを示せ．

$n \geqq 4$ のとき，n 個の実数からなる組 $\boldsymbol{x} = (x_1, x_2, \cdots, x_n)$ は，もはや矢印で示せるような具体的に目で見える対象ではない．しかし，それらの集まりに対して加法とスカラー倍という演算が定義され，それらが上記の 8 つの規則をみたしているという意味で，n 個の実数からなる組をベクトルと考えてよいのである．このような意味において，$\boldsymbol{R}^n$ を**数ベクトル空間**とよぶ．例えば，2 個の実数からなる組 (x_1, x_2) の集まりは数ベクトル空間 $\boldsymbol{R}^2$ であり，平面を表す．

◆ **発展 5.1**　実数の場合と同様に，n 個の複素数からなる組をベクトルと考えることもできる．このとき，「スカラー」も複素数になる．このようなベクトルを複素ベクトルという（付録 C）．本書では，主として実数の場合のベクトル（実ベクトルという）を扱う．

◆ **発展 5.2**　閉区間 $[a, b]$ 上で定義された実数値連続関数の全体 $C[a, b]$ は，関数の和 $f + g$ とスカラー倍 cf を，それぞれ $(f + g)(x) = f(x) + g(x)$, $(cf)(x) = cf(x)$ によって定義することにより，ベクトル空間とみなせる．

本書では，主に数ベクトル空間 $\boldsymbol{R}^n$ を例にとりながらいろいろな事項を説明していくが，そのうちのほとんどは数ベクトル空間に限らず一般的なベクトル空間においても通用する．

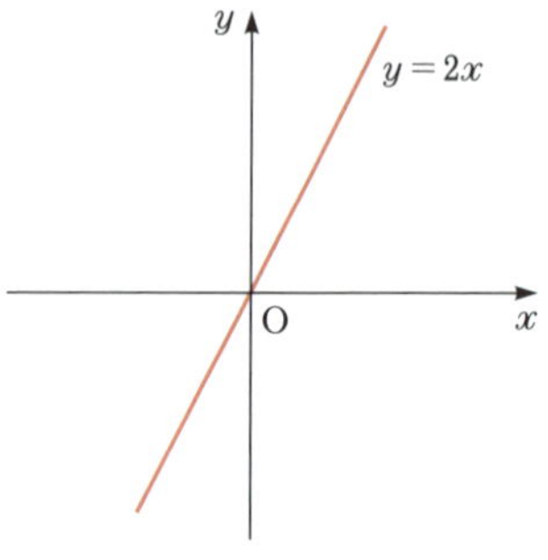

部分空間

例えば，右図のような，平面上の直線 $y = 2x$ を考えてみよう．この図形が，平面 $\boldsymbol{R}^2$ の一部分であることは明らかである．この直線が，

$$W = \{s\boldsymbol{v} \mid \boldsymbol{v} = (1, 2),\ s \text{ は実数}\}$$

で表せることに注意すれば，W 上の 2 つのベクトル $s_1\boldsymbol{v}$ と $s_2\boldsymbol{v}$ を加えあわせた

$$s_1\boldsymbol{v} + s_2\boldsymbol{v} = (s_1 + s_2)\boldsymbol{v}$$

も W 上にあることがわかる．また，W 上のベクトル $s_3\boldsymbol{v}$ を c 倍（c は実数）したベクトルが W 上にあることも

$$c(s_3\boldsymbol{v}) = (cs_3)\boldsymbol{v}$$

よりわかる．すなわち，W 上に限って加法とスカラー倍という演算を行うとき，得られる結果もまた W 上にある．このとき，W は加法とスカラー倍に関して閉じているという．

この例からわかるように，部分空間（線形部分空間）とは，空間の一部分であって，加法とスカラー倍に関して閉じているものをさす．直観的なイメージとしては，全体空間の中の一部分であり，無限に広がる平らな直線的・平面的図形を思い浮かべればよい．ただし，注意すべきことは，部分空間は，零ベクトル $\boldsymbol{0}$ を必ず含むという点である．例えば，原点を通らない直線は平面 $\boldsymbol{R}^2$ の部分空間ではない．以上を踏まえて，部分空間の定義を次のように与える．

定義 5.2 次の条件をみたす W を**部分空間**という．

(0) $\boldsymbol{0}$ は W に含まれる：$\boldsymbol{0} \in W$.

(1) $\boldsymbol{u}_1$，$\boldsymbol{u}_2$ が W 上のベクトルならば，$\boldsymbol{u}_1 + \boldsymbol{u}_2$ も W 上のベクトルである：

$$\boldsymbol{u}_1, \boldsymbol{u}_2 \in W \implies \boldsymbol{u}_1 + \boldsymbol{u}_2 \in W.$$

(2) $\boldsymbol{u}_3$ が W 上のベクトルならば，$c\boldsymbol{u}_3$ も W 上のベクトルである：

$$\boldsymbol{u}_3 \in W \implies c\boldsymbol{u}_3 \in W \quad (c \text{ はスカラー}).$$

✔ **注意 5.1** 論理的には，条件 (0) は条件 (1) と (2) に含まれている（条件 (0) を条件 (1) と (2) から導いてみるとよい）．しかし，(1) と (2) を与えただけで (0) の成立を見抜くことは慣れていなければやや難しいので，ここでは，あえて条件 (0) も部分空間の定義に含めた．

例題 5.1　$\boldsymbol{R}^3$ 内の平面

$$W = \{(x, y, z) \mid 2x + y - z = 0\}$$

が $\boldsymbol{R}^3$ の部分空間であることを示せ.

解　$\boldsymbol{0} = (0, 0, 0)$ が W に含まれていることは明らか. $\boldsymbol{u}_1 = (x_1, y_1, z_1)$ と $\boldsymbol{u}_2 = (x_2, y_2, z_2)$ を W 上のベクトルとすると,

$$2x_1 + y_1 - z_1 = 0, \qquad 2x_2 + y_2 - z_2 = 0$$

が成り立っている. 上の 2 式の両辺の和をとると

$$2(x_1 + x_2) + (y_1 + y_2) - (z_1 + z_2) = 0$$

であるから, $\boldsymbol{u}_1 + \boldsymbol{u}_2$ も W 上のベクトルである. また, $\boldsymbol{u}_3 = (x_3, y_3, z_3)$ を W 上のベクトルとすると, $2x_3 + y_3 - z_3 = 0$ より

$$2(cx_3) + (cy_3) - (cz_3) = 0 \quad (c \text{ は実数})$$

であるから, $c\boldsymbol{u}_3$ も W 上のベクトルである. よって, W は $\boldsymbol{R}^3$ の部分空間である. ◆

問 5.2　$\boldsymbol{R}^3$ 上の点の集合

$$W = \{(x, y, z) \mid x + y - z = 0,\ \ 3x - y + 2z = 0\}$$

について以下の各問に答えよ.

(1)　W が $\boldsymbol{R}^3$ の部分空間であることを示せ.

(2)　W はどのような図形であるか.

例題 5.1 では, $\boldsymbol{R}^3$ の部分空間の例として原点を通る平面 $2x + y - z = 0$ を取り上げた. この平面を 1 次方程式でなく, ベクトル方程式の形で表してみよう. 平面上の 2 点 $\mathrm{A}(1, 0, 2)$ と $\mathrm{B}(0, 1, 1)$ をとる. このとき, 平面上の任意のベクトル $\boldsymbol{v}$ は

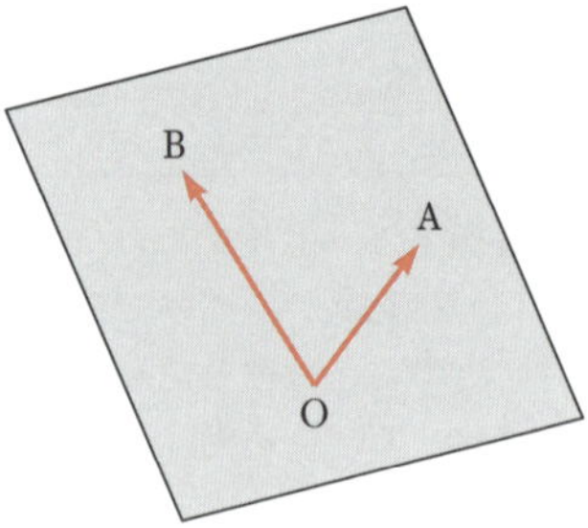

$$\boldsymbol{v} = s\,\overrightarrow{\mathrm{OA}} + t\,\overrightarrow{\mathrm{OB}} \quad (s,\, t \text{ は実数})$$

で表される．よって，この平面は 2 つのベクトル $\overrightarrow{\mathrm{OA}}$ と $\overrightarrow{\mathrm{OB}}$ を組み合わせたベクトル方程式の形で表される．したがって，$\boldsymbol{R}^3$ 内の原点を通る平面である部分空間 W は

$$W = \{s\,\overrightarrow{\mathrm{OA}} + t\,\overrightarrow{\mathrm{OB}} \mid s,\, t \text{ は実数}\}$$

と表されることがわかる．

一般に，k 個のベクトル $\boldsymbol{v}_1$，$\boldsymbol{v}_2$，$\cdots$，$\boldsymbol{v}_k$ を組み合わせてつくられる部分空間として

$$W = \{s_1\boldsymbol{v}_1 + s_2\boldsymbol{v}_2 + \cdots + s_k\boldsymbol{v}_k \mid s_1, s_2, \cdots, s_k \text{ は実数}\}$$

を考えることができる．W は $\boldsymbol{v}_1$，$\boldsymbol{v}_2$，$\cdots$，$\boldsymbol{v}_k$ の張る部分空間とよばれ，

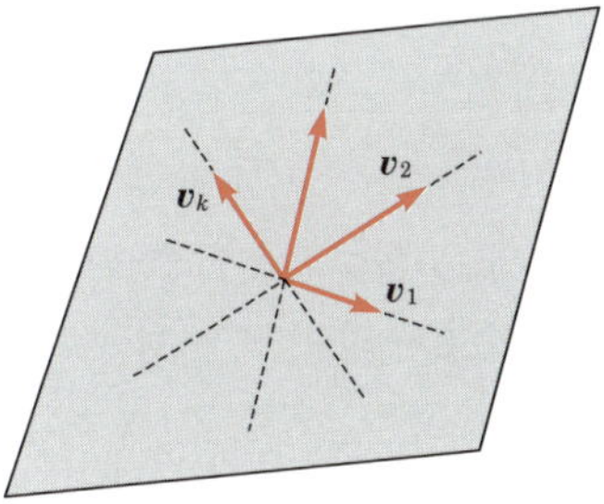

$$W = \mathrm{span}\{\boldsymbol{v}_1, \boldsymbol{v}_2, \cdots, \boldsymbol{v}_k\}$$

と表される．例えば，例題 5.1 の平面は

$$W = \mathrm{span}\{\overrightarrow{\mathrm{OA}}, \overrightarrow{\mathrm{OB}}\}$$

のように表される．

一般的な k 個のベクトル $\boldsymbol{v}_1$，$\boldsymbol{v}_2$，$\cdots$，$\boldsymbol{v}_k$ の張る部分空間については，いくつかの「骨」で張られた「うちわ」をイメージするとよい．つまり，うちわ W を支えている骨組みが $\boldsymbol{v}_1$，$\boldsymbol{v}_2$，$\cdots$，$\boldsymbol{v}_k$ で，うちわの面が張られている部分空間なのである．

5.2　ベクトルの線形独立性と行列のランク

この節では，線形代数の理論上の出発点となるベクトルの線形独立性について説明しよう．1.7 節で述べたように，いくつかのベクトルが線形独立であるとは，大まかにいうと，それぞれのベクトルが異なる方向を向いていることを意味する．平面ベクトルの場合と同様に，これは次のように定義される．

定義 5.3 ベクトル空間上の k 個のベクトル $\boldsymbol{a}_1, \boldsymbol{a}_2, \cdots, \boldsymbol{a}_k$ は，次の条件をみたすとき**線形独立**（1 次独立）であるという．

$$s_1\boldsymbol{a}_1 + s_2\boldsymbol{a}_2 + \cdots + s_k\boldsymbol{a}_k = \boldsymbol{0} \quad \Longrightarrow \quad s_1 = s_2 = \cdots = s_k = 0.$$

この定義は，k 個のベクトルが異なる方向を向いているということを数学的に正確に表現したものであり，どんな空間においても通用する定義である．定義 5.3 の意味がよく理解できない場合は，1.7 節をもう 1 度読み直して復習してほしい．

例題 5.2 $\boldsymbol{a}_1 = (1, 2, -1)$, $\boldsymbol{a}_2 = (2, 1, 0)$, $\boldsymbol{a}_3 = (0, -1, 1)$ は線形独立であることを示せ．

解

$$s_1\boldsymbol{a}_1 + s_2\boldsymbol{a}_2 + s_3\boldsymbol{a}_3 = \boldsymbol{0} \quad \Longrightarrow \quad s_1 = s_2 = s_3 = 0$$

が成り立つことを示せばよい．$s_1\boldsymbol{a}_1 + s_2\boldsymbol{a}_2 + s_3\boldsymbol{a}_3 = \boldsymbol{0}$ は s_1, s_2, s_3 の連立 1 次方程式

$$(1) \qquad A\begin{pmatrix} s_1 \\ s_2 \\ s_3 \end{pmatrix} = \boldsymbol{0}, \qquad A = (\boldsymbol{a}_1\ \boldsymbol{a}_2\ \boldsymbol{a}_3) = \begin{pmatrix} 1 & 2 & 0 \\ 2 & 1 & -1 \\ -1 & 0 & 1 \end{pmatrix}$$

と見ることができる．A の行列式を第 1 行に関する余因子展開によって計算すると

$$|A| = \begin{vmatrix} 1 & 2 & 0 \\ 2 & 1 & -1 \\ -1 & 0 & 1 \end{vmatrix} = 1 \cdot \begin{vmatrix} 1 & -1 \\ 0 & 1 \end{vmatrix} - 2 \cdot \begin{vmatrix} 2 & -1 \\ -1 & 1 \end{vmatrix} = -1 \neq 0$$

であるから，定理 4.5 より A は逆行列をもつ．よって，式 (1) の両辺に A^{-1} を左から掛けると

$$\begin{pmatrix} s_1 \\ s_2 \\ s_3 \end{pmatrix} = A^{-1}\boldsymbol{0} = \boldsymbol{0}$$

となり，$s_1 = s_2 = s_3 = 0$ を得る．したがって，$\boldsymbol{a}_1$，$\boldsymbol{a}_2$，$\boldsymbol{a}_3$ は線形独立であることがわかる． ◆

上の例題の解答を見ればわかるように，$\boldsymbol{R}^3$ 上の 3 個のベクトル $\boldsymbol{a}_1$，$\boldsymbol{a}_2$，$\boldsymbol{a}_3$ が線形独立であるかどうかは，これらを並べてつくられる行列 $A = (\boldsymbol{a}_1\ \boldsymbol{a}_2\ \boldsymbol{a}_3)$ の行列式 $|A|$ の値が 0 でないかどうかで決まる．一般に，$\boldsymbol{R}^n$ 上の n 個のベクトルの線形独立性に関しては，次の定理が成り立つことが知られている．

定理 5.1 $\boldsymbol{R}^n$ 上の n 個のベクトル $\boldsymbol{a}_1, \boldsymbol{a}_2, \cdots, \boldsymbol{a}_n$ が線形独立であるための必要十分条件は，$\det(\boldsymbol{a}_1, \boldsymbol{a}_2, \cdots, \boldsymbol{a}_n) \neq 0$ である．

系 5.1 $\boldsymbol{R}^n$ 上の n 個の線形独立なベクトル $\boldsymbol{a}_1, \boldsymbol{a}_2, \cdots, \boldsymbol{a}_n$ を並べて得られる行列 $A = (\boldsymbol{a}_1\ \boldsymbol{a}_2\ \cdots\ \boldsymbol{a}_n)$ は正則である（逆行列をもつ）．

✔ **注意 5.2** 例題 5.2 と同様に考えると，定理 5.1 の「十分条件」

$$\det(\boldsymbol{a}_1, \boldsymbol{a}_2, \cdots, \boldsymbol{a}_n) \neq 0 \implies \boldsymbol{a}_1, \boldsymbol{a}_2, \cdots, \boldsymbol{a}_n \text{ は線形独立}$$

を証明することができる．しかし，この逆を示すのはやや難しい．実際，

$$\boldsymbol{a}_1, \boldsymbol{a}_2, \cdots, \boldsymbol{a}_n \text{ は線形独立} \implies \det(\boldsymbol{a}_1, \boldsymbol{a}_2, \cdots, \boldsymbol{a}_n) \neq 0$$

は連立 1 次方程式の解の構造定理（定理 3.3）を用いて示される．

問 5.3 $\boldsymbol{R}^4$ 上のベクトル $\boldsymbol{a}_1 = (0, 0, 1, -1)$, $\boldsymbol{a}_2 = (1, 1, -1, 0)$, $\boldsymbol{a}_3 = (0, 1, 1, -1)$, $\boldsymbol{a}_4 = (0, 1, -1, 0)$ が線形独立であることを示せ．

例題 5.2 では，$\boldsymbol{R}^3$ 上の 3 つのベクトル $\boldsymbol{a}_1 = (1, 2, -1)$，$\boldsymbol{a}_2 = (2, 1, 0)$，$\boldsymbol{a}_3 = (0, -1, 1)$ が線形独立であることを示した．このとき $\boldsymbol{a}_1$，$\boldsymbol{a}_2$，$\boldsymbol{a}_3$ のうちの一部，例えば $\boldsymbol{a}_2$，$\boldsymbol{a}_3$ は線形独立である．方向の異なるベクトルの中からいくつかのベクトルを選んだとき，その中に方向が同じものがあるはずはない．

また，P が逆行列をもつとき，$P\boldsymbol{a}_1$，$P\boldsymbol{a}_2$，$P\boldsymbol{a}_3$ は線形独立である．これは，直観的には次のように考えてみるとよい．$P\boldsymbol{a}_1$，$P\boldsymbol{a}_2$，$P\boldsymbol{a}_3$ のうちの一部，例えば $P\boldsymbol{a}_1$，$P\boldsymbol{a}_2$ が同じ方向になってしまったとしよう．このとき，$\boldsymbol{a}_1$，$\boldsymbol{a}_2$ のつくる平行四辺形を P で移して得られる図形は $P\boldsymbol{a}_1, P\boldsymbol{a}_2$ でつくられるが，これは平行四辺形ではなく線分につぶされている．つぶれてしまったものを逆に

戻すこと（P の逆変換）は不可能であり，P が逆行列をもつことに反する．

✔ **注意 5.3**　P が正則行列，つまり，逆行列をもつための条件として，P の行列式が 0 でないということはよく知られている（定理 4.5）．これは P が正則であるということを行列式によって特徴付けたものである．しかし，P が逆行列をもつということの本質は，「方向の異なるベクトルは，P によって方向の異なるベクトルに移される」にあるといってよい．ちなみに，P が正則であるとき，$P\boldsymbol{a}_1$，$P\boldsymbol{a}_2$，$P\boldsymbol{a}_3$ が線形独立であることは次のようにして証明できる．

$$s_1 P\boldsymbol{a}_1 + s_2 P\boldsymbol{a}_2 + s_3 P\boldsymbol{a}_3 = \boldsymbol{0}$$

とおく．P は逆行列をもつので，上式の両辺に P^{-1} を左から掛けると，

$$s_1 P^{-1} P\boldsymbol{a}_1 + s_2 P^{-1} P\boldsymbol{a}_2 + s_3 P^{-1} P\boldsymbol{a}_3 = P^{-1}\boldsymbol{0}$$
$$\therefore\quad s_1\boldsymbol{a}_1 + s_2\boldsymbol{a}_2 + s_3\boldsymbol{a}_3 = \boldsymbol{0}.$$

$\boldsymbol{a}_1, \boldsymbol{a}_2, \boldsymbol{a}_3$ は線形独立なので，$s_1 = s_2 = s_3 = 0$ である．よって，$P\boldsymbol{a}_1$，$P\boldsymbol{a}_2$，$P\boldsymbol{a}_3$ は線形独立である．この議論に行列式が全く現れないことに注意してほしい．

以上の考察は，次のようにまとめられる．

命題 5.1　k 個のベクトル $\boldsymbol{a}_1, \boldsymbol{a}_2, \cdots, \boldsymbol{a}_k$ が線形独立であるとき，このうちの ℓ 個のベクトル $\boldsymbol{a}_{i_1}$，$\boldsymbol{a}_{i_2}, \cdots$，$\boldsymbol{a}_{i_\ell}$ は線形独立である．

命題 5.2　P を正則行列とするとき，

$$\boldsymbol{a}_1, \boldsymbol{a}_2, \cdots, \boldsymbol{a}_k \text{ は線形独立} \iff P\boldsymbol{a}_1, P\boldsymbol{a}_2, \cdots, P\boldsymbol{a}_k \text{ は線形独立}$$

問 5.4　上の 2 つの命題を証明せよ．

例題 5.2 では，$\boldsymbol{R}^3$ 上の 3 個のベクトルの線形独立性を調べたが，その目的は $\boldsymbol{R}^n$ 上の n 個のベクトルの線形独立性を調べることにある．次に，もう 1 歩だけ話を進めて，$\boldsymbol{R}^n$ 上の k 個（$k \neq n$ でもよい）のベクトルの線形独立性を調べてみよう．

例題 5.3 $\boldsymbol{R}^4$ 上の 5 個のベクトル

$$\boldsymbol{a}_1 = \begin{pmatrix} 1 \\ 2 \\ -1 \\ 3 \end{pmatrix}, \quad \boldsymbol{a}_2 = \begin{pmatrix} 0 \\ 1 \\ 1 \\ 0 \end{pmatrix}, \quad \boldsymbol{a}_3 = \begin{pmatrix} 1 \\ 1 \\ -3 \\ 1 \end{pmatrix},$$

$$\boldsymbol{a}_4 = \begin{pmatrix} -3 \\ -2 \\ 9 \\ -5 \end{pmatrix}, \quad \boldsymbol{a}_5 = \begin{pmatrix} 1 \\ 4 \\ 2 \\ 5 \end{pmatrix}$$

の中に含まれる線形独立なベクトルの最大個数を求めよ．

解 3.5 節で説明した行列の行に関する基本変形を用いる．

$$A = (\boldsymbol{a}_1\ \boldsymbol{a}_2\ \boldsymbol{a}_3\ \boldsymbol{a}_4\ \boldsymbol{a}_5) = \begin{pmatrix} 1 & 0 & 1 & -3 & 1 \\ 2 & 1 & 1 & -2 & 4 \\ -1 & 1 & -3 & 9 & 2 \\ 3 & 0 & 1 & -5 & 5 \end{pmatrix}$$

とおく．A に次の行基本変形を行い，階段行列の形に直す．

(1) 第 2 行−第 1 行×2,
第 3 行+第 1 行,
第 4 行−第 1 行×3

(2) 第 3 行−第 2 行

(3) 第 4 行−第 3 行×2

(4) 第 3 行÷ (−1)

(5) 第 1 行−第 3 行,
第 2 行+第 3 行

$\boldsymbol{a}_1$	$\boldsymbol{a}_2$	$\boldsymbol{a}_3$	$\boldsymbol{a}_4$	$\boldsymbol{a}_5$
1	0	1	−3	1
2	1	1	−2	4
−1	1	−3	9	2
3	0	1	−5	5
1	0	1	−3	1
0	1	−1	4	2
0	1	−2	6	3
0	0	−2	4	2
1	0	1	−3	1
0	1	−1	4	2
0	0	−1	2	1
0	0	−2	4	2
1	0	1	−3	1
0	1	−1	4	2
0	0	−1	2	1
0	0	0	0	0
1	0	1	−3	1
0	1	−1	4	2
0	0	1	−2	−1
0	0	0	0	0
1	0	0	−1	2
0	1	0	2	1
0	0	1	−2	−1
0	0	0	0	0
$\boldsymbol{b}_1$	$\boldsymbol{b}_2$	$\boldsymbol{b}_3$	$\boldsymbol{b}_4$	$\boldsymbol{b}_5$

ここで，

$$\boldsymbol{b}_1 = \begin{pmatrix} 1 \\ 0 \\ 0 \\ 0 \end{pmatrix}, \quad \boldsymbol{b}_2 = \begin{pmatrix} 0 \\ 1 \\ 0 \\ 0 \end{pmatrix}, \quad \boldsymbol{b}_3 = \begin{pmatrix} 0 \\ 0 \\ 1 \\ 0 \end{pmatrix},$$

$$\boldsymbol{b}_4 = \begin{pmatrix} -1 \\ 2 \\ -2 \\ 0 \end{pmatrix}, \quad \boldsymbol{b}_5 = \begin{pmatrix} 2 \\ 1 \\ -1 \\ 0 \end{pmatrix}$$

とおくと，$\boldsymbol{b}_1, \boldsymbol{b}_2, \boldsymbol{b}_3$ は線形独立で，

$$(1) \qquad \boldsymbol{b}_4 = -\boldsymbol{b}_1 + 2\boldsymbol{b}_2 - 2\boldsymbol{b}_3, \quad \boldsymbol{b}_5 = 2\boldsymbol{b}_1 + \boldsymbol{b}_2 - \boldsymbol{b}_3$$

が成り立つことがわかる．ところで，行列 $B = (\boldsymbol{b}_1\ \boldsymbol{b}_2\ \boldsymbol{b}_3\ \boldsymbol{b}_4\ \boldsymbol{b}_5)$ は，A に対して行基本変形を何回か行って得られる行列である．したがって，3.5 節で説明したことから，ある正則行列 P を用いて $B = PA$ と表すことができる．これより，

$$(\boldsymbol{b}_1\ \boldsymbol{b}_2\ \boldsymbol{b}_3\ \boldsymbol{b}_4\ \boldsymbol{b}_5) = P(\boldsymbol{a}_1\ \boldsymbol{a}_2\ \boldsymbol{a}_3\ \boldsymbol{a}_4\ \boldsymbol{a}_5) = (P\boldsymbol{a}_1\ P\boldsymbol{a}_2\ P\boldsymbol{a}_3\ P\boldsymbol{a}_4\ P\boldsymbol{a}_5)$$

を得る．$\boldsymbol{b}_1, \boldsymbol{b}_2, \boldsymbol{b}_3$ は線形独立なので，命題 5.2 より

$$\boldsymbol{a}_1 = P^{-1}\boldsymbol{b}_1, \quad \boldsymbol{a}_2 = P^{-1}\boldsymbol{b}_2, \quad \boldsymbol{a}_3 = P^{-1}\boldsymbol{b}_3$$

も線形独立であることがわかる．また，式 (1) の両辺に P^{-1} を掛けて

$$(2) \qquad \boldsymbol{a}_4 = -\boldsymbol{a}_1 + 2\boldsymbol{a}_2 - 2\boldsymbol{a}_3, \quad \boldsymbol{a}_5 = 2\boldsymbol{a}_1 + \boldsymbol{a}_2 - \boldsymbol{a}_3$$

を得る．すなわち，$\boldsymbol{a}_4$，$\boldsymbol{a}_5$ は，$\boldsymbol{a}_1$，$\boldsymbol{a}_2$，$\boldsymbol{a}_3$ の組み合わせの形（$\boldsymbol{a}_1$，$\boldsymbol{a}_2$，$\boldsymbol{a}_3$ の線形結合（1 次結合）という）で表される．よって，$\boldsymbol{a}_1$，$\boldsymbol{a}_2$，$\boldsymbol{a}_3$，$\boldsymbol{a}_4$，$\boldsymbol{a}_5$ のうちには，最大で 3 つの線形独立なベクトルがある．◆

問 5.5　$\boldsymbol{R}^3$ 上の 4 つのベクトル $\boldsymbol{a}_1 = (0, 1, -2)$，$\boldsymbol{a}_2 = (4, 3, 0)$，$\boldsymbol{a}_3 = (2, 2, -1)$，$\boldsymbol{a}_4 = (2, 1, 1)$ の中に含まれる線形独立なベクトルの最大個数 r を求めよ．また，この

4 つのベクトルの中から r 個の線形独立なベクトルを選び出し，残りのベクトルをそれらの線形結合で表せ．

ところで，例題 3.7 を思い出すと，上の例題 5.3 で取り上げた 5 つのベクトル $\boldsymbol{a}_1$，$\boldsymbol{a}_2$，$\boldsymbol{a}_3$，$\boldsymbol{a}_4$，$\boldsymbol{a}_5$ からなる行列

$$A = (\boldsymbol{a}_1\ \boldsymbol{a}_2\ \boldsymbol{a}_3\ \boldsymbol{a}_4\ \boldsymbol{a}_5)$$

のランクと，A に行基本変形を行って得られた行列

$$B = (\boldsymbol{b}_1\ \boldsymbol{b}_2\ \boldsymbol{b}_3\ \boldsymbol{b}_4\ \boldsymbol{b}_5)$$

のランクは等しく，

$$r(A) = r(B) = 3$$

であることがわかる．したがって，例題 5.3 の内容を一般的な形で整理して述べると，次のようになる．

命題 5.3　A に行基本変形を行っても，ランクの値は変わらない．つまり，$r(PA) = r(A)$ が成り立つ．ここで，P は基本行列である．

命題 5.4　行列 A に含まれる線形独立な列ベクトルの最大個数は，A のランク $r(A)$ に等しい．

このように，行基本変形を利用すると，列ベクトルの線形独立性を調べることができる．証明は省略するが，列基本変形に対しても，同様に次が成り立つことが知られている．

命題 5.5　A に列基本変形を行っても，ランクの値は変わらない．つまり，$r(AQ) = r(A)$ が成り立つ．ここで，Q は基本行列である．

命題 5.6　行列 A に含まれる線形独立な行ベクトルの最大個数は，A のランク $r(A)$ に等しい．

✔**注意 5.4**　行基本変形を利用して列ベクトルの線形独立性が調べられるのと同様に，列基本変形を利用して行ベクトルの線形独立性が調べられるのは，次の命題が成り立つことによる（列基本変形は転置行列の行基本変形に等しい）．

命題 5.7　行列 A とその転置行列 ${}^tA$ のランクは等しい[*2]．すなわち，$r(A) = r({}^tA)$.

ここで，以上の結果を改めてまとめておこう．

定理 5.2（ランクの基本性質）　行列 A に対し，以下はすべて同値である．

- $r(A)$ は A に含まれる線形独立な行ベクトルの最大個数に等しい．
- $r(A)$ は A に含まれる線形独立な列ベクトルの最大個数に等しい．
- $r(A)$ は A のランク標準形 $\tilde{A}$ に現れる 1 の個数である．

いくつかのベクトルが与えられたとき，それらが線形独立であるかどうかを判定する次の主張が，上の定理より直ちに導かれる．

系 5.2　$\boldsymbol{R}^n$ 上の k 個のベクトル $\boldsymbol{a}_1, \boldsymbol{a}_2, \cdots, \boldsymbol{a}_k$ が線形独立であるための必要十分条件は，行列 $A = (\boldsymbol{a}_1\ \boldsymbol{a}_2\ \cdots\ \boldsymbol{a}_k)$ のランクが k であることである．

問 5.6　$\boldsymbol{R}^4$ 上の3つのベクトル $\boldsymbol{a}_1 = (1, 2, -1, 0)$, $\boldsymbol{a}_2 = (2, 1, 0, 1)$, $\boldsymbol{a}_3 = (0, -1, 1, 1)$ が線形独立であることを示せ．

行列が与えられたとき，その中に含まれる線形独立な列ベクトルあるいは行ベクトルの最大個数がただ1通りに決まることは明らかである．それゆえ，行列を基本変形によってランク標準形に変形したとき，最終的に現れる1の個数は，基本変形の仕方によらずただ1通りに決まるのである．言い換えれば，行列の基本変形とは，行ベクトルや列ベクトルの線形独立性を保つような計算方法なのである．

[*2] ランク標準形に現れる線形独立な列（行）ベクトルは標準的な単位ベクトルであり，その個数は列ベクトルの場合でも行ベクトルの場合でも同じであることに注意せよ．

5.3 基底と次元

1.8 節で述べたように，平面 $\boldsymbol{R}^2$ 上のどんなベクトル $\boldsymbol{v}$ も線形独立な 2 個のベクトル $\boldsymbol{v}_1, \boldsymbol{v}_2$ の線形結合によって

$$\boldsymbol{v} = s_1\boldsymbol{v}_1 + s_2\boldsymbol{v}_2$$

の形で表すことができる．このような線形独立なベクトルの組 $\{\boldsymbol{v}_1, \boldsymbol{v}_2\}$ を基底とよんだ．とくに，$\boldsymbol{e}_1 = (1,0)$, $\boldsymbol{e}_2 = (0,1)$ からなる組 $\{\boldsymbol{e}_1, \boldsymbol{e}_2\}$ を $\boldsymbol{R}^2$ の標準基底という．

平面 $\boldsymbol{R}^2$ の場合と同様に，一般のベクトル空間の基底は次のように定義される．

定義 5.4 次の条件をみたすベクトルの組 $\{\boldsymbol{v}_1, \boldsymbol{v}_2, \cdots, \boldsymbol{v}_n\}$ をベクトル空間 V の**基底**という．

(1) $\boldsymbol{v}_1, \boldsymbol{v}_2, \cdots, \boldsymbol{v}_n$ は線形独立である．

(2) V 上の任意のベクトル $\boldsymbol{v}$ は $\boldsymbol{v}_1, \boldsymbol{v}_2, \cdots, \boldsymbol{v}_n$ の線形結合で表される．すなわち，

$$\boldsymbol{v} = s_1\boldsymbol{v}_1 + s_2\boldsymbol{v}_2 + \cdots + s_n\boldsymbol{v}_n \quad (s_1, s_2, \cdots s_n \text{ はスカラー})$$

である．

例えば，$\boldsymbol{R}^3$ 上の 3 つのベクトル $\boldsymbol{e}_1 = (1,0,0)$, $\boldsymbol{e}_2 = (0,1,0)$, $\boldsymbol{e}_3 = (0,0,1)$ は線形独立であり，$\boldsymbol{R}^3$ 上の任意のベクトル $\boldsymbol{v} = (x_1, x_2, x_3)$ は

$$\boldsymbol{v} = x_1\boldsymbol{e}_1 + x_2\boldsymbol{e}_2 + x_3\boldsymbol{e}_3$$

と表されるから，$\{\boldsymbol{e}_1, \boldsymbol{e}_2, \boldsymbol{e}_3\}$ は $\boldsymbol{R}^3$ の基底である．この基底は $\boldsymbol{R}^3$ の標準基底とよばれている．

ベクトル空間の基底を構成する線形独立なベクトルの個数は，有限個の場合もあるし，無限個になる場合もある．ここでは，基底となる線形独立なベクトルの個数が有限個であるケースを考える．この場合，基底を選び出すときに，それを構成する線形独立なベクトルの個数が変化することがあるのではないかと思

われるかもしれない．例えば，あるベクトル空間では $\{\boldsymbol{u}_1, \boldsymbol{u}_2, \boldsymbol{u}_3\}$ という基底と $\{\boldsymbol{v}_1, \boldsymbol{v}_2, \boldsymbol{v}_3, \boldsymbol{v}_4\}$ という基底の 2 通りを選ぶことができるかもしれない．しかし，そのようなことが起こらないことは，数学的に証明することができる．すなわち，どんなベクトル空間においても，次の命題が成り立つことが示される．

命題 5.8　$\{\boldsymbol{u}_1, \boldsymbol{u}_2, \cdots, \boldsymbol{u}_m\}$ と $\{\boldsymbol{v}_1, \boldsymbol{v}_2, \cdots, \boldsymbol{v}_n\}$ は同じベクトル空間における 2 つの異なる基底とする．このとき，$m = n$ が成り立つ．

この命題の証明は，やや難しいのだが，数学における論証の見本となるものであるから，付録 E で扱う．命題 5.8 によって，基底となる線形独立なベクトルの個数が有限個である場合は，基底の選び方によらず，その個数はいつも同じになることが保証される．以上を踏まえて，次の定義をおく．

定義 5.5　ベクトル空間 V の基底を構成する線形独立なベクトルの個数が有限個であるとき，その個数をベクトル空間 V の**次元**といい，$\dim V$ で表す．

有限個の線形独立なベクトルからなる基底をもつベクトル空間を，**有限次元ベクトル空間**という．本書では，有限次元ベクトル空間を扱うことにする．また，n 個の線形独立なベクトルからなる基底をもつベクトル空間を，n 次元ベクトル空間という．さらに，零ベクトルだけからなるベクトル空間 $V = \{\boldsymbol{0}\}$ の次元は 0 であると約束する．

問 5.7　数ベクトル空間 $\boldsymbol{R}^n$ の次元は n であることを示せ．〔**ヒント**：何でもよいから，n 個の線形独立なベクトルからなる基底を 1 つでも見つければよい．〕

部分空間の次元に関して，次の定理が成り立つ．証明は省略するが，その内容は直観的に明らかだろう．

定理 5.3　部分空間の次元は，その部分空間を含んでいるもとの空間の次元以下である．もしも，次元が等しければ，その部分空間はもとの空間と一致している．すなわち，2 つのベクトル空間 V, W に対して，

$$W \subset V \implies \dim W \leqq \dim V$$

が成り立つ．ただし，上の等号が成立するのは $W = V$ のときに限る．

例題 5.4 $\boldsymbol{R}^3$ 内の平面

$$W = \{(x, y, z) \mid 2x + y - z = 0\}$$

が $\boldsymbol{R}^3$ の部分空間であることを示し，その基底と次元を求めよ．

解 W が $\boldsymbol{R}^3$ の部分空間であることは，例題 5.1 で示した．ここでは，W の基底を求める．$2x + y - z = 0$ より $z = 2x + y$ であるから，

$$\begin{pmatrix} x \\ y \\ z \end{pmatrix} = \begin{pmatrix} x \\ y \\ 2x + y \end{pmatrix} = x \begin{pmatrix} 1 \\ 0 \\ 2 \end{pmatrix} + y \begin{pmatrix} 0 \\ 1 \\ 1 \end{pmatrix}$$

が成り立つ．よって，$\boldsymbol{v}_1 = (1, 0, 2)$，$\boldsymbol{v}_2 = (0, 1, 1)$ とおけば，W 上の任意のベクトル $\boldsymbol{w} = (x, y, z)$ は $\boldsymbol{w} = x\boldsymbol{v}_1 + y\boldsymbol{v}_2$ と表されることがわかる．

次に，$\boldsymbol{v}_1, \boldsymbol{v}_2$ が線形独立であることを示そう．そのためには，行列 $A = (\boldsymbol{v}_1\ \boldsymbol{v}_2)$ のランクが 2 であることを示せばよい．A に対して，

(1) 第 3 行−第 1 行×2

(2) 第 3 行−第 2 行

という基本変形を行うと $r(A) = 2$ であることがわかる．よって，$\boldsymbol{v}_1, \boldsymbol{v}_2$ は線形独立である．したがって，$\{\boldsymbol{v}_1, \boldsymbol{v}_2\}$ は W の基底であり，その次元は 2 である．すなわち，$\dim W = 2$． ◆

1	0
0	1
2	1
1	0
0	1
0	1
1	0
0	1
0	0

問 5.8 $\boldsymbol{R}^4$ 上の点の集合

$$W = \{(x, y, z, w) \mid x - y + 2z - w = 0,\ x + 2y - z = 0\}$$

は $\boldsymbol{R}^4$ の部分空間であり，その次元が 2 であることを示せ．

1.8 節で説明した平面の場合と同様に，n 次元ベクトル空間 V においては，n 個の線形独立なベクトルからなる基底 $\{\boldsymbol{v}_1, \boldsymbol{v}_2, \cdots, \boldsymbol{v}_n\}$ を選べる．基底を用い

れば，n 次元空間 V 上のベクトル $\boldsymbol{v}$ を

$$\boldsymbol{v} = s_1\boldsymbol{v}_1 + s_2\boldsymbol{v}_2 + \cdots + s_n\boldsymbol{v}_n$$

と表すことができて，V 上のベクトル $\boldsymbol{v}$ と n 個の数の組 $(s_1, s_2, \cdots, s_n)$ を同一視できるようになる．この $(s_1, s_2, \cdots, s_n)$ は基底 $\{\boldsymbol{v}_1, \boldsymbol{v}_2, \cdots, \boldsymbol{v}_n\}$ で定められる $\boldsymbol{v}$ の**座標**とよばれる．

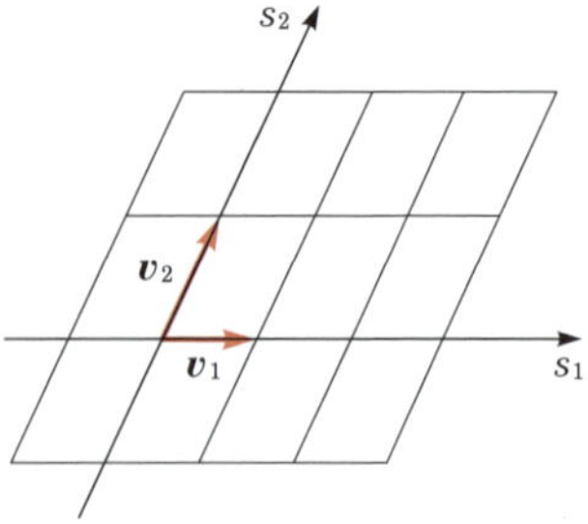

問 5.9　基底が与えられたとき，n 次元空間内に与えられたベクトルに対して，その座標はただ 1 通りに決まることを示せ．すなわち，n 次元ベクトル空間 V 上のベクトル $\boldsymbol{v}$ が基底 $\{\boldsymbol{v}_1, \boldsymbol{v}_2, \ldots, \boldsymbol{v}_n\}$ を用いて

$$\boldsymbol{v} = s_1\boldsymbol{v}_1 + s_2\boldsymbol{v}_2 + \cdots + s_n\boldsymbol{v}_n, \qquad \boldsymbol{v} = t_1\boldsymbol{v}_1 + t_2\boldsymbol{v}_2 + \cdots + t_n\boldsymbol{v}_n$$

の 2 通りに表せると仮定すれば，

$$s_1 = t_1, \quad s_2 = t_2, \quad \ldots, \quad s_n = t_n$$

であることを示せ．

✔ **注意 5.5**　これは，座標という概念が数学的にきちんと定義されることを示している（基底を設定して観測をするとき，物が 2 重に見えたりしないことを意味する）．

5.1 節で k 個のベクトル $\boldsymbol{v}_1$，$\boldsymbol{v}_2$，$\cdots$，$\boldsymbol{v}_k$ で張られる部分空間

$$\begin{aligned} W &= \mathrm{span}\{\boldsymbol{v}_1, \boldsymbol{v}_2, \cdots, \boldsymbol{v}_k\} \\ &= \{s_1\boldsymbol{v}_1 + s_2\boldsymbol{v}_2 + \cdots + s_k\boldsymbol{v}_k \mid s_1, s_2, \cdots, s_k \text{ は実数}\} \end{aligned}$$

を考えた．これは，$\boldsymbol{v}_1, \boldsymbol{v}_2, \cdots, \boldsymbol{v}_k$ を骨組みとして，部分空間 W をうちわの面のように張っているというイメージだった．ここでは，$\mathrm{span}\{\boldsymbol{v}_1, \boldsymbol{v}_2, \cdots, \boldsymbol{v}_k\}$ の性質を調べよう．

例題 5.5　$\boldsymbol{R}^4$ 内の部分空間

$$\begin{aligned} W &= \mathrm{span}\{\boldsymbol{v}_1, \boldsymbol{v}_2, \boldsymbol{v}_3, \boldsymbol{v}_4\} \\ &= \{s_1\boldsymbol{v}_1 + s_2\boldsymbol{v}_2 + s_3\boldsymbol{v}_3 + s_4\boldsymbol{v}_4 \mid s_1, s_2, s_3, s_4 \text{ は実数}\} \end{aligned}$$

の基底を 1 組求めて，W の次元を求めよ．ただし，

$$\boldsymbol{v}_1 = \begin{pmatrix} 1 \\ 2 \\ 0 \\ 3 \end{pmatrix}, \quad \boldsymbol{v}_2 = \begin{pmatrix} -1 \\ 0 \\ 1 \\ -2 \end{pmatrix}, \quad \boldsymbol{v}_3 = \begin{pmatrix} -1 \\ 4 \\ 3 \\ 0 \end{pmatrix}, \quad \boldsymbol{v}_4 = \begin{pmatrix} 0 \\ 2 \\ 1 \\ 0 \end{pmatrix}$$

解 $\boldsymbol{v}_1$, $\boldsymbol{v}_2$, $\boldsymbol{v}_3$, $\boldsymbol{v}_4$ のうちで線形独立なベクトルを調べる．例題 5.3 と同様にして，行列 $(\boldsymbol{v}_1\ \boldsymbol{v}_2\ \boldsymbol{v}_3\ \boldsymbol{v}_4)$ に対して行基本変形を行う．

(1) 第 2 行−第 1 行×2,
 第 4 行−第 1 行×3

(2) 第 2 行と第 4 行を交換

(3) 第 4 行−第 3 行×2

(4) 第 1 行+第 2 行,
 第 3 行−第 2 行

$\boldsymbol{v}_1$	$\boldsymbol{v}_2$	$\boldsymbol{v}_3$	$\boldsymbol{v}_4$
1	−1	−1	0
2	0	4	2
0	1	3	1
3	−2	0	0
1	−1	−1	0
0	2	6	2
0	1	3	1
0	1	3	0
1	−1	−1	0
0	1	3	0
0	1	3	1
0	2	6	2
1	−1	−1	0
0	1	3	0
0	1	3	1
0	0	0	0
1	0	2	0
0	1	3	0
0	0	0	1
0	0	0	0

これより，$\boldsymbol{v}_1$, $\boldsymbol{v}_2$, $\boldsymbol{v}_4$ は線形独立であり，

$$\boldsymbol{v}_3 = 2\boldsymbol{v}_1 + 3\boldsymbol{v}_2$$

となることがわかる．したがって，

$$\begin{aligned} \boldsymbol{x} &= s_1\boldsymbol{v}_1 + s_2\boldsymbol{v}_2 + s_3\boldsymbol{v}_3 + s_4\boldsymbol{v}_4 \\ &= s_1\boldsymbol{v}_1 + s_2\boldsymbol{v}_2 + s_3(2\boldsymbol{v}_1 + 3\boldsymbol{v}_2) + s_4\boldsymbol{v}_4 \\ &= (s_1 + 2s_3)\boldsymbol{v}_1 + (s_2 + 3s_3)\boldsymbol{v}_2 + s_4\boldsymbol{v}_4 \end{aligned}$$

を得る．s_1, s_2, s_3, s_4 は実数でありさえすればよいので，改めて $s_1{}' = s_1 + 2s_3$, $s_2{}' = s_2 + 3s_3$, $s_4{}' = s_4$ と書き直せば

$$\begin{aligned} W &= \mathrm{span}\{\boldsymbol{v}_1, \boldsymbol{v}_2, \boldsymbol{v}_4\} \\ &= \{s_1{}'\boldsymbol{v}_1 + s_2{}'\boldsymbol{v}_2 + s_4{}'\boldsymbol{v}_4 \mid s_1{}',\ s_2{}',\ s_4{}' \text{ は実数}\} \end{aligned}$$

となることがわかる．$\boldsymbol{v}_1$, $\boldsymbol{v}_2$, $\boldsymbol{v}_4$ は線形独立であるから，$\{\boldsymbol{v}_1, \boldsymbol{v}_2, \boldsymbol{v}_4\}$ は W の基底であり，$\dim W = 3$ である． ◆

上の例題において，W はもともと 4 つの骨組 $\boldsymbol{v}_1$, $\boldsymbol{v}_2$, $\boldsymbol{v}_3$, $\boldsymbol{v}_4$ で張られてい

た．しかし，実際には $\boldsymbol{v}_3$ は必要のないものであり，取り除いてもかまわない．つまり，部分空間 W を張るのに本当に必要なベクトルは，$\boldsymbol{v}_1$，$\boldsymbol{v}_2$，$\boldsymbol{v}_4$ であり，これが W の基底となるのである．その結果として，W の基底となる線形独立なベクトルの個数が，W の次元になるのである．このことを，一般的な定理の形で述べれば以下のようになる．

定理 5.4　$W = \mathrm{span}\{\boldsymbol{a}_1, \boldsymbol{a}_2, \cdots, \boldsymbol{a}_n\}$ とする．このとき，

$$\dim W = r(A)$$

が成り立つ．ただし，$A = (\boldsymbol{a}_1\ \boldsymbol{a}_2\ \cdots\ \boldsymbol{a}_n)$ である．

問 5.10　$\boldsymbol{R}^4$ 内の部分空間 $W = \mathrm{span}\{\boldsymbol{v}_1, \boldsymbol{v}_2, \boldsymbol{v}_3, \boldsymbol{v}_4\}$ の基底を 1 組求めて，W の次元を求めよ．ただし，

$$\boldsymbol{v}_1 = \begin{pmatrix} 1 \\ 2 \\ 1 \\ 2 \end{pmatrix}, \quad \boldsymbol{v}_2 = \begin{pmatrix} -1 \\ 0 \\ 1 \\ 0 \end{pmatrix}, \quad \boldsymbol{v}_3 = \begin{pmatrix} 3 \\ 1 \\ -2 \\ 1 \end{pmatrix}, \quad \boldsymbol{v}_4 = \begin{pmatrix} 1 \\ 1 \\ 0 \\ 1 \end{pmatrix}$$

5.4　ベクトル空間の直和

この節では，与えられたベクトルをいくつかのベクトルの和の形に分解して表すときに注意すべき点を説明する．

$\boldsymbol{R}^3$ 上のベクトル $\boldsymbol{v} = (x, y, z)$ を xy 平面上のベクトルと z 軸上のベクトルの和で表すと

$$\begin{pmatrix} x \\ y \\ z \end{pmatrix} = \begin{pmatrix} x \\ y \\ 0 \end{pmatrix} + \begin{pmatrix} 0 \\ 0 \\ z \end{pmatrix}$$

のようになり，これ以外の表し方はない．一方，$\boldsymbol{R}^3$ 上のベクトルを xy 平面上のベクトルと yz 平面上のベクトルの和で表すとどうなるだろうか．例えば，$\boldsymbol{a} = (1, 2, 3)$ については，

$$\begin{pmatrix}1\\2\\3\end{pmatrix}=\begin{pmatrix}1\\1\\0\end{pmatrix}+\begin{pmatrix}0\\1\\3\end{pmatrix}$$

のように表せる．しかし，

$$\begin{pmatrix}1\\2\\3\end{pmatrix}=\begin{pmatrix}1\\3\\0\end{pmatrix}+\begin{pmatrix}0\\-1\\3\end{pmatrix}$$

のような表し方もあるので，この場合は $\boldsymbol{a}$ を xy 平面上のベクトルと yz 平面上のベクトルの和に表す方法は複数通りある．上の 2 つの式を見比べると，$\boldsymbol{a}$ の y 成分を和の形に表す方法が何通りもあることがわかる．

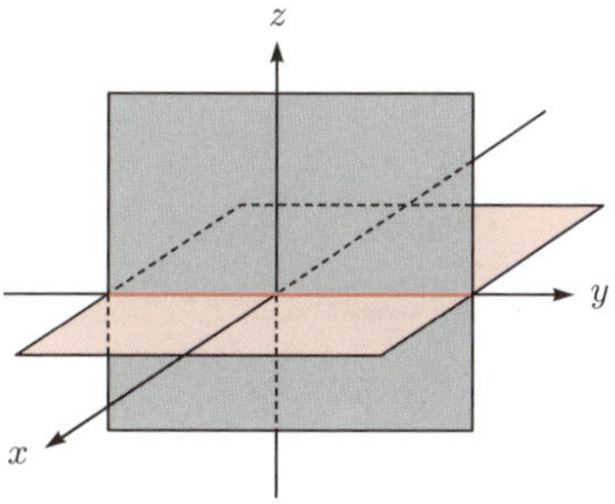

実際，右図を見ればわかるように，その原因は xy 平面と yz 平面が y 軸を共通部分にもつことにある．それに対し，$\boldsymbol{R}^3$ 上のベクトルが xy 平面上のベクトルと z 軸上のベクトルの和の形でただ 1 通りに表されたのは，xy 平面と z 軸の共通部分が原点のみであるからである．

定義 5.6 W_1 と W_2 はベクトル空間 V の部分空間であるとする．

$$W_1+W_2=\{\boldsymbol{v}_1+\boldsymbol{v}_2 \mid \boldsymbol{v}_1\in W_1,\ \boldsymbol{v}_2\in W_2\}$$

を W_1 と W_2 の**和空間**という．

例えば，$\boldsymbol{R}^3$ は xy 平面と z 軸の和空間であると同時に，xy 平面と yz 平面の和空間でもある．また，$\boldsymbol{R}^3$ 内の xy 平面は x 軸と y 軸の和空間である．W_1+W_2 は V の部分空間である．

問 5.11 W_1+W_2 が V の部分空間であることを示せ．

問 5.12 $W_1\cap W_2$ が V の部分空間であることを示せ．ここで，$W_1\cap W_2$ は W_1 と W_2 の共通部分である．すなわち，$W_1\cap W_2=\{\boldsymbol{v}\in V \mid \boldsymbol{v}\in W_1 \text{ かつ } \boldsymbol{v}\in W_2\}$．

定義 5.7　V は W_1 と W_2 の和空間 $W_1 + W_2$ であるとする．V 上のベクトルを W_1 と W_2 上のベクトルの和で表すとき，その表し方がただ 1 通りであれば，V は W_1 と W_2 の**直和**であるといい，次のように表す：

$$V = W_1 \oplus W_2.$$

上の例からもわかるように，次の定理が成り立つ．

定理 5.5　V が W_1 と W_2 の和空間であるとき，V が W_1 と W_2 の直和になるための必要十分条件は，

$$W_1 \cap W_2 = \{\mathbf{0}\}$$

が成り立つことである．ここで，$W_1 \cap W_2$ は W_1 と W_2 の共通部分を表す．

証明　$W_1 \cap W_2 = \{\mathbf{0}\}$ とする．V 上のベクトル $\boldsymbol{v}$ が 2 通りに

$$\boldsymbol{v} = \boldsymbol{v}_1 + \boldsymbol{v}_2 = \boldsymbol{v}_1{}' + \boldsymbol{v}_2{}', \qquad \boldsymbol{v}_1, \boldsymbol{v}_1{}' \in W_1, \qquad \boldsymbol{v}_2, \boldsymbol{v}_2{}' \in W_2,$$

と表されるとすると，

$$\boldsymbol{v}_1 - \boldsymbol{v}_1{}' = \boldsymbol{v}_2{}' - \boldsymbol{v}_2$$

である．W_1 と W_2 は部分空間なので，$\boldsymbol{v}_1 - \boldsymbol{v}_1{}' \in W_1$, $\boldsymbol{v}_2{}' - \boldsymbol{v}_2 \in W_2$ であり，

$$\boldsymbol{v}_1 - \boldsymbol{v}_1{}' = \boldsymbol{v}_2{}' - \boldsymbol{v}_2 \in W_1 \cap W_2$$

が成り立つ．$W_1 \cap W_2 = \{\mathbf{0}\}$ であるから $\boldsymbol{v}_1 = \boldsymbol{v}_1{}'$, $\boldsymbol{v}_2{}' = \boldsymbol{v}_2$ が成り立つ．

一方，$W_1 \cap W_2 \neq \{\mathbf{0}\}$ とする．このとき，$\boldsymbol{a} \in W_1 \cap W_2$ である $\boldsymbol{a} \neq \mathbf{0}$ を用いると

$$\mathbf{0} = \mathbf{0} + \mathbf{0} = \boldsymbol{a} + (-\boldsymbol{a})$$

が成り立つ．$\mathbf{0} \in W_1$ かつ $\mathbf{0} \in W_2$ であることと，$\boldsymbol{a} \in W_1$ と $-\boldsymbol{a} \in W_2$ に注意すれば，これは，$\mathbf{0}$ が W_1 上のベクトルと W_2 上のベクトルの和の形で 2 通りに表されることを意味している．よって，V が W_1 と W_2 の直和であるならば，$W_1 \cap W_2 = \{\mathbf{0}\}$ でなければならない．■

V が W_1 と W_2 の直和であるとき，V は W_1 と W_2 に直和分解できるという．上の定理は，ベクトル空間を 2 つの部分空間の直和に分解するときは，零ベクトル以外の共通部分ができないようにすればよいことを意味する．

次に，部分空間の次元に注目して，最初に述べた例をもう 1 度考えてみよう．$\boldsymbol{R}^3$ は xy 平面と z 軸の直和に分解できる．このとき xy 平面の次元は 2，z 軸の次元は 1 であり，

$$3 = 2 + 1$$

が成り立つ．一方，$\boldsymbol{R}^3$ を xy 平面と yz 平面の直和に分解することはできない．このとき xy 平面の次元は 2，yz 平面の次元は 2 であり，

$$3 < 2 + 2$$

が成り立つ．つまり，2 つの部分空間の次元の和が，もとの空間の次元より大きくなると，2 つの部分空間の間に零ベクトル以外の共通部分ができる．実際，次の定理が成り立つことが知られている．

定理 5.6 V が W_1 と W_2 の和空間であるとき，V が W_1 と W_2 の直和になるための必要十分条件は，

$$\dim V = \dim W_1 + \dim W_2$$

が成り立つことである．

以上の 2 つの定理は，V が部分空間 W_1 と W_2 の和空間であることを前提として成立するものである．次の定理は，V が部分空間 W_1 と W_2 の和空間であることを確かめる必要なく利用できる．

定理 5.7 W_1 と W_2 が V の部分空間であるとき，

$$W_1 \cap W_2 = \{\mathbf{0}\} \quad かつ \quad \dim V = \dim W_1 + \dim W_2$$

ならば，V は W_1 と W_2 の直和である．

問 5.13　$\boldsymbol{R}^3$ 内の部分空間

$$W_1 = \{(x, y, z) \mid x + y - z = 0\}, \qquad W_2 = \mathrm{span}\{(2, 1, -1)\}$$

を考える．$\boldsymbol{R}^3$ は W_1 と W_2 の直和であることを示せ．

ベクトル空間を3つの部分空間に直和分解するときは，まず2つの部分空間に直和分解し，次にそのうちの1つをさらに2つの部分空間に直和分解すればよい．一般には，ベクトル空間を2つの部分空間に直和分解する操作を次々に行えば，n 個の部分空間に直和分解できる．

5.5　線形写像

1.4節において，1次変換が「線形性」という重要な性質をもっていることを学んだ．この節では，一般的な立場から線形性という概念を見直してみよう．

2つの変数 x, y があって，x の値を定めるとそれに対応して y の値がただ1つ定まるとき，y は x の関数であるといい，$y = f(x)$ のように表す．最も簡単な関数は，比例関係を与える関数

$$y = f(x) = kx \qquad (k \text{ は比例定数})$$

である．関数 f は，$k(x_1 + x_2) = kx_1 + kx_2$, $k(cx_3) = c(kx_3)$ より

$$f(x_1 + x_2) = f(x_1) + f(x_2), \qquad f(cx_3) = cf(x_3)$$

をみたす．この例では，x や y は実数であるが，それらがベクトルである場合に対しても上の関係式が成り立つように関数 f を拡張することを考えよう．

定義 5.8　U, V をベクトル空間とする．U から V への写像[*3] $f : U \longrightarrow V$ が次の条件

(i)　$$f(\boldsymbol{u}_1 + \boldsymbol{u}_2) = f(\boldsymbol{u}_1) + f(\boldsymbol{u}_2), \qquad f(c\boldsymbol{u}_3) = cf(\boldsymbol{u}_3)$$

をみたすとき，f を U から V への**線形写像**という．とくに，$U = V$ のとき，f を U 上の**線形変換**という．

[*3] 集合と写像に関する基本的な用語の説明については，付録Aを参照せよ．

線形写像は比例関係の概念を一般化したものである．

問 5.14 次の各問に答えよ．

(1) f が線形写像であるとき，$f(\mathbf{0}) = \mathbf{0}$ が成り立つことを示せ．

(2) (i) は次の式と同値であることを示せ．

$$\text{(ii)} \qquad f(c_1\boldsymbol{u}_1 + c_2\boldsymbol{u}_2) = c_1 f(\boldsymbol{u}_1) + c_2 f(\boldsymbol{u}_2)$$

例えば，$\boldsymbol{R}^3$ 上の点 (x, y, z) を，$\boldsymbol{R}^2$ 上の点 (x, y) に移す写像

$$f(\begin{pmatrix} x \\ y \\ z \end{pmatrix}) = \begin{pmatrix} x \\ y \end{pmatrix}$$

は，$\boldsymbol{R}^3$ から $\boldsymbol{R}^2$ への線形写像である（線形変換ではない）．実際，

$$\boldsymbol{u}_1 = \begin{pmatrix} x_1 \\ y_1 \\ z_1 \end{pmatrix}, \quad \boldsymbol{u}_2 = \begin{pmatrix} x_2 \\ y_2 \\ z_2 \end{pmatrix}$$

とすると，

$$f(\boldsymbol{u}_1 + \boldsymbol{u}_2) = f(\begin{pmatrix} x_1 + x_2 \\ y_1 + y_2 \\ z_1 + z_2 \end{pmatrix}) = \begin{pmatrix} x_1 + x_2 \\ y_1 + y_2 \end{pmatrix}$$

である．一方，

$$f(\boldsymbol{u}_1) + f(\boldsymbol{u}_2) = f(\begin{pmatrix} x_1 \\ y_1 \\ z_1 \end{pmatrix}) + f(\begin{pmatrix} x_2 \\ y_2 \\ z_2 \end{pmatrix}) = \begin{pmatrix} x_1 \\ y_1 \end{pmatrix} + \begin{pmatrix} x_2 \\ y_2 \end{pmatrix}$$

であるから，$f(\boldsymbol{u}_1 + \boldsymbol{u}_2) = f(\boldsymbol{u}_1) + f(\boldsymbol{u}_2)$ が成り立つ．また，

$$f(c\boldsymbol{u}_3) = f(c\begin{pmatrix} x_3 \\ y_3 \\ z_3 \end{pmatrix}) = f(\begin{pmatrix} cx_3 \\ cy_3 \\ cz_3 \end{pmatrix}) = \begin{pmatrix} cx_3 \\ cy_3 \end{pmatrix},$$

$$cf(\boldsymbol{u}_3) = cf(\begin{pmatrix} x_3 \\ y_3 \\ z_3 \end{pmatrix}) = c\begin{pmatrix} x_3 \\ y_3 \end{pmatrix}$$

により，$f(c\boldsymbol{u}_3) = cf(\boldsymbol{u}_3)$ も確かめられる．

また，1.4 節で見たように，平面 $\boldsymbol{R}^2$ 上の点 (x, y) を

$$\begin{pmatrix} x' \\ y' \end{pmatrix} = \begin{pmatrix} a & b \\ c & d \end{pmatrix}\begin{pmatrix} x \\ y \end{pmatrix}$$

という規則によって，平面 $\boldsymbol{R}^2$ 上の新しい点 (x', y') に移す写像

$$f(\begin{pmatrix} x \\ y \end{pmatrix}) = \begin{pmatrix} x' \\ y' \end{pmatrix}$$

は平面上の線形変換である．

問 5.15　$\boldsymbol{R}^2$ 上の点 (x, y) を $\boldsymbol{R}^3$ 上の点 (x', y', z') に移す写像

$$\begin{pmatrix} x' \\ y' \\ z' \end{pmatrix} = \begin{pmatrix} 1 & 0 \\ 0 & 1 \\ a & b \end{pmatrix}\begin{pmatrix} x \\ y \end{pmatrix}$$

は線形写像であることを示せ．また，この写像にはどのような図形的意味があるか．

上で見た $\boldsymbol{R}^2$ や $\boldsymbol{R}^3$ における例は，そのまま一般の場合に拡張される．すなわち，$m \times n$ 行列によって与えられる，$\boldsymbol{R}^n$ 上の点を $\boldsymbol{R}^m$ 上の点に移す写像

$$\begin{pmatrix} y_1 \\ y_2 \\ \vdots \\ y_m \end{pmatrix} = \begin{pmatrix} a_{11} & a_{12} & \cdots & a_{1n} \\ a_{21} & a_{22} & \cdots & a_{2n} \\ \vdots & \vdots & \ddots & \vdots \\ a_{m1} & a_{m2} & \cdots & a_{mn} \end{pmatrix}\begin{pmatrix} x_1 \\ x_2 \\ \vdots \\ x_n \end{pmatrix}$$

は線形写像である．このような行列を用いて表される写像を $\boldsymbol{R}^n$ から $\boldsymbol{R}^m$ への **1 次写像**という．とくに，$m = n$ のときは **1 次変換**という．

5.6 線形写像の像と核

本節では，線形写像の像と核について説明する．これは，線形写像の性質を特徴づける重要な概念である．

定義 5.9 U, V をベクトル空間とする．線形写像 $f : U \longrightarrow V$ に対し，

$$\mathrm{Ker}(f) = \{\boldsymbol{u} \mid \boldsymbol{u} \in U \text{ は } f(\boldsymbol{u}) = \boldsymbol{0} \text{ をみたす}\}$$

を f の**核**（kernel）という．また，

$$\mathrm{Im}(f) = \{\boldsymbol{v} \mid \boldsymbol{v} \in V,\ \text{ただし } \boldsymbol{v} = f(\boldsymbol{u}) \text{ となる } \boldsymbol{u} \in U \text{ がある}\}$$

を f の**像**（image）という．

問 5.16 $\mathrm{Ker}(f)$ が U の部分空間であり，$\mathrm{Im}(f)$ が V の部分空間であることを示せ．

以下では，線形写像の像と核を具体的な例を通して説明する．

日常生活において利用される地図は，上空から航空写真を撮影することによって作成されている．これは，下の左図を見ればわかるように，$x_1x_2x_3$ 空間上の点 (x_1, x_2, x_3) を x_1x_2 平面上の点 $(x_1, x_2, 0)$ へ射影する変換

$$(1) \qquad \begin{pmatrix} x_1{}' \\ x_2{}' \\ x_3' \end{pmatrix} = \begin{pmatrix} 1 & 0 & 0 \\ 0 & 1 & 0 \\ 0 & 0 & 0 \end{pmatrix} \begin{pmatrix} x_1 \\ x_2 \\ x_3 \end{pmatrix}$$

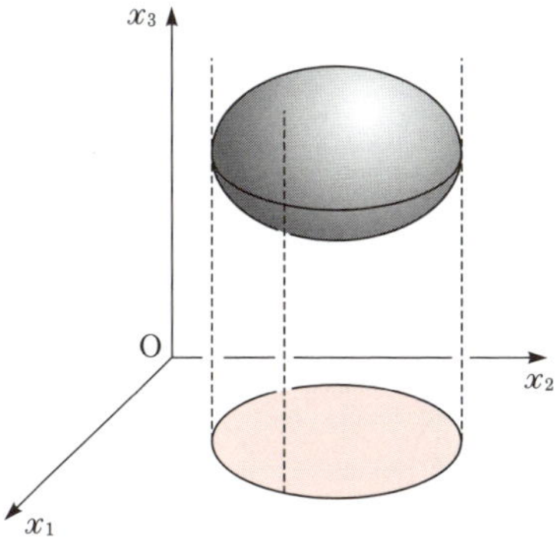

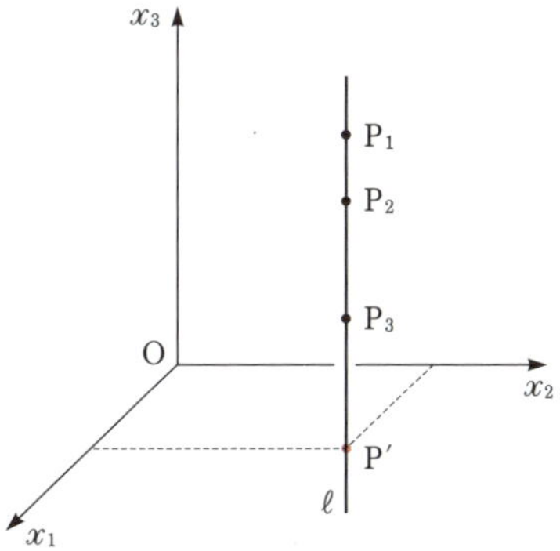

で与えられる．この変換により，「高さ」という情報は失われ，「縦」と「横」という情報のみが残される．例えば，前ページの右図において，直線 ℓ 上の点 $\mathrm{P}_1, \mathrm{P}_2, \mathrm{P}_3$ はいずれも x_1x_2 平面上の点 P' に移されている．このことは，直線 ℓ 上の高さの異なる 3 つの点 $\mathrm{P}_1, \mathrm{P}_2, \mathrm{P}_3$ が変換 (1) によって x_1x_2 平面上の点 P' と同一視されることを意味している．つまり，前ページの右図の直線 ℓ そのものを x_1x_2 平面上の点 P' と同一視してもよい．これは，地図を用いて建物の場所を調べるとき，建物の高さに関する情報が不要であることと同じである．

以上述べたことを数学的に考えてみよう．1 次変換 (1) を表す行列を

$$A = \begin{pmatrix} 1 & 0 & 0 \\ 0 & 1 & 0 \\ 0 & 0 & 0 \end{pmatrix}$$

とおく．地図を作成するときに必要な航空写真が上空からのカメラ撮影の「像」であることを思い出せば，変換 (1) によって得られる情報は，(1) の像であると考えてよい．そこで，A の像を記号 $\mathrm{Im}(A)$ で表し，

$$\mathrm{Im}(A) = \{\boldsymbol{v} \mid \boldsymbol{v} \in \boldsymbol{R}^3,\ \boldsymbol{v} = A\boldsymbol{u} \text{ となる } \boldsymbol{u} \in \boldsymbol{R}^3 \text{ がある}\}$$

とする．この例では，

$$\mathrm{Im}(A) = \mathrm{span}\{\boldsymbol{e}_1, \boldsymbol{e}_2\} = \{x_1\boldsymbol{e}_1 + x_2\boldsymbol{e}_2 \mid x_1,\ x_2 \text{ は実数}\} \tag{2}$$

である．ただし，

$$\boldsymbol{e}_1 = \begin{pmatrix} 1 \\ 0 \\ 0 \end{pmatrix}, \quad \boldsymbol{e}_2 = \begin{pmatrix} 0 \\ 1 \\ 0 \end{pmatrix}.$$

一方，変換 (1) によって失われる情報は「高さ」であるが，これは

$$A\boldsymbol{e}_3 = \boldsymbol{0}, \quad \boldsymbol{e}_3 = \begin{pmatrix} 0 \\ 0 \\ 1 \end{pmatrix}$$

という式からもわかる．そこで，A の核を記号 $\mathrm{Ker}(A)$ で表し，

$$\mathrm{Ker}(A) = \{\boldsymbol{u} \mid \boldsymbol{u} \in \boldsymbol{R}^3,\ A\boldsymbol{u} = \boldsymbol{0}\}$$

とする．これは A によって失われる情報と考えられる．この例では，

$$\text{(3)} \qquad \mathrm{Ker}(A) = \mathrm{span}\{\boldsymbol{e}_3\} = \{x_3\boldsymbol{e}_3 \mid x_3 \text{ は実数}\}.$$

次に，変換 (1) において失われる情報と残される情報の量について考えよう．この例では，失われる情報は「高さ」の 1 次元分であり，残される情報は「縦」と「横」の 2 次元分である．また，もともとの全体の情報は「縦」「横」「高さ」の 3 次元からなっている．したがって，次元に対して

$$1 = 3 - 2$$

が成り立ち，この等式には，

$$\text{「失われる情報」} = \text{「全体の情報」} - \text{「残される情報」}$$

という意味があることがわかる．実際，式 (2) と (3) より，

$$2 = \dim \mathrm{Im}(A), \qquad 1 = \dim \mathrm{Ker}(A)$$

であることと，全体空間 $\boldsymbol{R}^3$ の次元が $\dim \boldsymbol{R}^3 = 3$ であることから，

$$\dim \mathrm{Ker}(A) = \dim \boldsymbol{R}^3 - \dim \mathrm{Im}(A)$$

が成り立つことがわかる．また，行列 A のランクは $r(A) = 2$ であるから

$$\dim \mathrm{Im}(A) = r(A)$$

が成り立つことにも注意しておこう．

一般の $\boldsymbol{R}^n$ から $\boldsymbol{R}^m$ への 1 次写像

$$\begin{pmatrix} x_1{}' \\ x_2{}' \\ \vdots \\ x_m{}' \end{pmatrix} = A \begin{pmatrix} x_1 \\ x_2 \\ \vdots \\ x_n \end{pmatrix}, \qquad A = \begin{pmatrix} a_{11} & a_{12} & \cdots & a_{1n} \\ a_{21} & a_{22} & \cdots & a_{2n} \\ \vdots & \vdots & \ddots & \vdots \\ a_{m1} & a_{m2} & \cdots & a_{mn} \end{pmatrix}$$

に対しても，A の像と核は次のように与えられる．

$$\mathrm{Im}(A) = \{\boldsymbol{v} \mid \boldsymbol{v} \in \boldsymbol{R}^m,\ \text{ただし}\ \boldsymbol{v} = A\boldsymbol{u}\ \text{となる}\ \boldsymbol{u} \in \boldsymbol{R}^n\ \text{がある}\},$$
$$\mathrm{Ker}(A) = \{\boldsymbol{u} \mid \boldsymbol{u} \in \boldsymbol{R}^n\ \text{は}\ A\boldsymbol{u} = \boldsymbol{0}\ \text{をみたす}\}$$

✔ **注意 5.6**　A の像を $R(A)$, 核を $N(A)$ と書くことも多い．

例題 5.6　平面上の 1 次変換

$$\begin{pmatrix} x_1' \\ x_2' \end{pmatrix} = A \begin{pmatrix} x_1 \\ x_2 \end{pmatrix}, \qquad A = \begin{pmatrix} 1 & 2 \\ 2 & 4 \end{pmatrix}$$

の $\mathrm{Im}(A)$ と $\mathrm{Ker}(A)$ を求めよ．

解説　まず，$\mathrm{Im}(A)$ を調べよう．

$$\boldsymbol{a}_1 = \begin{pmatrix} 1 \\ 2 \end{pmatrix}, \qquad \boldsymbol{a}_2 = \begin{pmatrix} 2 \\ 4 \end{pmatrix}$$

とおくと，

$$A\boldsymbol{x} = (\boldsymbol{a}_1\ \boldsymbol{a}_2) \begin{pmatrix} x_1 \\ x_2 \end{pmatrix} = x_1\boldsymbol{a}_1 + x_2\boldsymbol{a}_2$$

であるから，

$$\mathrm{Im}(A) = \mathrm{span}\{\boldsymbol{a}_1, \boldsymbol{a}_2\}$$

となる．ここで，$\boldsymbol{a}_1$，$\boldsymbol{a}_2$ はそれぞれ A の第 1 列および第 2 列ベクトルである．さらに

$$\boldsymbol{a}_2 = 2\boldsymbol{a}_1$$

であるから

$$\mathrm{Im}(A) = \mathrm{span}\{\boldsymbol{a}_1\}$$

を得る．

次に，$\mathrm{Ker}(A)$ を調べる．$\mathrm{Ker}(A)$ は連立 1 次方程式 $A\boldsymbol{x} = \boldsymbol{0}$, すなわち

$$\begin{pmatrix} 1 & 2 \\ 2 & 4 \end{pmatrix} \begin{pmatrix} x_1 \\ x_2 \end{pmatrix} = \begin{pmatrix} 0 \\ 0 \end{pmatrix}$$

の解で与えられる．これを解くと，$x_1 + 2x_2 = 0$ であるから，

$$\mathrm{Ker}(A) = \mathrm{span}\{\begin{pmatrix} -2 \\ 1 \end{pmatrix}\} = \{\begin{pmatrix} x_1 \\ x_2 \end{pmatrix} = t\begin{pmatrix} -2 \\ 1 \end{pmatrix} \mid t\ \text{は任意}\}$$

となることがわかる．この場合

$$1 = \dim \mathrm{Im}(A), \qquad 1 = \dim \mathrm{Ker}(A)$$

であり，全体空間 $\boldsymbol{R}^2$ の次元が $\dim \boldsymbol{R}^2 = 2$ であるから，

$$\dim \mathrm{Ker}(A) = \dim \boldsymbol{R}^2 - \dim \mathrm{Im}(A)$$

が成り立つ． ◆

問 5.17　$\boldsymbol{R}^3$ 上の 1 次変換

$$\begin{pmatrix} x_1{}' \\ x_2{}' \\ x_3{}' \end{pmatrix} = A\begin{pmatrix} x_1 \\ x_2 \\ x_3 \end{pmatrix}, \qquad A = \begin{pmatrix} 1 & 3 & 0 \\ 1 & 1 & 1 \\ 0 & -6 & 3 \end{pmatrix}$$

について，次の各問に答えよ．

(1)　$\mathrm{Ker}(A)$ の基底を 1 組求めよ．〔**ヒント**：連立 1 次方程式 $A\boldsymbol{x} = \boldsymbol{0}$ を解け．〕

(2)　A の列ベクトル

$$\boldsymbol{a}_1 = \begin{pmatrix} 1 \\ 1 \\ 0 \end{pmatrix}, \quad \boldsymbol{a}_2 = \begin{pmatrix} 3 \\ 1 \\ -6 \end{pmatrix}, \quad \boldsymbol{a}_3 = \begin{pmatrix} 0 \\ 1 \\ 3 \end{pmatrix}$$

に対して $\mathrm{Im}(A) = \mathrm{span}\{\boldsymbol{a}_1, \boldsymbol{a}_2, \boldsymbol{a}_3\}$ であることを確かめよ．

(3)　$\mathrm{Im}(A)$ の基底を 1 組求めよ．〔**ヒント**：例題 5.5 を参照．〕

(4)　$\dim \mathrm{Ker}(A) = \dim \boldsymbol{R}^3 - \dim \mathrm{Im}(A)$ が成り立つことを確かめよ．

一般に，次が成り立つことが知られている．

定理 5.8　$\boldsymbol{R}^n$ から $\boldsymbol{R}^m$ への 1 次写像を与える $m \times n$ 行列 A について次が成り立つ．

(1)　$\dim \mathrm{Im}(A) = r(A)$

(2)　$\dim \mathrm{Ker}(A) = \dim \boldsymbol{R}^n - \dim \mathrm{Im}(A)$

✔ **注意 5.7**　この定理は，定理 5.4 と連立 1 次方程式の解の構造定理（定理 3.3）を用いて証明される．定理 3.3 で述べたように，連立 1 次方程式 $A\boldsymbol{x} = \boldsymbol{0}$ は必ず解をもち，

$$\text{任意定数の個数（解の自由度）} = \text{変数の個数}\ n - \text{独立な式の個数}\ r(A)$$

が成り立つ．このことを言い換えたものが上の定理 5.8(2) である．

定理 5.8(2) は，次のように一般化されることが知られている．

定理 5.9　U と V をベクトル空間とする．線形写像 $f : U \longrightarrow V$ に対し，次の等式が成り立つ．

$$\dim \mathrm{Ker}(f) = \dim U - \dim \mathrm{Im}(f)$$

5.7　線形写像の行列表示

U, V をベクトル空間とする．U から V への線形写像 $f : U \longrightarrow V$ が与えられたとき，U と V の基底を利用して f を行列で表すことを考えよう．

簡単のため，まず U と V の次元がともに 2 である場合から考える．U と V の基底をそれぞれ $\{\boldsymbol{u}_1, \boldsymbol{u}_2\}$, $\{\boldsymbol{v}_1, \boldsymbol{v}_2\}$ とする．このとき，$\boldsymbol{u}_1$, $\boldsymbol{u}_2$ を f で移して得られる $f(\boldsymbol{u}_1)$, $f(\boldsymbol{u}_2)$ は，それぞれ V 上のベクトルであるから，基底 $\{\boldsymbol{v}_1, \boldsymbol{v}_2\}$ を用いて

$$f(\boldsymbol{u}_1) = a_{11}\boldsymbol{v}_1 + a_{21}\boldsymbol{v}_2, \qquad f(\boldsymbol{u}_2) = a_{12}\boldsymbol{v}_1 + a_{22}\boldsymbol{v}_2$$

と書けることがわかる．上の 2 つの式は，基底 $\{\boldsymbol{u}_1, \boldsymbol{u}_2\}$ が f によってどのように移されるのかを示している．行列を用いると，これらはひとまとめにして

$$(f(\boldsymbol{u}_1)\ f(\boldsymbol{u}_2)) = (\boldsymbol{v}_1\ \boldsymbol{v}_2)\begin{pmatrix} a_{11} & a_{12} \\ a_{21} & a_{22} \end{pmatrix}$$

と表される．この式は，一般の $\boldsymbol{u}$ に対する $\boldsymbol{v} = f(\boldsymbol{u})$ を座標を利用して具体的に計算するときの重要なキーになる．

$\boldsymbol{u}$ と $\boldsymbol{v}$ はそれぞれ U と V 上のベクトルであるから，基底を用いて

$$\boldsymbol{u} = x_1\boldsymbol{u}_1 + x_2\boldsymbol{u}_2, \qquad \boldsymbol{v} = y_1\boldsymbol{v}_1 + y_2\boldsymbol{v}_2$$

と表される．(x_1, x_2) と (y_1, y_2) は，それぞれ $\boldsymbol{u}$ と $\boldsymbol{v}$ の基底 $\{\boldsymbol{u}_1, \boldsymbol{u}_2\}$ および $\{\boldsymbol{v}_1, \boldsymbol{v}_2\}$ に関する座標である．さて，f の線形性を用いると，

$$\begin{aligned} f(\boldsymbol{u}) &= f(x_1\boldsymbol{u}_1 + x_2\boldsymbol{u}_2) = x_1 f(\boldsymbol{u}_1) + x_2 f(\boldsymbol{u}_2) \\ &= (f(\boldsymbol{u}_1)\ f(\boldsymbol{u}_2)) \begin{pmatrix} x_1 \\ x_2 \end{pmatrix} = (\boldsymbol{v}_1\ \boldsymbol{v}_2) \begin{pmatrix} a_{11} & a_{12} \\ a_{21} & a_{22} \end{pmatrix} \begin{pmatrix} x_1 \\ x_2 \end{pmatrix} \end{aligned}$$

となる．一方，

$$\boldsymbol{v} = y_1\boldsymbol{v}_1 + y_2\boldsymbol{v}_2 = (\boldsymbol{v}_1\ \boldsymbol{v}_2) \begin{pmatrix} y_1 \\ y_2 \end{pmatrix}$$

であるから，$\boldsymbol{v} = f(\boldsymbol{u})$ より

$$\begin{pmatrix} y_1 \\ y_2 \end{pmatrix} = \begin{pmatrix} a_{11} & a_{12} \\ a_{21} & a_{22} \end{pmatrix} \begin{pmatrix} x_1 \\ x_2 \end{pmatrix}, \qquad A = \begin{pmatrix} a_{11} & a_{12} \\ a_{21} & a_{22} \end{pmatrix}$$

を得る．よって，線形写像 f を上式のような 1 次写像（1 次変換）を用いて具体的に表すことができた．行列 A を基底 $\{\boldsymbol{u}_1, \boldsymbol{u}_2\}$, $\{\boldsymbol{v}_1, \boldsymbol{v}_2\}$ に関する f の**表現行列**という．

例題 5.7 平面上の点を平面上の点に移す線形写像（1 次変換）

$$\begin{pmatrix} x' \\ y' \end{pmatrix} = f\left(\begin{pmatrix} x \\ y \end{pmatrix}\right) = \begin{pmatrix} x + y \\ x - y \end{pmatrix}$$

を考える．平面上に 2 つの基底 $\{\boldsymbol{u}_1, \boldsymbol{u}_2\}$ と $\{\boldsymbol{v}_1, \boldsymbol{v}_2\}$ をとる．ただし，$\boldsymbol{u}_1 = (1, -1)$, $\boldsymbol{u}_2 = (1, 0)$, $\boldsymbol{v}_1 = (0, -1)$, $\boldsymbol{v}_2 = (1, 2)$ とする．

(1) f が線形写像であることを確かめよ．

(2) $f(\boldsymbol{u}_1)$, $f(\boldsymbol{u}_2)$ をそれぞれ $\boldsymbol{v}_1$, $\boldsymbol{v}_2$ の線形結合の形で表せ．

(3) 基底 $\{\boldsymbol{u}_1, \boldsymbol{u}_2\}$ と $\{\boldsymbol{v}_1, \boldsymbol{v}_2\}$ に関する線形写像 f の表現行列を求めよ．

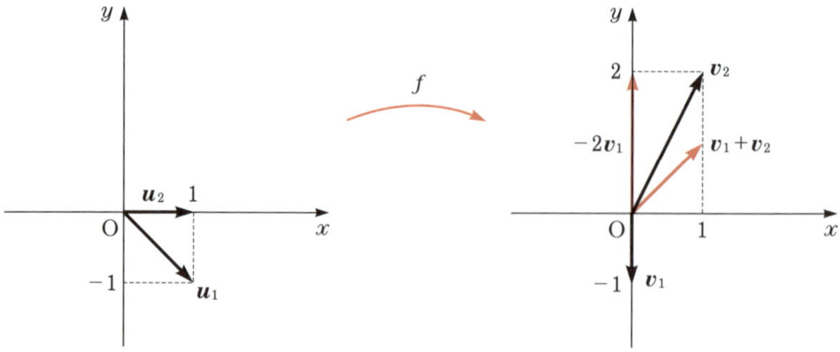

解　(1)　$\boldsymbol{a} = (a_1, a_2)$, $\boldsymbol{b} = (b_1, b_2)$ とすると，

$$f(\boldsymbol{a}+\boldsymbol{b}) = \begin{pmatrix} (a_1+b_1)+(a_2+b_2) \\ (a_1+b_1)-(a_2+b_2) \end{pmatrix}$$
$$= \begin{pmatrix} (a_1+a_2)+(b_1+b_2) \\ (a_1-a_2)+(b_1-b_2) \end{pmatrix} = f(\boldsymbol{a}) + f(\boldsymbol{b})$$

および

$$f(c\boldsymbol{a}) = \begin{pmatrix} ca_1 + ca_2 \\ ca_1 - ca_2 \end{pmatrix} = \begin{pmatrix} c(a_1+a_2) \\ c(a_1-a_2) \end{pmatrix} = cf(\boldsymbol{a})$$

が成り立つから，f は線形写像である．

(2)　f の定義より

$$f(\boldsymbol{u}_1) = \begin{pmatrix} 1+(-1) \\ 1-(-1) \end{pmatrix} = \begin{pmatrix} 0 \\ 2 \end{pmatrix} = -2\begin{pmatrix} 0 \\ -1 \end{pmatrix} = -2\boldsymbol{v}_1,$$
$$f(\boldsymbol{u}_2) = \begin{pmatrix} 1+0 \\ 1-0 \end{pmatrix} = \begin{pmatrix} 1 \\ 1 \end{pmatrix} = \begin{pmatrix} 0 \\ -1 \end{pmatrix} + \begin{pmatrix} 1 \\ 2 \end{pmatrix} = \boldsymbol{v}_1 + \boldsymbol{v}_2$$

(3)　上の (2) より

$$(f(\boldsymbol{u}_1)\ f(\boldsymbol{u}_2)) = (\boldsymbol{v}_1\ \boldsymbol{v}_2)\begin{pmatrix} -2 & 1 \\ 0 & 1 \end{pmatrix}$$

である．よって，f の表現行列は，

$$A = \begin{pmatrix} -2 & 1 \\ 0 & 1 \end{pmatrix}$$

であって，線形写像 f は基底 $\{\boldsymbol{u}_1, \boldsymbol{u}_2\}$ と $\{\boldsymbol{v}_1, \boldsymbol{v}_2\}$ に関する座標 (x_1, x_2) と (y_1, y_2) を用いたとき

$$\begin{pmatrix} y_1 \\ y_2 \end{pmatrix} = \begin{pmatrix} -2 & 1 \\ 0 & 1 \end{pmatrix} \begin{pmatrix} x_1 \\ x_2 \end{pmatrix}$$

のように表される． ◆

問 5.18 例題 5.7 について，以下の各問に答えよ．

(1) $\{\boldsymbol{u}_1, \boldsymbol{u}_2\}$ と $\{\boldsymbol{v}_1, \boldsymbol{v}_2\}$ をともに標準基底 $\{\boldsymbol{e}_1, \boldsymbol{e}_2\}$ にした場合について，f の表現行列を求めよ．

(2) f を

$$f(\begin{pmatrix} x \\ y \end{pmatrix}) = \begin{pmatrix} y \\ x \end{pmatrix}$$

とした場合について，f の表現行列を求めよ．

次に，ベクトル空間 U と V の次元が一般の場合を考えよう．$\dim U = n$, $\dim V = m$ とし，$\{\boldsymbol{u}_1, \boldsymbol{u}_2, \cdots, \boldsymbol{u}_n\}$, $\{\boldsymbol{v}_1, \boldsymbol{v}_2, \cdots, \boldsymbol{v}_m\}$ をそれぞれ U と V の基底とするとき，

$$(*) \quad \begin{cases} f(\boldsymbol{u}_1) = a_{11}\boldsymbol{v}_1 + a_{21}\boldsymbol{v}_2 + \cdots + a_{m1}\boldsymbol{v}_m \\ f(\boldsymbol{u}_2) = a_{12}\boldsymbol{v}_1 + a_{22}\boldsymbol{v}_2 + \cdots + a_{m2}\boldsymbol{v}_m \\ \qquad \vdots \\ f(\boldsymbol{u}_n) = a_{1n}\boldsymbol{v}_1 + a_{2n}\boldsymbol{v}_2 + \cdots + a_{mn}\boldsymbol{v}_m \end{cases}$$

と書ける．これは，行列を用いて

$$(f(\boldsymbol{u}_1)\ f(\boldsymbol{u}_2)\ \cdots\ f(\boldsymbol{u}_n)) = (\boldsymbol{v}_1\ \boldsymbol{v}_2\ \cdots\ \boldsymbol{v}_m) \begin{pmatrix} a_{11} & a_{12} & \cdots & a_{1n} \\ a_{21} & a_{22} & \cdots & a_{2n} \\ \vdots & \vdots & \ddots & \vdots \\ a_{m1} & a_{m2} & \cdots & a_{mn} \end{pmatrix}$$

と表される．これより，基底 $\{\boldsymbol{u}_1, \boldsymbol{u}_2, \cdots, \boldsymbol{u}_n\}$, $\{\boldsymbol{v}_1, \boldsymbol{v}_2, \cdots, \boldsymbol{v}_m\}$ に関する f の表現行列 A は

$$A = \begin{pmatrix} a_{11} & a_{12} & \cdots & a_{1n} \\ a_{21} & a_{22} & \cdots & a_{2n} \\ \vdots & \vdots & \ddots & \vdots \\ a_{m1} & a_{m2} & \cdots & a_{mn} \end{pmatrix}$$

であり，式 $(*)$ は

$$(f(\boldsymbol{u}_1)\ f(\boldsymbol{u}_2)\ \cdots\ f(\boldsymbol{u}_n)) = (\boldsymbol{v}_1\ \boldsymbol{v}_2\ \cdots\ \boldsymbol{v}_m)A$$

のように書ける．この式は，基底 $\{\boldsymbol{u}_1, \boldsymbol{u}_2, \cdots, \boldsymbol{u}_n\}$ が f によってどのように移されるのかを示している．また，$\boldsymbol{u}$ と $\boldsymbol{v}$ はそれぞれ U と V 上のベクトルであるから，基底を用いて

$$\boldsymbol{u} = x_1\boldsymbol{u}_1 + x_2\boldsymbol{u}_2 + \cdots + x_n\boldsymbol{u}_n, \qquad \boldsymbol{v} = y_1\boldsymbol{v}_1 + y_2\boldsymbol{v}_2 + \cdots + y_m\boldsymbol{v}_m$$

と表される．$(x_1, x_2, \cdots, x_n)$ と $(y_1, y_2, \cdots, y_m)$ は，それぞれ $\boldsymbol{u}$ と $\boldsymbol{v}$ の基底 $\{\boldsymbol{u}_1, \boldsymbol{u}_2, \cdots, \boldsymbol{u}_n\}$ および $\{\boldsymbol{v}_1, \boldsymbol{v}_2, \cdots, \boldsymbol{v}_m\}$ に関する座標である．f の線形性により

$$\begin{aligned} f(\boldsymbol{u}) &= f(x_1\boldsymbol{u}_1 + x_2\boldsymbol{u}_2 + \cdots + x_n\boldsymbol{u}_n) \\ &= x_1 f(\boldsymbol{u}_1) + x_2 f(\boldsymbol{u}_2) + \cdots + x_n f(\boldsymbol{u}_n) \\ &= (f(\boldsymbol{u}_1)\ f(\boldsymbol{u}_2)\ \cdots\ f(\boldsymbol{u}_n)) \begin{pmatrix} x_1 \\ x_2 \\ \vdots \\ x_n \end{pmatrix} \\ &= (\boldsymbol{v}_1\ \boldsymbol{v}_2\ \cdots\ \boldsymbol{v}_m)A \begin{pmatrix} x_1 \\ x_2 \\ \vdots \\ x_n \end{pmatrix} \end{aligned}$$

となる．一方，

$$\boldsymbol{v} = y_1\boldsymbol{v}_1 + y_2\boldsymbol{v}_2 + \cdots + y_m\boldsymbol{v}_m = (\boldsymbol{v}_1\ \boldsymbol{v}_2\ \cdots\ \boldsymbol{v}_m)\begin{pmatrix} y_1 \\ y_2 \\ \vdots \\ y_m \end{pmatrix}$$

であるから，$\boldsymbol{v} = f(\boldsymbol{u})$ より次式を得る．

$$\begin{pmatrix} y_1 \\ y_2 \\ \vdots \\ y_m \end{pmatrix} = \begin{pmatrix} a_{11} & a_{12} & \cdots & a_{1n} \\ a_{21} & a_{22} & \cdots & a_{2n} \\ \vdots & \vdots & \ddots & \vdots \\ a_{m1} & a_{m2} & \cdots & a_{mn} \end{pmatrix}\begin{pmatrix} x_1 \\ x_2 \\ \vdots \\ x_n \end{pmatrix}.$$

これが，一般的な線形写像 f の行列による表現（1 次写像）である．

✔ **注意 5.8** 線形写像の行列による表現は基底の選び方によって異なる．

問 5.19 $\boldsymbol{R}^2$ 上の点を $\boldsymbol{R}^3$ 内の平面 $x + y + z = 0$ 上の点に移す写像

$$f\left(\begin{pmatrix} x \\ y \end{pmatrix}\right) = \begin{pmatrix} x + y \\ x - y \\ -2x \end{pmatrix}$$

を考える．このとき，以下の各問に答えよ．

(1) f が線形写像であることを確かめよ．

(2) $\boldsymbol{u}_1 = (1, -1)$, $\boldsymbol{u}_2 = (1, 0)$, $\boldsymbol{v}_1 = (1, 0, -1)$, $\boldsymbol{v}_2 = (0, 1, -1)$, $\boldsymbol{v}_3 = (1, 1, 1)$ とする．$\{\boldsymbol{u}_1, \boldsymbol{u}_2\}$ と $\{\boldsymbol{v}_1, \boldsymbol{v}_2, \boldsymbol{v}_3\}$ は，それぞれ $\boldsymbol{R}^2$ および $\boldsymbol{R}^3$ の基底であることを確かめよ．

(3) $f(\boldsymbol{u}_1)$, $f(\boldsymbol{u}_2)$ をそれぞれ $\boldsymbol{v}_1$, $\boldsymbol{v}_2$, $\boldsymbol{v}_3$ の線形結合の形で表せ．

(4) 基底 $\{\boldsymbol{u}_1, \boldsymbol{u}_2\}$ と $\{\boldsymbol{v}_1, \boldsymbol{v}_2, \boldsymbol{v}_3\}$ に関する線形写像 f の表現行列を求めよ．

5.8 基底変換

前節で述べたように，線形写像は基底を用いることによって行列で表すことができる．ここでは，線形写像の表現行列が，基底を取り替えたときどのように変わるのかを調べてみよう．

前節と同様に，簡単のため，ベクトル空間 U と V の次元はともに 2 であるとし，線形写像 $f: U \longrightarrow V$ を考える．

U, V の基底 $\{\boldsymbol{u}_1, \boldsymbol{u}_2\}$, $\{\boldsymbol{v}_1, \boldsymbol{v}_2\}$ に関する f の表現行列は

$$(1) \qquad (f(\boldsymbol{u}_1)\ f(\boldsymbol{u}_2)) = (\boldsymbol{v}_1\ \boldsymbol{v}_2)A, \qquad A = \begin{pmatrix} a_{11} & a_{12} \\ a_{21} & a_{22} \end{pmatrix}$$

をみたす行列 A で与えられる．いま，U, V の新しい基底 $\{\boldsymbol{u}_1', \boldsymbol{u}_2'\}$, $\{\boldsymbol{v}_1', \boldsymbol{v}_2'\}$ をそれぞれとる．この新しい 2 つの基底に関する f の表現行列は

$$(2) \qquad (f(\boldsymbol{u}_1')\ f(\boldsymbol{u}_2')) = (\boldsymbol{v}_1'\ \boldsymbol{v}_2')B, \qquad B = \begin{pmatrix} b_{11} & b_{12} \\ b_{21} & b_{22} \end{pmatrix}$$

をみたす行列 B で与えられる．A と B の間に成り立つ関係を調べよう．

まず，$\{\boldsymbol{u}_1, \boldsymbol{u}_2\}$ と $\{\boldsymbol{u}_1', \boldsymbol{u}_2'\}$ の間の関係を調べることから始めよう．$\{\boldsymbol{u}_1, \boldsymbol{u}_2\}$ は U の基底なので，U 上のどんなベクトルも $\boldsymbol{u}_1$ と $\boldsymbol{u}_2$ の線形結合の形で表すことができる．したがって，$\boldsymbol{u}_1'$ と $\boldsymbol{u}_2'$ は

$$\boldsymbol{u}_1' = p_{11}\boldsymbol{u}_1 + p_{21}\boldsymbol{u}_2, \qquad \boldsymbol{u}_2' = p_{12}\boldsymbol{u}_1 + p_{22}\boldsymbol{u}_2$$

と書ける．上の 2 つの式を行列を用いてまとめて表すと

$$(\boldsymbol{u}_1'\ \boldsymbol{u}_2') = (p_{11}\boldsymbol{u}_1 + p_{21}\boldsymbol{u}_2\ \ p_{12}\boldsymbol{u}_1 + p_{22}\boldsymbol{u}_2) = (\boldsymbol{u}_1\ \boldsymbol{u}_2)\begin{pmatrix} p_{11} & p_{12} \\ p_{21} & p_{22} \end{pmatrix}$$

であるから，

$$(\boldsymbol{u}_1'\ \boldsymbol{u}_2') = (\boldsymbol{u}_1\ \boldsymbol{u}_2)P, \qquad P = \begin{pmatrix} p_{11} & p_{12} \\ p_{21} & p_{22} \end{pmatrix}$$

を得る．行列 P を**基底変換** $\{\boldsymbol{u}_1, \boldsymbol{u}_2\} \longrightarrow \{\boldsymbol{u}_1', \boldsymbol{u}_2'\}$ の行列という．

同様に，基底変換 $\{\boldsymbol{v}_1, \boldsymbol{v}_2\} \longrightarrow \{\boldsymbol{v}_1', \boldsymbol{v}_2'\}$ の行列 Q は次のように与えられる．

$$(3) \qquad (\boldsymbol{v}_1'\ \boldsymbol{v}_2') = (\boldsymbol{v}_1\ \boldsymbol{v}_2)Q, \qquad Q = \begin{pmatrix} q_{11} & q_{12} \\ q_{21} & q_{22} \end{pmatrix}$$

さて，$f: U \longrightarrow V$ は線形写像であるから，

$$f(\boldsymbol{u}_1{}') = f(p_{11}\boldsymbol{u}_1 + p_{21}\boldsymbol{u}_2) = p_{11}f(\boldsymbol{u}_1) + p_{21}f(\boldsymbol{u}_2),$$
$$f(\boldsymbol{u}_2{}') = f(p_{12}\boldsymbol{u}_1 + p_{22}\boldsymbol{u}_2) = p_{12}f(\boldsymbol{u}_1) + p_{22}f(\boldsymbol{u}_2)$$

が成り立つ．よって，先ほどと同様に考えると，

$$(4) \qquad (f(\boldsymbol{u}_1{}')\ f(\boldsymbol{u}_2{}')) = (f(\boldsymbol{u}_1)\ f(\boldsymbol{u}_2))P, \qquad P = \begin{pmatrix} p_{11} & p_{12} \\ p_{21} & p_{22} \end{pmatrix}$$

が成り立つことがわかる．式 (1) を (4) に代入すると，

$$(f(\boldsymbol{u}_1{}')\ f(\boldsymbol{u}_2{}')) = (f(\boldsymbol{u}_1)\ f(\boldsymbol{u}_2))P = (\boldsymbol{v}_1\ \boldsymbol{v}_2)AP$$

を得る．一方，式 (3) を (2) に代入すると

$$(f(\boldsymbol{u}_1{}')\ f(\boldsymbol{u}_2{}')) = (\boldsymbol{v}_1{}'\ \boldsymbol{v}_2{}')B = (\boldsymbol{v}_1\ \boldsymbol{v}_2)QB$$

を得る．上の 2 式を比べると $AP = QB$ を得る．この式の両辺に Q^{-1} を左側から掛けると（下の注意 5.9 を参照），次の関係式を得る．

$$B = Q^{-1}AP.$$

これは，ベクトル空間 U と V の次元が一般の場合にも成立する規則である．

✔ **注意 5.9** 基底変換の行列は必ず逆行列をもつ．例えば，上の Q について考えてみよう．$\{\boldsymbol{v}_1{}', \boldsymbol{v}_2{}'\}$ は V の基底であるから，$(\boldsymbol{v}_1\ \boldsymbol{v}_2) = (\boldsymbol{v}_1{}'\ \boldsymbol{v}_2{}')Q'$ をみたす行列 Q' がある．この右辺に式 (3) を代入すると $(\boldsymbol{v}_1\ \boldsymbol{v}_2) = (\boldsymbol{v}_1\ \boldsymbol{v}_2)QQ'$ となり $QQ' = E$ を得る．よって，Q は逆行列をもち，それは Q' である．

例題 5.8 前節の例題 5.7 を再び考える．平面上に新しい基底 $\{\boldsymbol{u}_1{}', \boldsymbol{u}_2{}'\}$ と $\{\boldsymbol{v}_1{}', \boldsymbol{v}_2{}'\}$ をとる．ただし，$\boldsymbol{u}_1{}' = (0,1)$, $\boldsymbol{u}_2{}' = (1,1)$, $\boldsymbol{v}_1{}' = (-1,1)$, $\boldsymbol{v}_2{}' = (1,0)$ とする．

(1) 基底変換 $\{\boldsymbol{u}_1, \boldsymbol{u}_2\} \longrightarrow \{\boldsymbol{u}_1{}', \boldsymbol{u}_2{}'\}$ の行列 P および $\{\boldsymbol{v}_1, \boldsymbol{v}_2\} \longrightarrow \{\boldsymbol{v}_1{}', \boldsymbol{v}_2{}'\}$ の行列 Q を求めよ．

(2) 基底 $\{\boldsymbol{u}_1{}', \boldsymbol{u}_2{}'\}$ と $\{\boldsymbol{v}_1{}', \boldsymbol{v}_2{}'\}$ に関する線形写像 f の表現行列 B を求め，$B = Q^{-1}AP$ が成り立つことを確かめよ．

解 (1) $(\boldsymbol{u}_1{}' \ \boldsymbol{u}_2{}') = (\boldsymbol{u}_1 \ \boldsymbol{u}_2)P$ より

$$P = (\boldsymbol{u}_1 \ \boldsymbol{u}_2)^{-1}(\boldsymbol{u}_1{}' \ \boldsymbol{u}_2{}') = \begin{pmatrix} 1 & 1 \\ -1 & 0 \end{pmatrix}^{-1} \begin{pmatrix} 0 & 1 \\ 1 & 1 \end{pmatrix}$$
$$= \begin{pmatrix} 0 & -1 \\ 1 & 1 \end{pmatrix} \begin{pmatrix} 0 & 1 \\ 1 & 1 \end{pmatrix} = \begin{pmatrix} -1 & -1 \\ 1 & 2 \end{pmatrix}.$$

同様に，$(\boldsymbol{v}_1{}' \ \boldsymbol{v}_2{}') = (\boldsymbol{v}_1 \ \boldsymbol{v}_2)Q$ より

$$Q = (\boldsymbol{v}_1 \ \boldsymbol{v}_2)^{-1}(\boldsymbol{v}_1{}' \ \boldsymbol{v}_2{}') = \begin{pmatrix} 0 & 1 \\ -1 & 2 \end{pmatrix}^{-1} \begin{pmatrix} -1 & 1 \\ 1 & 0 \end{pmatrix}$$
$$= \begin{pmatrix} 2 & -1 \\ 1 & 0 \end{pmatrix} \begin{pmatrix} -1 & 1 \\ 1 & 0 \end{pmatrix} = \begin{pmatrix} -3 & 2 \\ -1 & 1 \end{pmatrix}.$$

(2) $(f(\boldsymbol{u}_1{}') \ f(\boldsymbol{u}_2{}')) = (\boldsymbol{v}_1{}' \ \boldsymbol{v}_2{}')B$ より $B = (\boldsymbol{v}_1{}' \ \boldsymbol{v}_2{}')^{-1}(f(\boldsymbol{u}_1{}') \ f(\boldsymbol{u}_2{}'))$ である．

$$f(\boldsymbol{u}_1{}') = \begin{pmatrix} 0+1 \\ 0-1 \end{pmatrix} = \begin{pmatrix} 1 \\ -1 \end{pmatrix}, \qquad f(\boldsymbol{u}_2{}') = \begin{pmatrix} 1+1 \\ 1-1 \end{pmatrix} = \begin{pmatrix} 2 \\ 0 \end{pmatrix}$$

であるから，

$$B = \begin{pmatrix} -1 & 1 \\ 1 & 0 \end{pmatrix}^{-1} \begin{pmatrix} 1 & 2 \\ -1 & 0 \end{pmatrix}$$
$$= \begin{pmatrix} 0 & 1 \\ 1 & 1 \end{pmatrix} \begin{pmatrix} 1 & 2 \\ -1 & 0 \end{pmatrix} = \begin{pmatrix} -1 & 0 \\ 0 & 2 \end{pmatrix}$$

を得る．ところで，

$$QB = \begin{pmatrix} -3 & 2 \\ -1 & 1 \end{pmatrix} \begin{pmatrix} -1 & 0 \\ 0 & 2 \end{pmatrix} = \begin{pmatrix} 3 & 4 \\ 1 & 2 \end{pmatrix},$$
$$AP = \begin{pmatrix} -2 & 1 \\ 0 & 1 \end{pmatrix} \begin{pmatrix} -1 & -1 \\ 1 & 2 \end{pmatrix} = \begin{pmatrix} 3 & 4 \\ 1 & 2 \end{pmatrix}$$

であるから，$QB = AP$ すなわち $B = Q^{-1}AP$ が成り立つ． ◆

問 5.20 前節の問 5.18(2) を再び取り上げ，例題 5.8 と同様の問題を考えよ．

▶ **参考 5.1** ここで，1.9 節で説明した 2 次正方行列 A の対角化の意味を基底変換の立場から見直してみよう．$U = V = \boldsymbol{R}^2$ とし，$f : U \longrightarrow V$ は $\boldsymbol{R}^2$ 上の線形写像（1 次写像）であるとする．$\{\boldsymbol{u}_1, \boldsymbol{u}_2\}$, $\{\boldsymbol{v}_1, \boldsymbol{v}_2\}$ をともに $\boldsymbol{R}^2$ の標準基底 $\{\boldsymbol{e}_1, \boldsymbol{e}_2\}$ とし，標準基底 $\{\boldsymbol{e}_1, \boldsymbol{e}_2\}$ に関する f の表現行列を A とする．また，A の固有ベクトルを（記号を書き改めて）$\boldsymbol{v}_1$, $\boldsymbol{v}_2$ で表し，新しい基底 $\{\boldsymbol{u}_1{}', \boldsymbol{u}_2{}'\}$, $\{\boldsymbol{v}_1{}', \boldsymbol{v}_2{}'\}$ をともに A の固有ベクトルからなる基底 $\{\boldsymbol{v}_1, \boldsymbol{v}_2\}$ とする．このとき，基底変換 $\{\boldsymbol{e}_1, \boldsymbol{e}_2\} \longrightarrow \{\boldsymbol{v}_1, \boldsymbol{v}_2\}$ の行列は $(\boldsymbol{v}_1, \boldsymbol{v}_2) = (\boldsymbol{e}_1, \boldsymbol{e}_2)P$ より $P = (\boldsymbol{v}_1, \boldsymbol{v}_2)$ である．したがって，基底 $\{\boldsymbol{v}_1, \boldsymbol{v}_2\}$ に関する f の表現行列 D は P を用いると，

$$D = P^{-1}AP$$

で与えられる．次章で学ぶ一般の n 次正方行列の対角化についても同様のことがいえる．

問 5.21 $\boldsymbol{R}^3$ 上の点を $\boldsymbol{R}^2$ 上の点に移す線形写像 $f : \boldsymbol{R}^3 \longrightarrow \boldsymbol{R}^2$ は，

$$\begin{pmatrix} y_1 \\ y_2 \end{pmatrix} = f\left(\begin{pmatrix} x_1 \\ x_2 \\ x_3 \end{pmatrix}\right) = \begin{pmatrix} 6x_1 - x_2 - 2x_3 \\ 4x_1 - 3x_2 \end{pmatrix}$$

すなわち，

$$\begin{pmatrix} y_1 \\ y_2 \end{pmatrix} = A\begin{pmatrix} x_1 \\ x_2 \\ x_3 \end{pmatrix}, \quad A = \begin{pmatrix} 6 & -1 & -2 \\ 4 & -3 & 0 \end{pmatrix}$$

で与えられているとする．このとき，以下の各問に答えよ．

(1) $\boldsymbol{R}^3$ の標準基底 $\{\boldsymbol{e}_1, \boldsymbol{e}_2, \boldsymbol{e}_3\}$, $\boldsymbol{R}^2$ の標準基底 $\{\tilde{\boldsymbol{e}}_1, \tilde{\boldsymbol{e}}_2\}$[*4] に関する f の表現行列が A であることを確かめよ．

(2) $\boldsymbol{u}_1{}' = (1, 1, 2)$, $\boldsymbol{u}_2{}' = (2, 3, 4)$, $\boldsymbol{u}_3{}' = (3, 4, 7)$ とするとき，$\{\boldsymbol{u}_1{}', \boldsymbol{u}_2{}', \boldsymbol{u}_3{}'\}$ は $\boldsymbol{R}^3$ の基底であることを確かめよ．また，基底変換 $\{\boldsymbol{e}_1, \boldsymbol{e}_2, \boldsymbol{e}_3\} \longrightarrow \{\boldsymbol{u}_1{}', \boldsymbol{u}_2{}', \boldsymbol{u}_3{}'\}$ の行列 P を求めよ．

(3) $\boldsymbol{v}_1{}' = (1, 1)$, $\boldsymbol{v}_2{}' = (-1, 1)$ とするとき，$\{\boldsymbol{v}_1{}', \boldsymbol{v}_2{}'\}$ は $\boldsymbol{R}^2$ の基底であることを確かめよ．また，基底変換 $\{\tilde{\boldsymbol{e}}_1, \tilde{\boldsymbol{e}}_2\} \longrightarrow \{\boldsymbol{v}_1{}', \boldsymbol{v}_2{}'\}$ の行列 Q を求めよ．

(4) $\boldsymbol{R}^3$ の基底 $\{\boldsymbol{u}_1{}', \boldsymbol{u}_2{}', \boldsymbol{u}_3{}'\}$, $\boldsymbol{R}^2$ の基底 $\{\boldsymbol{v}_1{}', \boldsymbol{v}_2{}'\}$ に関する f の表現行列 B を求め，$B = Q^{-1}AP$ が成り立つことを示せ．

[*4] $\boldsymbol{R}^2$ の標準基底は $\{\boldsymbol{e}_1, \boldsymbol{e}_2\}$ のように書くのが慣例だが，この場合は $\boldsymbol{R}^3$ の標準基底と混同するのを避けるため，$\{\tilde{\boldsymbol{e}}_1, \tilde{\boldsymbol{e}}_2\}$ のように書き表した．

5.9　内積と計量ベクトル空間

5.3 節で述べたように，n 次元ベクトル空間 V においては，n 個の線形独立なベクトルからなる基底を自由に選ぶことができる．$\{\boldsymbol{v}_1, \boldsymbol{v}_2, \cdots, \boldsymbol{v}_n\}$ を基底とするとき，V 上のベクトル $\boldsymbol{v}$ は

$$\boldsymbol{v} = s_1\boldsymbol{v}_1 + s_2\boldsymbol{v}_2 + \cdots + s_n\boldsymbol{v}_n \qquad (s_1, s_2, \cdots, s_n \text{ はスカラー})$$

と表すことができて，V 上のベクトル $\boldsymbol{v}$ と n 個の数の組 $(s_1, s_2, \cdots, s_n)$ を同一視できるようになる．このため，$(s_1, s_2, \cdots, s_n)$ は座標とよばれていた．

次に，どのような基底を選ぶと都合がよいのかという問題を考える．例えば，平面の場合だと，標準基底 $\{\boldsymbol{e}_1, \boldsymbol{e}_2\}$ を利用するのが，さしあたっては便利である．実際，平面ベクトル $\boldsymbol{v} = (x, y)$ は，

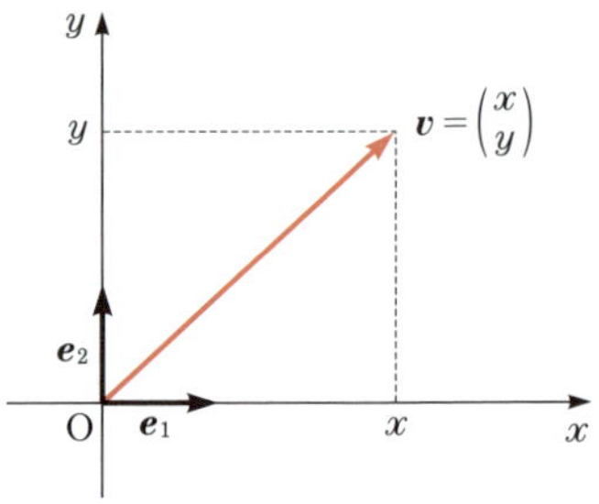

$$\boldsymbol{v} = x\boldsymbol{e}_1 + y\boldsymbol{e}_2$$

と表すことができ，座標 (x, y) と $\boldsymbol{v}$ を同一視してもよいことがわかる．さらに，この標準基底 $\{\boldsymbol{e}_1, \boldsymbol{e}_2\}$ は次の性質をもっている．

- 大きさが 1 である．
- 互いに直交している．

標準基底に限らず，この 2 つの性質をもつ基底を**正規直交基底**という．

しかし，よく考えてみれば，「大きさ」とか「直交する」ということは，大きさや角度を測るための手段がなければ，定義できないことに気がつく．平面ベクトルの場合には，ベクトルの内積を用いて大きさや角度を測っている．実際，平面上の 2 つのベクトル $\boldsymbol{a} = (a_1, a_2)$ と $\boldsymbol{b} = (b_1, b_2)$ の内積は，

$$(\boldsymbol{a}, \boldsymbol{b}) = a_1 b_1 + a_2 b_2$$

と定義されており，ベクトル $\boldsymbol{a} = (a_1, a_2)$ の大きさは，

$$|\boldsymbol{a}| = \sqrt{(\boldsymbol{a}, \boldsymbol{a})} = \sqrt{{a_1}^2 + {a_2}^2}$$

で与えられる．また，2 つのベクトル $\boldsymbol{a} = (a_1, a_2)$ と $\boldsymbol{b} = (b_1, b_2)$ の間のなす角度 θ は，

$$\cos\theta = \frac{(\boldsymbol{a}, \boldsymbol{b})}{|\boldsymbol{a}||\boldsymbol{b}|} = \frac{a_1 b_1 + a_2 b_2}{\sqrt{{a_1}^2 + {a_2}^2}\sqrt{{b_1}^2 + {b_2}^2}}$$

で与えられる．とくに，2 つのベクトル $\boldsymbol{a}$ と $\boldsymbol{b}$ が直交する条件は，

$$(\boldsymbol{a}, \boldsymbol{b}) = a_1 b_1 + a_2 b_2 = 0$$

となる．このように，平面ベクトルの場合は，内積を用いてベクトルの大きさや角度を測っている．

問 5.22 平面上の標準基底 $\{\boldsymbol{e}_1, \boldsymbol{e}_2\}$ が正規直交基底になっていることを，ベクトルの内積を計算することによって確かめよ．また，平面上の正規直交基底の例を他に 1 つあげよ．

平面の場合に限らず，一般的なベクトル空間においても，何らかの方法でベクトルの内積が定義されていれば，ベクトルの大きさや角度を測ることは可能になる．

定義 5.10 ベクトル空間 V 上の 2 つのベクトル $\boldsymbol{x}, \boldsymbol{y}$ に対して，実数（スカラー）$(\boldsymbol{x}, \boldsymbol{y})$ が対応し（$(\boldsymbol{x}, \boldsymbol{y})$ を $\boldsymbol{x}$ と $\boldsymbol{y}$ の**内積**という），この対応に関して次の 4 つの条件が成り立つとき，V を**計量ベクトル空間**という．

$$(\boldsymbol{x} + \boldsymbol{x}', \boldsymbol{y}) = (\boldsymbol{x}, \boldsymbol{y}) + (\boldsymbol{x}', \boldsymbol{y}),$$
$$(k\boldsymbol{x}, \boldsymbol{y}) = k(\boldsymbol{x}, \boldsymbol{y}) \qquad (k \text{ は実数}),$$
$$(\boldsymbol{x}, \boldsymbol{y}) = (\boldsymbol{y}, \boldsymbol{x}),$$
$$(\boldsymbol{x}, \boldsymbol{x}) \geqq 0, \quad \text{ただし，等号成立は } \boldsymbol{x} = \boldsymbol{0} \text{ のときに限る．}$$

計量ベクトル空間 V 上のベクトル $\boldsymbol{x}$ の大きさ（***ノルム***という）は

$$\|\boldsymbol{x}\| = \sqrt{(\boldsymbol{x}, \boldsymbol{x})}$$

で定義される．また，V 上の 2 つのベクトル $\boldsymbol{x}$ と $\boldsymbol{y}$ のなす角 θ は

$$\cos\theta = \frac{(\boldsymbol{x}, \boldsymbol{y})}{\|\boldsymbol{x}\|\|\boldsymbol{y}\|}$$

で定義される．とくに，$\boldsymbol{x}$ と $\boldsymbol{y}$ が直交する条件は

$$(\boldsymbol{x}, \boldsymbol{y}) = 0$$

で与えられる．

以後，本書では，実数（スカラー）の大きさは絶対値記号 $|\ \ |$ で，ベクトルの大きさ（ノルム）は $\|\ \ \|$ で表すことにする．

✔ **注意 5.10**　上で述べたベクトルの内積の定義は，加法とスカラー倍という演算ができるものをベクトルとして定義したのと同じ考え方にもとづく．すなわち，上の 4 つの規則をみたす対応 (,) であれば，どんなものであっても内積と考えてよい．

問 5.23　平面ベクトルの内積に関して，定義 5.10 の 4 つの条件が成立していることを確かめよ．

問 5.24　平面ベクトルの例を参考にして，$\boldsymbol{R}^n$ 上のベクトルの内積を定義せよ．また，$\boldsymbol{R}^n$ 上のベクトルの大きさを定義せよ．

◆ **発展 5.3**　複素数をスカラーとするベクトル空間（複素ベクトル空間）においても，内積は定義される（付録 C を参照）．

◆ **発展 5.4**　発展 5.2 で述べたように，閉区間 $[a, b]$ 上で定義された実数値連続関数の全体 $C[a, b]$ は（無限次元）ベクトル空間である．2 つの関数 f と g の内積を

$$(f, g) = \int_a^b f(x)g(x)dx$$

で定義すれば，$C[a, b]$ は計量ベクトル空間になる．

内積が定義されている空間では，正規直交基底が利用できる．そのメリットは，内積の計算を用いて座標が簡単に求められるということを示した次の定理にある．

定理 5.10　$\{\boldsymbol{u}_1, \boldsymbol{u}_2, \cdots, \boldsymbol{u}_n\}$ を計量ベクトル空間 V の正規直交基底とする．V 上のベクトル $\boldsymbol{v}$ は

$$\boldsymbol{v} = s_1\boldsymbol{u}_1 + s_2\boldsymbol{u}_2 + \cdots + s_n\boldsymbol{u}_n$$

のような線形結合の形で表されるとする．このとき，基底 $\{\boldsymbol{u}_1, \boldsymbol{u}_2, \cdots, \boldsymbol{u}_n\}$ に関する $\boldsymbol{v}$ の座標 $(s_1, s_2, \cdots, s_n)$ は

$$s_j = (\boldsymbol{v}, \boldsymbol{u}_j) \qquad (j = 1, 2, \cdots, n)$$

で与えられる．

証明 $\{\boldsymbol{u}_1, \boldsymbol{u}_2, \cdots, \boldsymbol{u}_n\}$ は正規直交基底であるから，

$$(\boldsymbol{u}_j, \boldsymbol{u}_j) = 1, \quad (\boldsymbol{u}_k, \boldsymbol{u}_j) = 0 \qquad (k \neq j)$$

が成り立つ．よって，

$$\begin{aligned}(\boldsymbol{v}, \boldsymbol{u}_j) &= (s_1\boldsymbol{u}_1 + s_2\boldsymbol{u}_2 + \cdots + s_n\boldsymbol{u}_n, \boldsymbol{u}_j) \\ &= s_1(\boldsymbol{u}_1, \boldsymbol{u}_j) + \cdots + s_j(\boldsymbol{u}_j, \boldsymbol{u}_j) + \cdots + s_n(\boldsymbol{u}_n, \boldsymbol{u}_j) = s_j\end{aligned}$$

となる． ■

問 5.25 次のベクトル

$$\boldsymbol{a} = \left(\frac{1}{\sqrt{3}}, \frac{1}{\sqrt{3}}, \frac{1}{\sqrt{3}}\right), \quad \boldsymbol{b} = \left(\frac{1}{\sqrt{6}}, -\frac{2}{\sqrt{6}}, \frac{1}{\sqrt{6}}\right), \quad \boldsymbol{c} = \left(-\frac{1}{\sqrt{2}}, 0, \frac{1}{\sqrt{2}}\right)$$

が $\boldsymbol{R}^3$ の正規直交基底をなすことを確かめよ．また，$\boldsymbol{v} = (1, -1, 1)$ を $\boldsymbol{a}, \boldsymbol{b}, \boldsymbol{c}$ の線形結合の形で表せ．

5.9.1 正規直交化（シュミットの直交化法）

n 個の線形独立なベクトルの組 $\boldsymbol{v}_1, \boldsymbol{v}_2, \cdots, \boldsymbol{v}_n$ から，大きさが 1 で互いに直交するベクトルの組 $\boldsymbol{u}_1, \boldsymbol{u}_2, \cdots, \boldsymbol{u}_n$ を作り出す方法（正規直交化）を考えよう．とくに，$\{\boldsymbol{v}_1, \boldsymbol{v}_2, \cdots, \boldsymbol{v}_n\}$ が基底であれば，$\{\boldsymbol{u}_1, \boldsymbol{u}_2, \cdots, \boldsymbol{u}_n\}$ は正規直交基底となる．まず，最も簡単なケースとして 2 個の線形独立なベクトルの組 $\boldsymbol{v}_1, \boldsymbol{v}_2$ の場合から考えよう．

$$\boldsymbol{u}_1 = \frac{\boldsymbol{v}_1}{\|\boldsymbol{v}_1\|}$$

とおくと $\|\boldsymbol{u}_1\| = 1$ である．いま，簡単のため $\boldsymbol{v}_2$ と $\boldsymbol{u}_1$ のなす角 θ は，$0° < \theta < 90°$ であるとしよう．このとき，

$$\cos\theta = \frac{(\boldsymbol{v}_2, \boldsymbol{u}_1)}{\|\boldsymbol{v}_2\|\|\boldsymbol{u}_1\|} = \frac{(\boldsymbol{v}_2, \boldsymbol{u}_1)}{\|\boldsymbol{v}_2\|}$$

より，$\|\overrightarrow{\mathrm{OH}}\| = \|\boldsymbol{v}_2\|\cos\theta = (\boldsymbol{v}_2, \boldsymbol{u}_1)$ であるから，

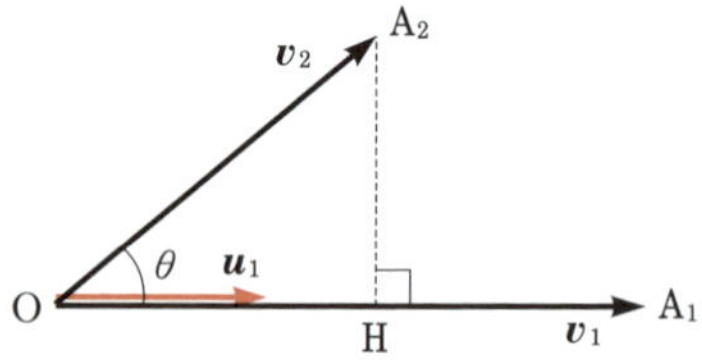

$$\overrightarrow{\mathrm{OH}} = \|\overrightarrow{\mathrm{OH}}\|\boldsymbol{u}_1 = (\boldsymbol{v}_2, \boldsymbol{u}_1)\boldsymbol{u}_1$$

となる．よって，

$$\overrightarrow{\mathrm{HA_2}} = \overrightarrow{\mathrm{OA_2}} - \overrightarrow{\mathrm{OH}} = \boldsymbol{v}_2 - (\boldsymbol{v}_2, \boldsymbol{u}_1)\boldsymbol{u}_1$$

とおくと，$\overrightarrow{\mathrm{HA_2}}$ と $\boldsymbol{u}_1$ は直交する．したがって，

$$\boldsymbol{u}_2 = \frac{\overrightarrow{\mathrm{HA_2}}}{\|\overrightarrow{\mathrm{HA_2}}\|}$$

とおけば，$\|\boldsymbol{u}_2\| = 1$ であって，$\boldsymbol{u}_1$ と $\boldsymbol{u}_2$ は直交する．すなわち，$\boldsymbol{u}_1$，$\boldsymbol{u}_2$ は大きさが1で互いに直交する2つのベクトルである．この考え方を一般化すると，次の定理を得る．

定理 5.11（**シュミットの直交化法**）　計量ベクトル空間上の n 個の線形独立なベクトルの組 $\{\boldsymbol{v}_1, \boldsymbol{v}_2, \cdots, \boldsymbol{v}_n\}$ に対して，

$$\boldsymbol{u}_1 = \frac{\boldsymbol{v}_1}{\|\boldsymbol{v}_1\|},$$

$$\boldsymbol{u}_k = \frac{\boldsymbol{u}_k{}'}{\|\boldsymbol{u}_k{}'\|}, \qquad \boldsymbol{u}_k{}' = \boldsymbol{v}_k - \sum_{j=1}^{k-1}(\boldsymbol{v}_k, \boldsymbol{u}_j)\boldsymbol{u}_j, \qquad (k = 2, 3, \cdots, n)$$

とおくと，$\{\boldsymbol{u}_1, \boldsymbol{u}_2, \cdots, \boldsymbol{u}_n\}$ は大きさが1で互いに直交する n 個のベクトルの組（正規直交系という）になる．

証明

$$\boldsymbol{u}_1 = \frac{\boldsymbol{v}_1}{\|\boldsymbol{v}_1\|}$$

とおく．このとき，$\|\boldsymbol{u}_1\| = 1$ となる．次に，

$$\boldsymbol{u}_2 = \frac{\boldsymbol{u}_2{}'}{\|\boldsymbol{u}_2{}'\|}, \qquad \boldsymbol{u}_2{}' = \boldsymbol{v}_2 - (\boldsymbol{v}_2, \boldsymbol{u}_1)\boldsymbol{u}_1$$

とおけば，$\|\boldsymbol{u}_2\| = 1$ であって，$(\boldsymbol{u}_1, \boldsymbol{u}_1) = 1$ より

$$(\boldsymbol{u}_2, \boldsymbol{u}_1) = \frac{1}{\|\boldsymbol{u}_2{}'\|}(\boldsymbol{u}_2{}', \boldsymbol{u}_1) = \frac{1}{\|\boldsymbol{u}_2{}'\|}\{(\boldsymbol{v}_2, \boldsymbol{u}_1) - (\boldsymbol{v}_2, \boldsymbol{u}_1)(\boldsymbol{u}_1, \boldsymbol{u}_1)\} = 0$$

となる．同様に，

$$\boldsymbol{u}_3 = \frac{\boldsymbol{u}_3{}'}{\|\boldsymbol{u}_3{}'\|}, \qquad \boldsymbol{u}_3{}' = \boldsymbol{v}_3 - (\boldsymbol{v}_3, \boldsymbol{u}_1)\boldsymbol{u}_1 - (\boldsymbol{v}_3, \boldsymbol{u}_2)\boldsymbol{u}_2$$

とおけば，$\|\boldsymbol{u}_3\| = 1$，$(\boldsymbol{u}_3, \boldsymbol{u}_1) = (\boldsymbol{u}_3, \boldsymbol{u}_2) = 0$ となることがわかる．以下，この操作を繰り返す．すなわち，

$$\boldsymbol{u}_k = \frac{\boldsymbol{u}_k{}'}{\|\boldsymbol{u}_k{}'\|}, \qquad \boldsymbol{u}_k{}' = \boldsymbol{v}_k - \sum_{j=1}^{k-1}(\boldsymbol{v}_k, \boldsymbol{u}_j)\boldsymbol{u}_j, \qquad (k = 2, 3, \cdots, n)$$

とおけば，$\{\boldsymbol{u}_1, \boldsymbol{u}_2, \cdots, \boldsymbol{u}_n\}$ は正規直交系になる． ■

例題 5.9 $\boldsymbol{R}^3$ 上のベクトル $\boldsymbol{v}_1 = (1, 1, 0)$, $\boldsymbol{v}_2 = (1, 0, -1)$, $\boldsymbol{v}_3 = (1, 2, 3)$ を正規直交化せよ．

解 $\|\boldsymbol{v}_1\| = \sqrt{1^2 + 1^2 + 0^2} = \sqrt{2}$ より，

$$\boldsymbol{u}_1 = \frac{\boldsymbol{v}_1}{\|\boldsymbol{v}_1\|} = \frac{1}{\sqrt{2}}\begin{pmatrix} 1 \\ 1 \\ 0 \end{pmatrix}$$

である．次に，

$$(\boldsymbol{v}_2, \boldsymbol{u}_1) = \frac{1}{\sqrt{2}}\{1 \cdot 1 + 1 \cdot 0 + 0 \cdot (-1)\} = \frac{1}{\sqrt{2}}$$

より，

$$\boldsymbol{u}_2{}' = \boldsymbol{v}_2 - (\boldsymbol{v}_2, \boldsymbol{u}_1)\boldsymbol{u}_1 = \begin{pmatrix} 1 \\ 0 \\ -1 \end{pmatrix} - \frac{1}{2}\begin{pmatrix} 1 \\ 1 \\ 0 \end{pmatrix} = \frac{1}{2}\begin{pmatrix} 1 \\ -1 \\ -2 \end{pmatrix}$$

であるから，

$$\boldsymbol{u}_2 = \frac{\boldsymbol{u}_2{}'}{\|\boldsymbol{u}_2{}'\|} = \frac{1}{\sqrt{6}}\begin{pmatrix} 1 \\ -1 \\ -2 \end{pmatrix}.$$

同様に，$(\boldsymbol{v}_3, \boldsymbol{u}_1) = \dfrac{3}{\sqrt{2}}$, $(\boldsymbol{v}_3, \boldsymbol{u}_2) = -\dfrac{7}{\sqrt{6}}$ より

$$\boldsymbol{u}_3{}' = \boldsymbol{v}_3 - (\boldsymbol{v}_3, \boldsymbol{u}_1)\boldsymbol{u}_1 - (\boldsymbol{v}_3, \boldsymbol{u}_2)\boldsymbol{u}_2 = \frac{2}{3}\begin{pmatrix} 1 \\ -1 \\ 1 \end{pmatrix}$$

であるから，

$$\boldsymbol{u}_3 = \frac{\boldsymbol{u}_3{}'}{\|\boldsymbol{u}_3{}'\|} = \frac{1}{\sqrt{3}}\begin{pmatrix} 1 \\ -1 \\ 1 \end{pmatrix}.$$

◆

問 5.26　$\boldsymbol{R}^3$ 上のベクトル $\boldsymbol{v}_1 = (1, 1, 0)$, $\boldsymbol{v}_2 = (1, 1, -1)$, $\boldsymbol{v}_3 = (-1, 0, 1)$ を正規直交化せよ．

5.9.2　直交補空間

定義 5.11　計量ベクトル空間 V の部分空間 W に対して，

$$W^{\perp} = \{\boldsymbol{v} \in V \mid (\boldsymbol{v}, \boldsymbol{w}) = 0 \text{ がすべての } \boldsymbol{w} \in W \text{ に対して成り立つ}\}$$

を W の V における**直交補空間**という．

問 5.27　$W^{\perp}$ が V の部分空間であることを示せ．

定理 5.12　計量ベクトル空間 V の部分空間 W に対して，次が成り立つ．

$$V = W \oplus W^{\perp}.$$

証明　簡単のため，W の次元が 2 である場合の証明を与える．W の正規直交基底 $\{\boldsymbol{u}_1, \boldsymbol{u}_2\}$ をとる．V の任意のベクトル $\boldsymbol{v}$ に対して，

$$\boldsymbol{w} = (\boldsymbol{v}, \boldsymbol{u}_1)\boldsymbol{u}_1 + (\boldsymbol{v}, \boldsymbol{u}_2)\boldsymbol{u}_2, \qquad \boldsymbol{w}' = \boldsymbol{v} - \boldsymbol{w}$$

とおくと，$\boldsymbol{w} \in W$ である．また，$\{\boldsymbol{u}_1, \boldsymbol{u}_2\}$ が正規直交基底であり，

$$(\boldsymbol{u}_1, \boldsymbol{u}_1) = (\boldsymbol{u}_2, \boldsymbol{u}_2) = 1, \qquad (\boldsymbol{u}_1, \boldsymbol{u}_2) = 0$$

をみたすことに注意すると，

$$
\begin{aligned}
(\boldsymbol{w}', \boldsymbol{u}_1) &= (\boldsymbol{v}, \boldsymbol{u}_1) - ((\boldsymbol{v}, \boldsymbol{u}_1)\boldsymbol{u}_1 + (\boldsymbol{v}, \boldsymbol{u}_2)\boldsymbol{u}_2, \boldsymbol{u}_1) \\
&= (\boldsymbol{v}, \boldsymbol{u}_1) - (\boldsymbol{v}, \boldsymbol{u}_1)(\boldsymbol{u}_1, \boldsymbol{u}_1) - (\boldsymbol{v}, \boldsymbol{u}_2)(\boldsymbol{u}_2, \boldsymbol{u}_1) \\
&= (\boldsymbol{v}, \boldsymbol{u}_1) - (\boldsymbol{v}, \boldsymbol{u}_1) = 0
\end{aligned}
$$

である．同様に，$(\boldsymbol{w}', \boldsymbol{u}_2) = 0$ も示せる．よって，$\boldsymbol{w}' \in W^{\perp}$ である．したがって，$\boldsymbol{v} = \boldsymbol{w} + \boldsymbol{w}'$ より $V = W + W^{\perp}$ である．また，$\boldsymbol{a} \in W \cap W^{\perp}$ とすると，$\boldsymbol{a} \in W^{\perp}$ であるから，$\boldsymbol{a}$ はすべての W 上のベクトルと直交する．一方，$\boldsymbol{a} \in W$ でもあるから，$\boldsymbol{a}$ は $\boldsymbol{a}$ 自身と直交しなければならない．よって，$(\boldsymbol{a}, \boldsymbol{a}) = 0$ より $\boldsymbol{a} = \boldsymbol{0}$ となり，$W \cap W^{\perp} = \{\boldsymbol{0}\}$ である．ゆえに，定理 5.5 より $V = W \oplus W^{\perp}$ が成り立つ．■

問 5.28　W の次元が一般の場合に，定理 5.12 を証明せよ．

問 5.29　$\boldsymbol{R}^3$ 内の平面

$$W = \{(x, y, z) \mid x + 2y + z = 0\}$$

の直交補空間を求めよ．

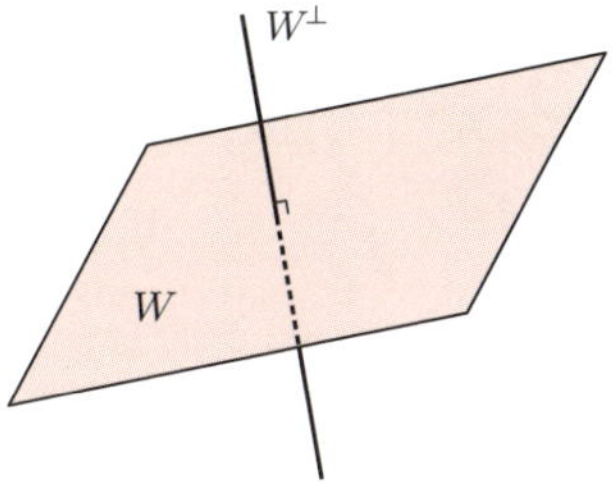

練習問題

5.1　次の用語の意味を簡潔に説明せよ．

(1)　ベクトル空間　(2)　部分空間　(3)　線形独立　(4)　直和
(5)　基底　(6)　次元　(7)　線形写像　(8)　直交補空間

5.2　$\mathrm{span}\{\boldsymbol{v}_1, \boldsymbol{v}_2, \cdots, \boldsymbol{v}_k\}$ が部分空間であることを示せ．

5.3　次の集合 W は空間 $\boldsymbol{R}^3$ の部分空間であるか．部分空間であればそのことを証明し，そうでなければ理由を述べよ．

(1)　$W = \{(x, y, z) \mid 3x + y - z = 1\}$
(2)　$W = \{(x, y, z) \mid x + 2y - z = 0,\ 2x + z = 0\}$
(3)　$W = \{(x, y, z) \mid x + y + z \leqq 0\}$
(4)　$W = \{(x, y, z) \mid x^2 + y - z = 0\}$

5.4　$\boldsymbol{R}^5$ 上の 4 つのベクトル $\boldsymbol{a}_1 = (2, 2, 0, 1, 1)$，$\boldsymbol{a}_2 = (-1, 2, 1, 0, 1)$，$\boldsymbol{a}_3 = (2, 0, -1, 1, 1)$，$\boldsymbol{a}_4 = (1, 2, 1, 0, -1)$ の中に含まれる線形独立なベクトルの最大個数

r を求めよ．また，これら4つの中から r 個の線形独立なベクトルを選び出し，他のベクトルをそれらの線形結合で表せ．

5.5 $\boldsymbol{v}_1 = (0, 1, 1, 0)$, $\boldsymbol{v}_2 = (-1, 1, 2, 1)$, $\boldsymbol{v}_3 = (1, 1, -1, 1)$, $\boldsymbol{v}_4 = (1, 2, 1, -1)$ とする．$\boldsymbol{R}^4$ 内の部分空間 $W = \mathrm{span}\{\boldsymbol{v}_1, \boldsymbol{v}_2, \boldsymbol{v}_3,\ \boldsymbol{v}_4\}$ の基底を1組求めて W の次元を求めよ．

5.6 線形写像 $f : \boldsymbol{R}^4 \longrightarrow \boldsymbol{R}^3$ が次の行列 A で与えられているとする．

$$\begin{pmatrix} x_1{}' \\ x_2{}' \\ x_3{}' \end{pmatrix} = A \begin{pmatrix} x_1 \\ x_2 \\ x_3 \\ x_4 \end{pmatrix}, \qquad A = \begin{pmatrix} 0 & -3 & 1 & -1 \\ 1 & 5 & -1 & 5 \\ -1 & -8 & 2 & -6 \end{pmatrix}$$

このとき，次の各問に答えよ．

(1) $\mathrm{Ker}(A)$ の基底を1組求めよ．

(2) $\mathrm{Im}(A)$ の基底を1組求めよ．

(3) $\dim \mathrm{Ker}(A) = \dim \boldsymbol{R}^4 - \dim \mathrm{Im}(A)$ が成り立つことを示せ．

5.7 $\boldsymbol{R}^2$ 上の点を $\boldsymbol{R}^3$ 上の点に移す写像 $f : \boldsymbol{R}^2 \longrightarrow \boldsymbol{R}^3$ は

$$f\left(\begin{pmatrix} x \\ y \end{pmatrix}\right) = \begin{pmatrix} y \\ x - y \\ x + y \end{pmatrix}$$

で与えられているとする．このとき，以下の各問に答えよ．

(1) $f : \boldsymbol{R}^2 \longrightarrow \boldsymbol{R}^3$ が線形写像であることを確かめよ．

(2) $\boldsymbol{R}^2$ の標準基底 $\{\boldsymbol{e}_1, \boldsymbol{e}_2\}$, $\boldsymbol{R}^3$ の標準基底 $\{\tilde{\boldsymbol{e}}_1, \tilde{\boldsymbol{e}}_2, \tilde{\boldsymbol{e}}_3\}$ に関する f の表現行列 A を求めよ．

(3) $\boldsymbol{R}^2$ の基底 $\boldsymbol{u}_1 = (1, -1)$, $\boldsymbol{u}_2 = (1, 1)$ に対して，基底変換 $\{\boldsymbol{e}_1, \boldsymbol{e}_2\} \longrightarrow \{\boldsymbol{u}_1, \boldsymbol{u}_2\}$ の行列 P を求めよ．

(4) $\boldsymbol{v}_1 = (0, 1, 1)$, $\boldsymbol{v}_2 = (1, 0, 1)$, $\boldsymbol{v}_3 = (1, 1, 0)$ とするとき，$\{\boldsymbol{v}_1, \boldsymbol{v}_2, \boldsymbol{v}_3\}$ は $\boldsymbol{R}^3$ の基底であることを示せ．

(5) $\boldsymbol{R}^3$ における基底変換 $\{\tilde{\boldsymbol{e}}_1, \tilde{\boldsymbol{e}}_2, \tilde{\boldsymbol{e}}_3\} \longrightarrow \{\boldsymbol{v}_1, \boldsymbol{v}_2, \boldsymbol{v}_3\}$ の行列 Q を求めよ．

(6) $\boldsymbol{R}^2$ の基底 $\{\boldsymbol{u}_1, \boldsymbol{u}_2\}$, $\boldsymbol{R}^3$ の基底 $\{\boldsymbol{v}_1, \boldsymbol{v}_2, \boldsymbol{v}_3\}$ に関する f の表現行列 B を $B = Q^{-1}AP$ を利用して求めよ．また，$(f(\boldsymbol{u}_1)\ f(\boldsymbol{u}_2)) = (\boldsymbol{v}_1\ \boldsymbol{v}_2\ \boldsymbol{v}_3)B$ が成り立つことを確かめよ．

5.8 $\boldsymbol{R}^4$ 上のベクトル $\boldsymbol{v}_1 = (1, -1, 1, 1)$, $\boldsymbol{v}_2 = (1, 1, 1, -1)$, $\boldsymbol{v}_3 = (2, -1, 0, 1)$, $\boldsymbol{v}_4 = (1, 1, -1, 1)$ について，以下の各問に答えよ．

(1) $\{\boldsymbol{v}_1, \boldsymbol{v}_2, \boldsymbol{v}_3, \boldsymbol{v}_4\}$ が $\boldsymbol{R}^4$ の基底であることを示せ．

(2) $\{\boldsymbol{v}_1, \boldsymbol{v}_2, \boldsymbol{v}_3, \boldsymbol{v}_4\}$ を正規直交化せよ．

(3) 上の (2) で得られた正規直交基底を $\{\boldsymbol{u}_1, \boldsymbol{u}_2, \boldsymbol{u}_3, \boldsymbol{u}_4\}$ で表す．$\boldsymbol{R}^4$ 上のベクトル $\boldsymbol{v} = (0, 1, 2, 3)$ の $\{\boldsymbol{u}_1, \boldsymbol{u}_2, \boldsymbol{u}_3, \boldsymbol{u}_4\}$ に関する座標を求めよ．

5.9 $\boldsymbol{R}^3$ の部分空間 $W = \{(x, y, z) \mid x + 2y + z = 0,\ 2x + 3y - z = 0\}$ の直交補空間を求めよ．

5.10 x の n 次以下の実数係数多項式の集合を X, y の n 次以下の実数係数多項式の集合を Y とする．すなわち，

$$X = \{a_0 + a_1x + a_2x^2 + \cdots + a_nx^n \mid a_0, a_1, a_2, \cdots, a_n \text{ は実数}\},$$
$$Y = \{b_0 + b_1y + b_2y^2 + \cdots + b_ny^n \mid b_0, b_1, b_2, \cdots, b_n \text{ は実数}\}.$$

X の中から多項式 $p(x)$ をとり，$p(x)$ を x で微分した後に文字 x を y で置き換える操作を T で表す．例えば，

$$T(-x^2 + x) = -2y + 1, \qquad T(4x^3 - 5x^2 + 1) = 12y^2 - 10y$$

のようである．このとき，次の各問に答えよ．

(1) X と Y は通常の式の演算に関して，ベクトル空間であることを確かめよ．

(2) T は X から Y への線形写像であることを示せ．

(3) $\{1, x, x^2, \cdots, x^n\}$ と $\{1, y, y^2, \cdots, y^n\}$ がそれぞれ X と Y の基底であることを確かめ，この基底に関する T の表現行列を求めよ．

6 Chapter 行列の固有値問題

行列の固有値と固有ベクトルの概念は，線形代数の中で大変重要なものの1つである．ここでは，行列の固有値と固有ベクトルの定義，および，その具体的な求め方について述べ，行列の対角化について解説する．また，応用上重要な対称行列の対角化を説明し，その応用として2次曲線の分類と2次形式の最大・最小問題について述べる．また，行列のジョルダン標準形についても簡単にふれる．

6.1 固有値と固有ベクトル

第1章では，2次正方行列に対する固有値問題を考えた．そこに現れる行列やベクトルを，3次以上のものに読みかえれば，一般の正方行列に対する固有値問題となる．

定義 6.1 正方行列 A に対して

$$A\boldsymbol{v} = \lambda \boldsymbol{v}$$

をみたす零ベクトルでない $\boldsymbol{v}$ を A の**固有ベクトル**といい，λ を A の**固有値**という．

A の固有ベクトルとは A で移しても方向の変わらないベクトルであって，固有値とは，そのようなベクトルが A で移されるとき何倍に拡大されるのかという倍率を表す．まず，固有値と固有ベクトルの求め方を第 1 章とは少し異なる形で説明しよう．

A の固有値 λ と固有ベクトル $\boldsymbol{v}$ は，$A\boldsymbol{v} = \lambda\boldsymbol{v}$ すなわち，

$$(A - \lambda E)\boldsymbol{v} = \boldsymbol{0} \tag{1}$$

をみたす．これは，$\boldsymbol{v}$ に関する連立 1 次方程式をベクトルで表したものである．

いま，仮に $\det(A - \lambda E) = |A - \lambda E| \neq 0$ であるとすると，定理 4.5 より $A - \lambda E$ は逆行列をもつ．このとき，$(A - \lambda E)^{-1}$ を式 (1) の両辺に左側から掛けて

$$\boldsymbol{v} = (A - \lambda E)^{-1}\boldsymbol{0} = \boldsymbol{0}$$

となる．これは，$\boldsymbol{v} \neq \boldsymbol{0}$ に反する．よって，

$$\det(A - \lambda E) = |A - \lambda E| = 0 \tag{2}$$

でなければならない．したがって，A の固有値 λ は式 (2) をみたす．これを A の**固有方程式**という．また，行列式 $|A - \lambda E|$ は λ に関する多項式であり，A の**固有多項式**とよばれる．A の固有値と固有ベクトルを求めるときは，A の固有方程式 (2) を解いて先に固有値を求め，次に連立 1 次方程式 (1) を解いて固有ベクトルを求めればよい．

例題 6.1　次の行列 A の固有値と固有ベクトルを求めよ．

$$A = \begin{pmatrix} 2 & 1 \\ 3 & 4 \end{pmatrix}.$$

解　A の固有方程式は

$$|A - \lambda E| = \begin{vmatrix} 2-\lambda & 1 \\ 3 & 4-\lambda \end{vmatrix} = \lambda^2 - 6\lambda + 5 = 0$$

である．この 2 次方程式を解いて，$\lambda = 1$ と $\lambda = 5$ を得る．

次に固有ベクトルを求める．$\boldsymbol{v} = (x, y)$ とおく．$\lambda = 1$ のとき，$(A - E)\boldsymbol{v} = \boldsymbol{0}$ より

$$\begin{pmatrix} 1 & 1 \\ 3 & 3 \end{pmatrix}\begin{pmatrix} x \\ y \end{pmatrix}=\begin{pmatrix} 0 \\ 0 \end{pmatrix}.$$

これを解いて $x+y=0$ を得る．これをみたす x, y をパラメータ t を用いてベクトル表示すれば，

$$\begin{pmatrix} x \\ y \end{pmatrix}=t\begin{pmatrix} 1 \\ -1 \end{pmatrix} \qquad (t \text{ は任意}).$$

同様に，$\lambda=5$ のとき $(A-5E)\boldsymbol{v}=\boldsymbol{0}$ より

$$\begin{pmatrix} -3 & 1 \\ 3 & -1 \end{pmatrix}\begin{pmatrix} x \\ y \end{pmatrix}=\begin{pmatrix} 0 \\ 0 \end{pmatrix}.$$

これを解いて $3x-y=0$ を得る．よって，

$$\begin{pmatrix} x \\ y \end{pmatrix}=s\begin{pmatrix} 1 \\ 3 \end{pmatrix} \qquad (s \text{ は任意}).$$

したがって，A の固有値は $\lambda_1=1$ と $\lambda_2=5$ であり，対応する固有ベクトル（の 1 つ）は，それぞれ $\boldsymbol{v}_1=(1,-1)$ と $\boldsymbol{v}_2=(1,3)$ である． ◆

この例題では，A の固有値と固有ベクトルが実数の範囲内にちょうど 2 組求められた．それは，A の固有方程式（2 次方程式）が異なる 2 つの実数解をもっていたからである．固有方程式が重解をもつ場合や，複素数の解をもつ場合は，この例題の解答のようにならないこともありうる（188 ページの問 6.1）．

以上は，2 次正方行列の固有値と固有ベクトルに関するものであった．固有値と固有ベクトルの概念は，一般の n 次正方行列について定義されているものであるから，3 次以上の正方行列についても上の例題のように考えることができる．ただし，3 次以上の行列になると計算が面倒になり，行列式の計算法や掃き出し法などを利用しなければならない．

例題 6.2　次の行列 A の固有値と固有ベクトルを求めよ．

$$A = \begin{pmatrix} 4 & 2 & -4 \\ -1 & 1 & 2 \\ 1 & 1 & 0 \end{pmatrix}.$$

解 A の固有方程式は,

$$|A - \lambda E| = \begin{vmatrix} 4-\lambda & 2 & -4 \\ -1 & 1-\lambda & 2 \\ 1 & 1 & -\lambda \end{vmatrix} = 0$$

である．この行列式を第 1 行に関して余因子展開して，少し長い計算をすると

$$|A - \lambda E| = (4-\lambda)\begin{vmatrix} 1-\lambda & 2 \\ 1 & -\lambda \end{vmatrix} - 2\begin{vmatrix} -1 & 2 \\ 1 & -\lambda \end{vmatrix} + (-4)\begin{vmatrix} -1 & 1-\lambda \\ 1 & 1 \end{vmatrix}$$

$$= -\lambda^3 + 5\lambda^2 - 8\lambda + 4$$

となることがわかる．よって，3 次方程式 $\lambda^3 - 5\lambda^2 + 8\lambda - 4 = 0$ を解いて，$\lambda = 1$ と $\lambda = 2$（2 重解）を得る．

次に，$\boldsymbol{v} = (x, y, z)$ とおく．$\lambda = 1$ に対する固有ベクトルは $(A - E)\boldsymbol{v} = \boldsymbol{0}$ より

$$\begin{pmatrix} 3 & 2 & -4 \\ -1 & 0 & 2 \\ 1 & 1 & -1 \end{pmatrix}\begin{pmatrix} x \\ y \\ z \end{pmatrix} = \begin{pmatrix} 0 \\ 0 \\ 0 \end{pmatrix}.$$

これを掃き出し法を用いて解く．

(1) 第 1 行と第 3 行を交換

(2) 第 2 行+第 1 行,
第 3 行−第 1 行×3

(3) 第 3 行+第 2 行

(4) 第 1 行−第 2 行

x	y	z
3	2	−4
−1	0	2
1	1	−1
1	1	−1
−1	0	2
3	2	−4
1	1	−1
0	1	1
0	−1	−1
1	1	−1
0	1	1
0	0	0
1	0	−2
0	1	1
0	0	0

これより，$x-2z=0$, $y+z=0$ である．よって，$\lambda=1$ に対する固有ベクトルとして，例えば $\boldsymbol{v}_1=(2,-1,1)$ を得る．同様に，$\lambda=2$ のとき，$(A-2E)\boldsymbol{v}=\boldsymbol{0}$ より

$$\begin{pmatrix} 2 & 2 & -4 \\ -1 & -1 & 2 \\ 1 & 1 & -2 \end{pmatrix}\begin{pmatrix} x \\ y \\ z \end{pmatrix}=\begin{pmatrix} 0 \\ 0 \\ 0 \end{pmatrix}.$$

である．これより $x+y-2z=0$, すなわち，$x=-y+2z$ を得る．よって，

$$\begin{pmatrix} x \\ y \\ z \end{pmatrix}=s\begin{pmatrix} -1 \\ 1 \\ 0 \end{pmatrix}+t\begin{pmatrix} 2 \\ 0 \\ 1 \end{pmatrix} \qquad (s, t \text{ は任意})$$

である．したがって，$\lambda=2$ に対する線形独立な固有ベクトルとして，例えば $\boldsymbol{v}_2=(-1,1,0)$, $\boldsymbol{v}_3=(2,0,1)$ を得る．◆

✔ **注意 6.1**　上の例題において $\lambda=2$（2 重解）に対する線形独立な固有ベクトルの選び方は 1 通りではない．例えば，$\boldsymbol{v}_2=(1,1,1)$, $\boldsymbol{v}_3=(0,2,1)$ でもよい．

問 6.1　次の行列の固有値と固有ベクトルを求めよ．

(1) $\begin{pmatrix} 3 & -2 \\ 2 & 1 \end{pmatrix}$　(2) $\begin{pmatrix} 1 & -1 \\ 1 & 3 \end{pmatrix}$　(3) $\begin{pmatrix} 6 & -3 & -7 \\ -1 & 2 & 1 \\ 5 & -3 & -6 \end{pmatrix}$

(4) $\begin{pmatrix} 1 & 2 & 1 \\ -1 & 4 & 1 \\ 2 & -4 & 0 \end{pmatrix}$

ここで，これまでにわかったことを一般的な形でまとめておこう．

- n 次正方行列 A の固有値と固有ベクトルは，それぞれ $A\boldsymbol{v}=\lambda\boldsymbol{v}$ をみたす λ および零ベクトルでない $\boldsymbol{v}$ として定義される．
- n 次正方行列 A の固有値は，固有方程式 $|A-\lambda E|=0$ を λ について解いて求めることができる．行列式 $|A-\lambda E|$ は λ に関する n 次多項式であり，A の固有多項式とよばれる．A の固有方程式は λ についての n 次方程式であり，その解として得られる固有値は（重複をこめて数えると）全部で n 個ある．固有値は複素数になることもありうる．

- 固有方程式を解いて得られた A の固有値 α に対する固有ベクトルは，連立 1 次方程式 $(A-\alpha E)\boldsymbol{v}=\mathbf{0}$ を $\boldsymbol{v}$ について解いて求めることができる．
- α が固有方程式 $|A-\lambda E|=0$ の単根（重複していない解）であるとき，α に対する固有ベクトルはちょうど 1 つある．一方，α が k 重根（k 個重複した解）の場合は，α に対する線形独立な固有ベクトルの個数は，1 つ以上かつ k 個以下である．

さらに，次のことが知られている．

定理 6.1 n 次正方行列 A の $m\,(m \leqq n)$ 個の相異なる固有値 $\lambda_1, \lambda_2, \cdots, \lambda_m$ に対する固有ベクトル $\boldsymbol{v}_1, \boldsymbol{v}_2, \cdots, \boldsymbol{v}_m$ は線形独立である．

証明 簡単のため A が異なる 2 個 $(m=2)$ の固有値をもつ場合の証明を与える．一般の場合は m に関する数学的帰納法によって証明できる．

$$x_1\boldsymbol{v}_1 + x_2\boldsymbol{v}_2 = \mathbf{0} \tag{1}$$

とおく．$x_1 = x_2 = 0$ であることを示せば，$\boldsymbol{v}_1, \boldsymbol{v}_2$ は線形独立である．

$$A(x_1\boldsymbol{v}_1 + x_2\boldsymbol{v}_2) = x_1A\boldsymbol{v}_1 + x_2A\boldsymbol{v}_2 = x_1\lambda_1\boldsymbol{v}_1 + x_2\lambda_2\boldsymbol{v}_2$$

であるから，式 (1) の両辺に A を左側から掛けると

$$x_1\lambda_1\boldsymbol{v}_1 + x_2\lambda_2\boldsymbol{v}_2 = \mathbf{0}$$

を得る．一方，式 (1) の両辺に λ_2 を掛けると

$$x_1\lambda_2\boldsymbol{v}_1 + x_2\lambda_2\boldsymbol{v}_2 = \mathbf{0}$$

となる．上の 2 式を引き算すると

$$x_1(\lambda_1 - \lambda_2)\boldsymbol{v}_1 = \mathbf{0}.$$

固有ベクトルは零ベクトルではないから $\boldsymbol{v}_1 \neq \mathbf{0}$ であり，$x_1(\lambda_1 - \lambda_2) = 0$ でなければならない．よって，$\lambda_1 \neq \lambda_2$ より $x_1 = 0$ である．ゆえに，式 (1) より $x_2\boldsymbol{v}_2 = \mathbf{0}$ となるが，$\boldsymbol{v}_2 \neq \mathbf{0}$ であるから，$x_2 = 0$ でなければならない．以上よ

り，$\boldsymbol{v}_1$ と $\boldsymbol{v}_2$ は線形独立である． ■

問 6.2　定理 6.1 を m に関する数学的帰納法によって証明せよ．

定理 6.2　n 次正方行列 $A = (a_{ij})$ の固有値を（重複をこめて数えて）$\lambda_1, \lambda_2, \cdots, \lambda_n$ とする．このとき，

$$\det A = \lambda_1 \lambda_2 \cdots \lambda_n, \qquad \operatorname{tr} A = \lambda_1 + \lambda_2 + \cdots + \lambda_n$$

が成り立つ．ここで，$\operatorname{tr} A$ は A の**トレース**（trace）とよばれ，

$$\operatorname{tr} A = a_{11} + a_{22} + \cdots + a_{nn} \qquad \text{（対角成分の和）}$$

で定義される．

証明　簡単のため，A が 2 次正方行列の場合の証明を与える．一般の n 次正方行列の場合も同様にして証明できる．

$$|A - \lambda E| = \begin{vmatrix} a_{11} - \lambda & a_{12} \\ a_{21} & a_{22} - \lambda \end{vmatrix} = \lambda^2 - (a_{11} + a_{22})\lambda + (a_{11}a_{22} - a_{12}a_{21})$$

である．一方，固有方程式 $|A - \lambda E| = 0$ が λ_1 と λ_2 を解にもつことから，

$$|A - \lambda E| = (\lambda_1 - \lambda)(\lambda_2 - \lambda) = \lambda^2 - (\lambda_1 + \lambda_2)\lambda + \lambda_1 \lambda_2$$

でなければならない．上の 2 式を比較して

$$\lambda_1 \lambda_2 = a_{11}a_{22} - a_{12}a_{21}, \qquad \lambda_1 + \lambda_2 = a_{11} + a_{22}$$

すなわち，

$$\lambda_1 \lambda_2 = \det A, \qquad \lambda_1 + \lambda_2 = \operatorname{tr} A$$

を得る． ■

問 6.3　A が 3 次正方行列であるとき，定理 6.2 が成り立つことを確かめよ．また，A が一般の n 次正方行列であるとき，定理 6.2 が成り立つことを示せ．

6.2 行列の対角化

前節で見たように，n 次正方行列 A は，いつも n 個の線形独立な固有ベクトルをもっているわけではない．ここでは，幸運にも n 個の線形独立な固有ベクトルが見つかったとしよう．すなわち，

$$A\boldsymbol{v}_1 = \lambda_1 \boldsymbol{v}_1, \quad A\boldsymbol{v}_2 = \lambda_2 \boldsymbol{v}_2, \quad \cdots, \quad A\boldsymbol{v}_n = \lambda_n \boldsymbol{v}_n$$

をみたす n 個の線形独立なベクトル $\boldsymbol{v}_1, \boldsymbol{v}_2, \cdots, \boldsymbol{v}_n$ があったとする．上式をまとめて

$$A(\boldsymbol{v}_1\ \boldsymbol{v}_2\ \cdots\ \boldsymbol{v}_n) = (\lambda_1\boldsymbol{v}_1\ \lambda_2\boldsymbol{v}_2\ \cdots\ \lambda_n\boldsymbol{v}_n)$$

のように書くことができる．また，

$$(\lambda_1\boldsymbol{v}_1\ \lambda_2\boldsymbol{v}_2\ \cdots\ \lambda_n\boldsymbol{v}_n) = (\boldsymbol{v}_1\ \boldsymbol{v}_2\ \cdots\ \boldsymbol{v}_n)\begin{pmatrix} \lambda_1 & 0 & \cdots & 0 \\ 0 & \lambda_2 & \cdots & 0 \\ \vdots & \vdots & \ddots & \vdots \\ 0 & 0 & \cdots & \lambda_n \end{pmatrix}$$

であるから，$P = (\boldsymbol{v}_1\ \boldsymbol{v}_2\ \cdots\ \boldsymbol{v}_n)$ とおくと，

$$AP = PD, \qquad D = \begin{pmatrix} \lambda_1 & 0 & \cdots & 0 \\ 0 & \lambda_2 & \cdots & 0 \\ \vdots & \vdots & \ddots & \vdots \\ 0 & 0 & \cdots & \lambda_n \end{pmatrix}$$

と書ける．$\boldsymbol{v}_1, \boldsymbol{v}_2, \cdots, \boldsymbol{v}_n$ は線形独立であるから，系 5.1 より P は正則で逆行列をもつ．よって，上式の両辺に左から P^{-1} を掛けると，

$$P^{-1}AP = D, \qquad D = \begin{pmatrix} \lambda_1 & 0 & \cdots & 0 \\ 0 & \lambda_2 & \cdots & 0 \\ \vdots & \vdots & \ddots & \vdots \\ 0 & 0 & \cdots & \lambda_n \end{pmatrix}$$

を得る．D は左上から右下へのななめ対角線上の成分（対角成分）をのぞいて，すべての成分が 0 となる行列（**対角行列**）である．このようにして，線形独立な固有ベクトルからつくられる正則行列 P によって，行列 A を対角行列に直すこと（**対角化**）ができる．すなわち，次の定理が成り立つ．

定理 6.3　n 次正方行列 A が対角化できるための必要十分条件は，A が n 個の線形独立な固有ベクトルをもつことである．

2 次正方行列の対角化については 1.6 節で説明したので，ここでは，3 次正方行列の対角化について述べる．

例題 6.3　例題 6.2 の行列

$$A = \begin{pmatrix} 4 & 2 & -4 \\ -1 & 1 & 2 \\ 1 & 1 & 0 \end{pmatrix}$$

を対角化せよ．また，行列 A の n 乗 A^n を求めよ．

解　例題 6.2 の結果から，A の固有値は $\lambda_1 = 1$ と $\lambda_2 = \lambda_3 = 2$（2 重根）であり，対応する線形独立な固有ベクトルは，それぞれ $\boldsymbol{v}_1 = (2, -1, 1)$ と $\boldsymbol{v}_2 = (-1, 1, 0)$，$\boldsymbol{v}_3 = (2, 0, 1)$ である．$\boldsymbol{v}_1, \boldsymbol{v}_2, \boldsymbol{v}_3$ は線形独立であるから

$$P = (\boldsymbol{v}_1\ \boldsymbol{v}_2\ \boldsymbol{v}_3) = \begin{pmatrix} 2 & -1 & 2 \\ -1 & 1 & 0 \\ 1 & 0 & 1 \end{pmatrix}$$

とおくと，P は正則で逆行列 P^{-1} をもつ．よって，

$$P^{-1}AP = D, \qquad D = \begin{pmatrix} 1 & 0 & 0 \\ 0 & 2 & 0 \\ 0 & 0 & 2 \end{pmatrix}$$

を得る．$P^{-1}AP = D$ の両辺を n 乗してみよう．簡単な計算により

$$D^n = (P^{-1}AP)^n = P^{-1}APP^{-1}AP \cdots P^{-1}AP = P^{-1}A^nP$$

であるから，

$$A^n = PD^nP^{-1}, \qquad D^n = \begin{pmatrix} 1 & 0 & 0 \\ 0 & 2^n & 0 \\ 0 & 0 & 2^n \end{pmatrix}$$

となることがわかる．

掃き出し法を用いて P の逆行列 P^{-1} を求めよう．

(1) 第 1 行と第 3 行を交換

(2) 第 2 行＋第 1 行，
第 3 行－第 1 行× 2

(3) 第 3 行＋第 2 行

(4) 第 1 行－第 3 行，
第 2 行－第 3 行

から

2	−1	2	1	0	0
−1	1	0	0	1	0
1	0	1	0	0	1
1	0	1	0	0	1
−1	1	0	0	1	0
2	−1	2	1	0	0
1	0	1	0	0	1
0	1	1	0	1	1
0	−1	0	1	0	−2
1	0	1	0	0	1
0	1	1	0	1	1
0	0	1	1	1	−1
1	0	0	−1	−1	2
0	1	0	−1	0	2
0	0	1	1	1	−1

$$P^{-1} = \begin{pmatrix} -1 & -1 & 2 \\ -1 & 0 & 2 \\ 1 & 1 & -1 \end{pmatrix}$$

を得る．したがって，

$$A^n = PD^nP^{-1} = \begin{pmatrix} 2 & -1 & 2 \\ -1 & 1 & 0 \\ 1 & 0 & 1 \end{pmatrix} \begin{pmatrix} 1 & 0 & 0 \\ 0 & 2^n & 0 \\ 0 & 0 & 2^n \end{pmatrix} \begin{pmatrix} -1 & -1 & 2 \\ -1 & 0 & 2 \\ 1 & 1 & -1 \end{pmatrix}$$

$$= \begin{pmatrix} -2+3\cdot 2^n & -2+2\cdot 2^n & 4-4\cdot 2^n \\ 1-2^n & 1 & -2+2\cdot 2^n \\ -1+2^n & -1+2^n & 2-2^n \end{pmatrix}$$

となることがわかる． ◆

このように，行列を対角化すると，行列のいろいろな性質を見通しよく調べることができるようになる．

問 6.4　次の行列を対角化せよ．また，n 乗を求めよ．

(1) $\begin{pmatrix} 2 & 1 & 1 \\ -1 & 4 & 1 \\ 1 & -1 & 2 \end{pmatrix}$　　(2) $\begin{pmatrix} 1 & 0 & -1 \\ 1 & 2 & 1 \\ 2 & 2 & 3 \end{pmatrix}$

n 次正方行列の対角化ができるのは，線形独立な n 個の固有ベクトルが見つけられるときに限る．とくに，定理 6.1 より次のことがわかる．

定理 6.4　n 次正方行列が相異なる n 個の固有値をもてば，対角化できる．

行列の固有方程式が重根をもたない場合，行列は対角化できるのである．しかしながら，前節で述べたように，固有方程式が重根をもつ場合は，線形独立な n 個の固有ベクトルが見つからないことがありうる．その場合は，行列を対角化することはできないが，対角行列に近い形にすることはできる．このことは 6.4 節で取り扱うことにする．

6.3　対称行列の対角化とその応用

前節で述べたように，どんな行列も対角化できるわけではない．しかし，ある種の「対称性」をもった行列は，対角化できる．そのような行列は対称行列とよばれる．ここでは，対称行列の固有値と固有ベクトルの性質を調べた後，応用として「2 次曲線の標準化」と「2 次形式の最大・最小問題」について述べる．理解のしやすさを考慮して，主に 2 次正方行列の場合を扱うが，一般の n 次正方行列についても同様に考えていくことができる．

$$A = \begin{pmatrix} a & b \\ b & c \end{pmatrix}$$

のように，行列の左上から右下への対角線に関して「対称」な形をした行列を対称行列という．上の行列 A の行ベクトルと列ベクトルを入れ替えて，A の転置行列をつくってみると

$$A = \begin{pmatrix} a & b \\ b & c \end{pmatrix} \longrightarrow {}^tA = \begin{pmatrix} a & b \\ b & c \end{pmatrix}$$

であるから，対称行列を次のように定義することもできる．

定義 6.2 正方行列 A が

$$A = {}^tA$$

をみたすとき，A を**対称行列**という．

対称行列は，次の重要な性質をもつ．

定理 6.5 (1) 対称行列の固有値は実数である．
(2) 対称行列の固有ベクトルは正規直交基底をなす．

証明 この 2 つの定理を一般の n 次対称行列について証明するのはやや難しい．ここでは，2 次対称行列の場合を扱う．

$$A = \begin{pmatrix} a & b \\ b & c \end{pmatrix}$$

とおく．A の固有方程式は

$$\det(A - \lambda E) = |A - \lambda E| = \begin{vmatrix} a-\lambda & b \\ b & c-\lambda \end{vmatrix} = 0$$

である．これより，

$$(1) \qquad \lambda^2 - (a+c)\lambda + (ac - b^2) = 0$$

となる．この 2 次方程式の判別式を計算すると

$$D = (a+c)^2 - 4(ac - b^2) = \{(a+c)^2 - 4ac\} + 4b^2 = (a-c)^2 + 4b^2 \geqq 0$$

であるから，方程式 (1) は実数解をもつ．

$D = 0$ のとき，$a = c, b = 0$ であるから，

$$A = aE = \begin{pmatrix} a & 0 \\ 0 & a \end{pmatrix}$$

となる．この場合，A の（重複した）固有値は a であり，対応する固有ベクトルとして $\boldsymbol{u}_1 = \boldsymbol{e}_1 = (1, 0)$ と $\boldsymbol{u}_2 = \boldsymbol{e}_2 = (0, 1)$ を選べば，$\boldsymbol{u}_1$, $\boldsymbol{u}_2$ は大きさ 1 で互いに直交する．

$D > 0$ のとき，方程式 (1) の相異なる 2 つの実数解を λ_1, λ_2 ($\lambda_1 \neq \lambda_2$) とし，対応する固有ベクトルをそれぞれ $\boldsymbol{v}_1$, $\boldsymbol{v}_2$ とする．まず，$\boldsymbol{v}_1 = (x, y)$ とおいて $\boldsymbol{v}_1$ を求めよう．$(A - \lambda_1 E)\boldsymbol{v}_1 = \boldsymbol{0}$ より

$$\begin{pmatrix} a - \lambda_1 & b \\ b & c - \lambda_1 \end{pmatrix} \begin{pmatrix} x \\ y \end{pmatrix} = \begin{pmatrix} 0 \\ 0 \end{pmatrix}.$$

(1) が成り立つとき，これを解いて $\boldsymbol{v}_1 = (-b,\ a - \lambda_1)$ を得る．同様に，$\boldsymbol{v}_2 = (-b,\ a - \lambda_2)$ であることがわかる．よって，内積 $(\boldsymbol{v}_1, \boldsymbol{v}_2)$ は

$$(\boldsymbol{v}_1, \boldsymbol{v}_2) = b^2 + (a - \lambda_1)(a - \lambda_2) = b^2 + a^2 - (\lambda_1 + \lambda_2)a + \lambda_1\lambda_2$$

となる．ここで，2 次方程式 (1) における解と係数の関係

$$\lambda_1 + \lambda_2 = a + c, \qquad \lambda_1\lambda_2 = ac - b^2$$

を用いると

$$(\boldsymbol{v}_1, \boldsymbol{v}_2) = b^2 + a^2 - (a + c)a + (ac - b^2) = 0$$

となる．よって，$\boldsymbol{v}_1$ と $\boldsymbol{v}_2$ は直交する．したがって，

$$\boldsymbol{u}_1 = \frac{1}{\sqrt{b^2 + (a - \lambda_1)^2}}(-b,\ a - \lambda_1)$$

$$\boldsymbol{u}_2 = \frac{1}{\sqrt{b^2 + (a - \lambda_2)^2}}(-b,\ a - \lambda_2)$$

とおくと，$\boldsymbol{u}_1, \boldsymbol{u}_2$ は大きさ 1 で互いに直交する A の固有ベクトルである．■

✔ **注意 6.2**　一般の n 次対称行列の固有値が実数であることを示すには，複素数に関する知識が必要となる（付録 C）．また，n 次対称行列の固有ベクトルが正規直交基底

をなすことは，後出の補題 6.1 を用いて，数学的帰納法によって示される．

問 6.5 次の行列のうち，対称行列であるものについて，固有値および大きさ 1 の固有ベクトルを求めよ．

(1) $\begin{pmatrix} 1 & 2 \\ 3 & 4 \end{pmatrix}$ (2) $\begin{pmatrix} 0 & -1 \\ -1 & 0 \end{pmatrix}$ (3) $\begin{pmatrix} 3 & -1 \\ 1 & 3 \end{pmatrix}$

定理 6.5 より，対称行列の固有ベクトルは正規直交基底をなすことがわかる．次に，正規直交基底を並べてつくられる行列の性質を調べよう．簡単のため，2 次正方行列の場合を考える．

$\{\boldsymbol{u}_1, \boldsymbol{u}_2\}$ を正規直交基底とする．$\boldsymbol{u}_1 = (u_{11}, u_{21})$, $\boldsymbol{u}_2 = (u_{12}, u_{22})$ を並べて行列

$$U = (\boldsymbol{u}_1\ \boldsymbol{u}_2) = \begin{pmatrix} u_{11} & u_{12} \\ u_{21} & u_{22} \end{pmatrix}$$

をつくる．

$${}^tU = \begin{pmatrix} u_{11} & u_{21} \\ u_{12} & u_{22} \end{pmatrix}$$

であるから，

$$\begin{aligned} {}^tUU &= \begin{pmatrix} u_{11} & u_{21} \\ u_{12} & u_{22} \end{pmatrix}\begin{pmatrix} u_{11} & u_{12} \\ u_{21} & u_{22} \end{pmatrix} \\ &= \begin{pmatrix} u_{11}u_{11} + u_{21}u_{21} & u_{11}u_{12} + u_{21}u_{22} \\ u_{12}u_{11} + u_{22}u_{21} & u_{12}u_{12} + u_{22}u_{22} \end{pmatrix} \\ &= \begin{pmatrix} (\boldsymbol{u}_1, \boldsymbol{u}_1) & (\boldsymbol{u}_1, \boldsymbol{u}_2) \\ (\boldsymbol{u}_2, \boldsymbol{u}_1) & (\boldsymbol{u}_2, \boldsymbol{u}_2) \end{pmatrix}. \end{aligned}$$

ここで，$\{\boldsymbol{u}_1, \boldsymbol{u}_2\}$ は正規直交基底であるから，

$$(\boldsymbol{u}_1, \boldsymbol{u}_1) = (\boldsymbol{u}_2, \boldsymbol{u}_2) = 1, \quad (\boldsymbol{u}_1, \boldsymbol{u}_2) = (\boldsymbol{u}_2, \boldsymbol{u}_1) = 0$$

である．したがって，${}^tUU = E$ が成り立ち，${}^tU$ は U の逆行列に一致する．すなわち，

$$U^{-1} = {}^tU$$

である．この結論を一般的な正方行列に対してもそのまま拡張し，次の定義をおく．

定義 6.3　正方行列 U が

$$ {}^tUU = U\,{}^tU = E $$

をみたすとき，U を**直交行列**という．

正規直交基底を並べてつくられる行列は，直交行列である．また，上の定義からわかるように，直交行列の逆行列は，行と列を入れ替える転置の操作だけで求められる．掃き出し法のような面倒な計算をする必要がないことに注意しよう．

定理 6.3 を思い出すと，定理 6.5 より次の結論を得る．

定理 6.6　対称行列は直交行列によって対角化される．

問 6.6　次の行列のうち，対称行列であるものを，直交行列によって対角化せよ．また，n 乗を求めよ．

(1) $\begin{pmatrix} 3 & 1 \\ 1 & 3 \end{pmatrix}$　　(2) $\begin{pmatrix} 1 & -2 \\ 2 & 1 \end{pmatrix}$　　(3) $\begin{pmatrix} 7 & 2 \\ 2 & 4 \end{pmatrix}$

✔ **注意 6.3**　行列を対角化する問題では，まず行列が対称行列かどうかをチェックしてほしい．対称行列であることに気がつかず，対角化するときに使う行列の逆行列を掃き出し法で計算する人は意外に多い．

以下では，直交行列に関する性質を調べる．

定理 6.7　直交行列は内積を保つ．すなわち，U を直交行列，$\boldsymbol{x}, \boldsymbol{y}$ をベクトルとするとき，次が成り立つ．

$$ (\boldsymbol{x}, \boldsymbol{y}) = (U\boldsymbol{x}, U\boldsymbol{y}). $$

ベクトルの大きさと 2 つのベクトルのなす角度が内積を用いて

$$ \|\boldsymbol{a}\| = \sqrt{(\boldsymbol{a}, \boldsymbol{a})}, \qquad \cos\theta = \frac{(\boldsymbol{a}, \boldsymbol{b})}{\|\boldsymbol{a}\|\|\boldsymbol{b}\|} $$

のように定義されることを思い出すと（5.9 節），上の定理は，U により定義される 1 次変換によって図形を移しても，その大きさと形は変わらないことを意味している．このような変換を直交変換という．直交変換の例としては，原点のまわりの回転や（原点を通る直線や平面に関する）対称移動などがある．

問 6.7 原点のまわりの角 θ 回転を表す行列

$$\begin{pmatrix} \cos\theta & -\sin\theta \\ \sin\theta & \cos\theta \end{pmatrix}$$

および，直線 $y = ax$ に関する対称移動を表す行列（1.3 節の問 1.16）

$$\frac{1}{1+a^2}\begin{pmatrix} 1-a^2 & 2a \\ 2a & -1+a^2 \end{pmatrix}$$

が直交行列であることを確かめよ．

さて，定理 6.7 を証明するためには，転置行列に関する基本的な性質を用いなければならない．ここでは，定理 6.7 だけでなく，後出の例題 6.4 と例題 6.5 のことも考えに入れた上で，転置行列に関する 2 つの基本性質を紹介しておく．これらは，いろいろな場面で利用される重要なものである．

補題 6.1[*1] (1) 行列 A, B に対して次が成り立つ．

$${}^t({}^tA) = A, \qquad {}^t(A+B) = {}^tA + {}^tB, \qquad {}^t(AB) = {}^tB\,{}^tA.$$

とくに，行列 A とベクトル $\boldsymbol{x}$ に対して

$${}^t(A\boldsymbol{x}) = {}^t\boldsymbol{x}\,{}^tA.$$

(2) 行列 A とベクトル $\boldsymbol{x}, \boldsymbol{y}$ に対して次が成り立つ．

$$(A\boldsymbol{x}, \boldsymbol{y}) = (\boldsymbol{x}, {}^tA\boldsymbol{y}), \qquad (\boldsymbol{x}, A\boldsymbol{y}) = ({}^tA\boldsymbol{x}, \boldsymbol{y}).$$

ここでは，簡単な 2 次の場合の証明を読者への練習問題としよう（補題 6.1(1) については，3.1 節で既に示した）．

[*1] 補題とは，定理の証明のために準備する補助的な定理である．重要なキーポイントであることが多い．

問 6.8　A, B が 2 次正方行列，$\boldsymbol{x}, \boldsymbol{y}$ が $\boldsymbol{R}^2$ 上のベクトルであるとき，上の補題が成り立つことを確かめよ．

準備ができたので，定理 6.7 を示すことにしよう．その証明は簡単であるが，この補題をどのように利用するのかを学ぶ上からは重要な意味がある．

定理 6.7 の証明　$(U\boldsymbol{x}, U\boldsymbol{y}) = (\boldsymbol{x}, \boldsymbol{y})$ を示す．補題 6.1 より

$$(U\boldsymbol{x}, U\boldsymbol{y}) = (\boldsymbol{x}, {}^tUU\boldsymbol{y})$$

である．ここで，U は直交行列であるから ${}^tUU = E$ である．よって，

$$(U\boldsymbol{x}, U\boldsymbol{y}) = (\boldsymbol{x}, {}^tUU\boldsymbol{y}) = (\boldsymbol{x}, \boldsymbol{y})$$

である．■

次の定理は，座標変換を用いて図形の性質を調べるときに利用される．

定理 6.8　$\{\boldsymbol{u}_1, \boldsymbol{u}_2\}$ を平面上の正規直交基底とする．平面上の点に対して，標準基底 $\{\boldsymbol{e}_1, \boldsymbol{e}_2\}$ で定められる座標を (x_1, x_2)，基底 $\{\boldsymbol{u}_1, \boldsymbol{u}_2\}$ で定められる座標を (y_1, y_2) とすると，座標変換

$$\begin{pmatrix} y_1 \\ y_2 \end{pmatrix} = {}^tU \begin{pmatrix} x_1 \\ x_2 \end{pmatrix}, \qquad \begin{pmatrix} x_1 \\ x_2 \end{pmatrix} = U \begin{pmatrix} y_1 \\ y_2 \end{pmatrix}$$

が成り立つ．ここで，$U = (\boldsymbol{u}_1\ \boldsymbol{u}_2)$ は直交行列である．

証明　定理 1.4 より，平面上の点を標準基底 $\{\boldsymbol{e}_1, \boldsymbol{e}_2\}$ で見たときの座標を (x_1, x_2)，基底 $\{\boldsymbol{u}_1, \boldsymbol{u}_2\}$ で見たときの座標を (y_1, y_2) とすると

$$\begin{pmatrix} x_1 \\ x_2 \end{pmatrix} = U \begin{pmatrix} y_1 \\ y_2 \end{pmatrix}, \qquad \begin{pmatrix} y_1 \\ y_2 \end{pmatrix} = U^{-1} \begin{pmatrix} x_1 \\ x_2 \end{pmatrix}$$

が成り立つ．ここで，$U = (\boldsymbol{u}_1\ \boldsymbol{u}_2)$ である．ところで，U は直交行列であるから，$U^{-1} = {}^tU$ である．したがって，定理の主張を得る．■

一般の n 次正方行列についても，2 次正方行列の場合と同様に，対称行列と直交行列が定義され，上で述べた性質が成り立つことが知られている．ここでは，3 次行列の場合の簡単な練習問題を与えておく．

問 6.9 ${}^tA = A$ をみたす 3 次行列 A は次の形に限ることを確かめよ.

$$\begin{pmatrix} a & b & c \\ b & d & e \\ c & e & f \end{pmatrix}$$

問 6.10 $\boldsymbol{R}^3$ の正規直交基底 $\{\boldsymbol{u}_1, \boldsymbol{u}_2, \boldsymbol{u}_3\}$ に対して，$U = (\boldsymbol{u}_1\ \boldsymbol{u}_2\ \boldsymbol{u}_3)$ とおくと，U は 3 次直交行列になることを示せ.

問 6.11 次の行列のうち，対称行列であるものについて，直交行列を用いて対角化せよ.

(1) $\begin{pmatrix} -1 & -3 & 1 \\ -3 & 3 & -3 \\ 1 & -3 & -1 \end{pmatrix}$ (2) $\begin{pmatrix} 1 & -1 & 0 \\ 1 & 2 & 1 \\ 0 & -1 & 1 \end{pmatrix}$ (3) $\begin{pmatrix} 1 & 3 & 3 \\ 2 & 1 & 3 \\ 2 & 2 & 1 \end{pmatrix}$

(4) $\begin{pmatrix} 0 & 2 & 2 \\ 2 & 1 & 0 \\ 2 & 0 & -1 \end{pmatrix}$

✔ **注意 6.4** 定理 6.5 の証明を見てもわかるように，3 次以上の対称行列が重複固有値をもつ（固有方程式が重根をもつ）場合には，対称行列を直交行列を用いて対角化するときに別の考察が必要である（章末の練習問題 6.8 を参照).

6.3.1 2 次曲線の標準化

例題 6.4 $5{x_1}^2 + 2\sqrt{3}x_1x_2 + 7{x_2}^2 = 4$ で表される平面上の図形はどのような図形であるか.

解 行列 A とベクトル $\boldsymbol{x}$ を

$$A = \begin{pmatrix} 5 & \sqrt{3} \\ \sqrt{3} & 7 \end{pmatrix}, \quad \boldsymbol{x} = \begin{pmatrix} x_1 \\ x_2 \end{pmatrix}$$

とおくと[*2]，簡単な計算により，与えられた式は

---

*2 行列 A は，${x_1}^2$ と ${x_2}^2$ の係数をこの順に対角線上に並べて対角成分とし，x_1x_2 の係数を半分にしたものを他の成分としている.

$$(1)\qquad (x_1\ x_2)\begin{pmatrix} 5 & \sqrt{3} \\ \sqrt{3} & 7 \end{pmatrix}\begin{pmatrix} x_1 \\ x_2 \end{pmatrix} = 4 \quad \text{すなわち} \quad {}^t\boldsymbol{x}A\boldsymbol{x} = 4$$

と書けることがわかる．

A の固有値と固有ベクトルを求めよう．固有方程式 $|A-\lambda E|=0$ より，

$$|A-\lambda E| = \begin{vmatrix} 5-\lambda & \sqrt{3} \\ \sqrt{3} & 7-\lambda \end{vmatrix} = 0,$$

$$\therefore \quad (5-\lambda)(7-\lambda)-3=0.$$

これより，$\lambda^2-12\lambda+32=0$ を得る．これを解いて，A の固有値は $\lambda_1=4$ と $\lambda_2=8$ であることがわかる．$\lambda_1=4$ に対する固有ベクトル $\boldsymbol{v}_1$ は

$$(A-\lambda_1 E)\boldsymbol{v}_1 = \begin{pmatrix} 1 & \sqrt{3} \\ \sqrt{3} & 3 \end{pmatrix}\begin{pmatrix} x_1 \\ x_2 \end{pmatrix} = \boldsymbol{0}$$

を解いて，$\boldsymbol{v}_1 = t_1(\sqrt{3},-1)$（$t_1$ は任意）である．同様に，$\lambda_2=8$ に対する固有ベクトル $\boldsymbol{v}_2$ は，$\boldsymbol{v}_2=t_2(1,\sqrt{3})$（$t_2$ は任意）である．

$$\boldsymbol{u}_1 = \frac{1}{2}\begin{pmatrix} \sqrt{3} \\ -1 \end{pmatrix}, \qquad \boldsymbol{u}_2 = \frac{1}{2}\begin{pmatrix} 1 \\ \sqrt{3} \end{pmatrix}$$

とおくと，$\{\boldsymbol{u}_1,\boldsymbol{u}_2\}$ は正規直交基底となり，

$$U = (\boldsymbol{u}_1\ \boldsymbol{u}_2) = \frac{1}{2}\begin{pmatrix} \sqrt{3} & 1 \\ -1 & \sqrt{3} \end{pmatrix} = \begin{pmatrix} \cos(-30^\circ) & -\sin(-30^\circ) \\ \sin(-30^\circ) & \cos(-30^\circ) \end{pmatrix}$$

は原点のまわりの -30° 回転を表す直交行列である．この U を用いて座標変換

$$\boldsymbol{x} = U\boldsymbol{y}, \qquad \boldsymbol{x} = \begin{pmatrix} x_1 \\ x_2 \end{pmatrix}, \qquad \boldsymbol{y} = \begin{pmatrix} y_1 \\ y_2 \end{pmatrix}$$

を適用する．座標 (x_1,x_2) を用いて式 (1) で表されている図形を，新しい座標 (y_1,y_2) を用いて表すことにしよう．

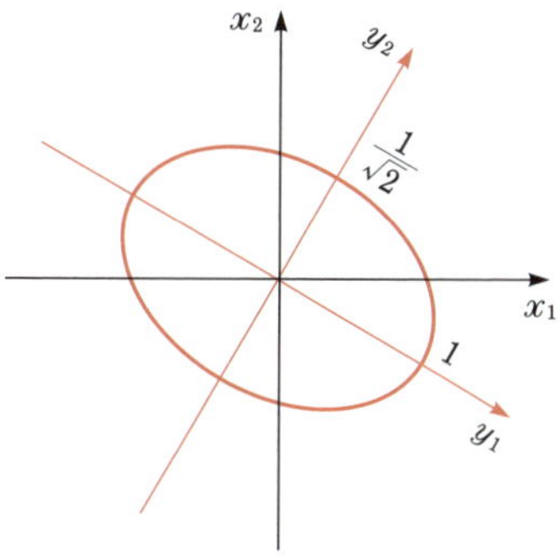

補題 6.1 により，

$$ {}^t\boldsymbol{x} = {}^t(U\boldsymbol{y}) = {}^t\boldsymbol{y}\,{}^tU $$

が成り立つことがわかる．これらを式 (1) へ代入すると，

$$ {}^t\boldsymbol{y}\,{}^tUAU\boldsymbol{y} = 4 $$

を得る．$\boldsymbol{u}_1, \boldsymbol{u}_2$ は対称行列 A の固有ベクトルであるから，U は直交行列で，

$$ {}^tU AU = U^{-1}AU = D, \qquad D = \begin{pmatrix} \lambda_1 & 0 \\ 0 & \lambda_2 \end{pmatrix} $$

が成り立つ．よって，

$$ {}^t\boldsymbol{y}D\boldsymbol{y} = 4, \qquad D = \begin{pmatrix} 4 & 0 \\ 0 & 8 \end{pmatrix} $$

となる．これを計算して整理すると，

$$ {y_1}^2 + 2{y_2}^2 = 1 \quad すなわち \quad \frac{{y_1}^2}{(\sqrt{2})^2} + {y_2}^2 = \left(\frac{1}{\sqrt{2}}\right)^2 $$

を得る．よって，与えられた曲線は，楕円（だ）であることがわかる． ◆

問 6.12 $2{x_1}^2 + 12x_1x_2 - 7{x_2}^2 = 5$ で表される平面上の図形はどのような図形であるか．

このように，座標軸をうまく選び直すことにより，図形を表す最も基本的な式（標準形）を見つけることができる．この結果は，次のような一般的な形にまとめられる．

2 次曲線の標準化 x_1, x_2 の 2 次式

$$ a_{11}{x_1}^2 + 2a_{12}x_1x_2 + a_{22}{x_2}^2 = c $$

で与えられる平面上の図形を **2 次曲線**という．これは，対称行列

$$A = \begin{pmatrix} a_{11} & a_{12} \\ a_{21} & a_{22} \end{pmatrix}, \qquad a_{21} = a_{12}$$

を用いると，

$${}^t\boldsymbol{x}A\boldsymbol{x} = (x_1 \ \ x_2) \begin{pmatrix} a_{11} & a_{12} \\ a_{21} & a_{22} \end{pmatrix} \begin{pmatrix} x_1 \\ x_2 \end{pmatrix} = c, \qquad \boldsymbol{x} = \begin{pmatrix} x_1 \\ x_2 \end{pmatrix}$$

と書ける．A の固有値を λ_1，λ_2 とする．このとき，対応する固有ベクトル $\boldsymbol{u}_1$，$\boldsymbol{u}_2$ が正規直交基底になるようにできる．この2次曲線は，$\{\boldsymbol{u}_1, \boldsymbol{u}_2\}$ を基底とする新しい座標 (y_1, y_2) を用いて次式のように表される．

$$\lambda_1 {y_1}^2 + \lambda_2 {y_2}^2 = c.$$

◆ **発展 6.1**　一般には，x_1 と x_2 の1次の項を含む

$$a_{11}{x_1}^2 + 2a_{12}x_1x_2 + a_{22}{x_2}^2 + b_1x_1 + b_2x_2 = c$$

の形で表される図形を **2次曲線**という．この式で表される曲線を調べるためには，直交変換だけでなく，平行移動も必要とする（章末の練習問題 6.6 と 6.7）．本来の2次曲線は，楕円，放物線，双曲線の3種類であることが知られている（下図を参照）．

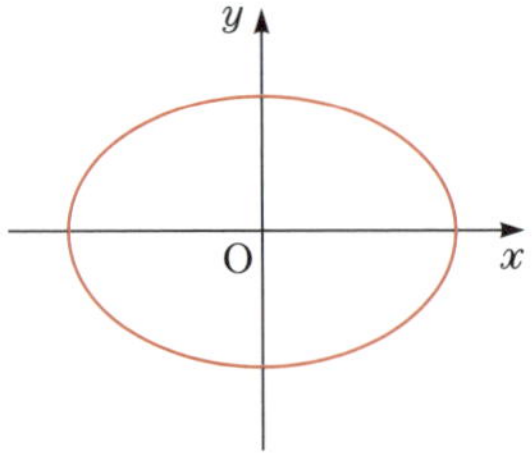

楕　円

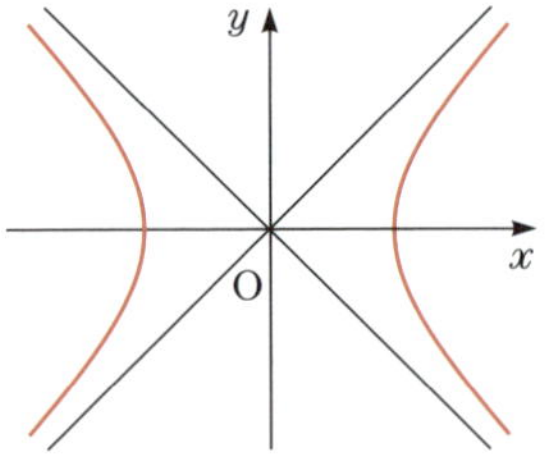

双曲線

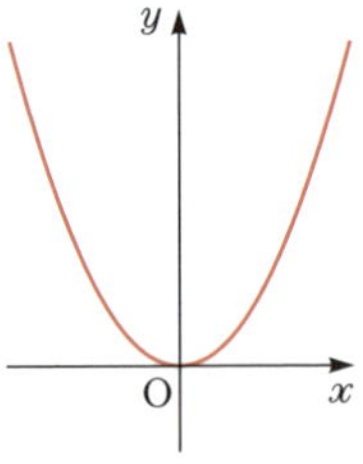

放物線

また，次の式で表される3次元空間内の図形を **2次曲面**という．

$$a_{11}{x_1}^2 + a_{22}{x_2}^2 + a_{33}{x_3}^2 + 2a_{12}x_1x_2 + 2a_{23}x_2x_3 + 2a_{31}x_3x_1 + b_1x_1 + b_2x_2 + b_3x_3 = c.$$

本来の2次曲面には，楕円面，2葉双曲面，1葉双曲面，楕円放物面，双曲放物面の5種類のものがあることが知られている．

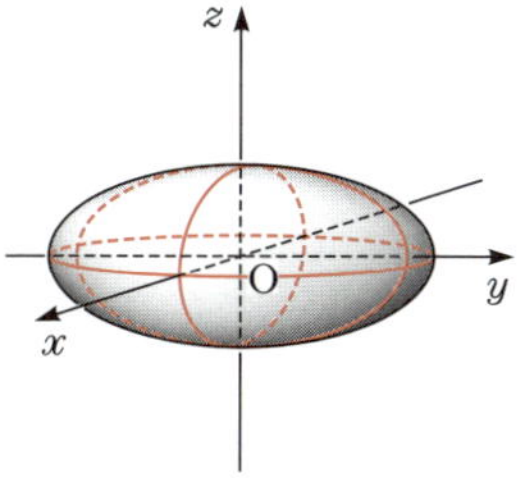

① 楕円面

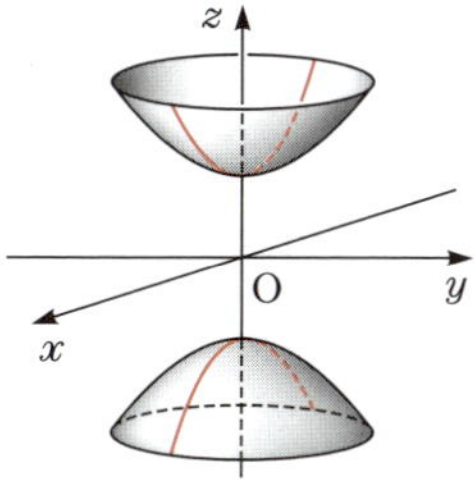

② 2 葉双曲面

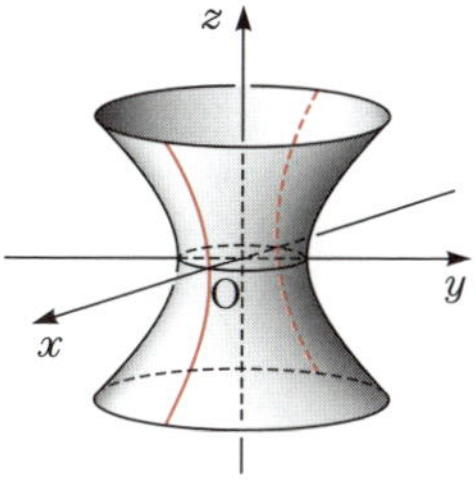

③ 1 葉双曲面

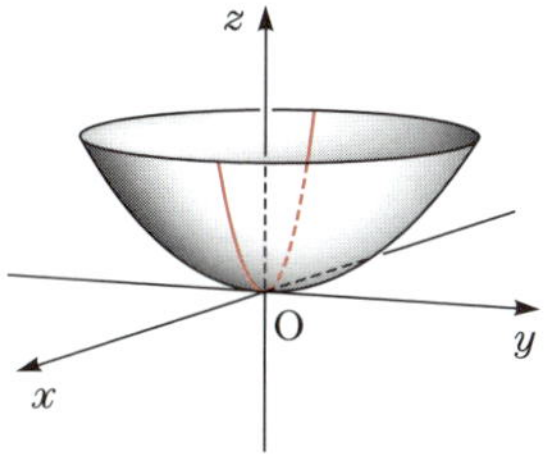

④ 楕円放物面

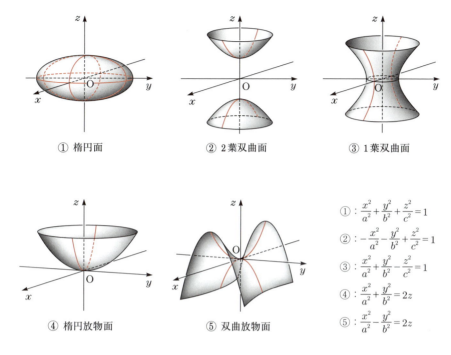

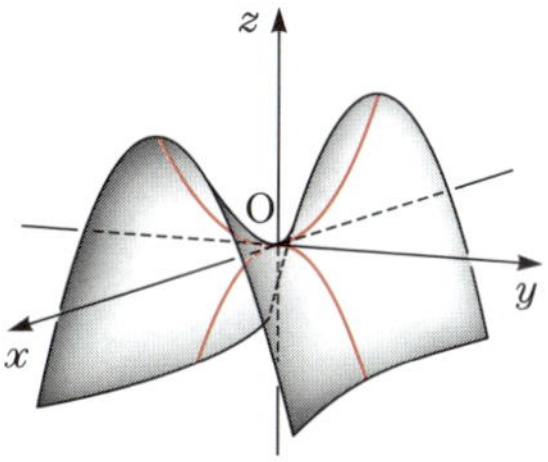

⑤ 双曲放物面

①：$\dfrac{x^2}{a^2}+\dfrac{y^2}{b^2}+\dfrac{z^2}{c^2}=1$

②：$-\dfrac{x^2}{a^2}-\dfrac{y^2}{b^2}+\dfrac{z^2}{c^2}=1$

③：$\dfrac{x^2}{a^2}+\dfrac{y^2}{b^2}-\dfrac{z^2}{c^2}=1$

④：$\dfrac{x^2}{a^2}+\dfrac{y^2}{b^2}=2z$

⑤：$\dfrac{x^2}{a^2}-\dfrac{y^2}{b^2}=2z$

6.3.2　2 次形式の最大・最小問題

x_1, x_2 に関する 2 次式

$$f(x_1, x_2) = a{x_1}^2 + 2bx_1x_2 + c{x_2}^2 \tag{1}$$

を x_1, x_2 の **2 次形式**という．この 2 次式の最大・最小問題を考えよう．

$$A = \begin{pmatrix} a & b \\ b & c \end{pmatrix}, \quad \boldsymbol{x} = \begin{pmatrix} x_1 \\ x_2 \end{pmatrix}$$

とおくと，例題 6.4 の場合と同様の計算により，式 (1) は

$$f(x_1, x_2) = (x_1 \ x_2)\begin{pmatrix} a & b \\ b & c \end{pmatrix}\begin{pmatrix} x_1 \\ x_2 \end{pmatrix} = {}^t\boldsymbol{x}A\boldsymbol{x}$$

と書ける．対称行列 A の固有値を λ_1，λ_2 とするとき，次が成り立つ．

(i)　${x_1}^2 + {x_2}^2 = 1$ のとき，2 次形式 (1) の最小値 m と最大値 M は

$$m = \min(\lambda_1, \lambda_2), \qquad M = \max(\lambda_1, \lambda_2)$$

で与えられる．また，最小値 m と最大値 M を与える (x_1, x_2) は，m および M に対応する大きさ 1 の固有ベクトルである．

(ii) λ_1，λ_2 が正のとき，$(x_1, x_2) \neq (0, 0)$ に対して，2 次形式 (1) の値は常に正となる．このような 2 次形式を**正値 2 次形式**という．また，このときの A を**正値対称行列**という．

例題 6.5　${x_1}^2 + {x_2}^2 = 1$ のとき，関数

$$f(x_1, x_2) = 5{x_1}^2 + 4x_1x_2 + 2{x_2}^2$$

の最小値と最大値を求めよ．また，それらを与える x_1, x_2 を求めよ．

解　2 次形式の係数から，対称行列 A を

$$A = \begin{pmatrix} 5 & 2 \\ 2 & 2 \end{pmatrix}$$

とおく（201 ページの脚注を参照）．A の固有値と固有ベクトルを求めよう．$|A - \lambda E| = 0$ より，$\lambda^2 - 7\lambda + 6 = 0$ であるから，A の固有値は $\lambda_1 = 1$ と $\lambda_2 = 6$ である．$\lambda_1 = 1$ に対する固有ベクトル $\boldsymbol{v}_1$ は

$$(A - \lambda_1 E)\boldsymbol{v}_1 = \begin{pmatrix} 4 & 2 \\ 2 & 1 \end{pmatrix} \begin{pmatrix} x_1 \\ x_2 \end{pmatrix} = \boldsymbol{0}$$

を解いて，$\boldsymbol{v}_1 = t_1(1, -2)$（$t_1$ は任意）である．同様に，$\lambda_2 = 6$ に対する固有ベクトル $\boldsymbol{v}_2$ は，$\boldsymbol{v}_2 = t_2(2, 1)$（$t_2$ は任意）である．この 2 つのベクトルは直交しているので，

$$\boldsymbol{u}_1 = \frac{1}{\sqrt{5}} \begin{pmatrix} 1 \\ -2 \end{pmatrix}, \qquad \boldsymbol{u}_2 = \frac{1}{\sqrt{5}} \begin{pmatrix} 2 \\ 1 \end{pmatrix}$$

とおくと，$\{\boldsymbol{u}_1, \boldsymbol{u}_2\}$ は正規直交基底となり，

$$U = (\boldsymbol{u}_1 \ \boldsymbol{u}_2) = \frac{1}{\sqrt{5}} \begin{pmatrix} 1 & 2 \\ -2 & 1 \end{pmatrix}$$

は直交行列になる．この U を用いて，変数変換（座標変換）

$$\text{(2)} \qquad \boldsymbol{x} = U\boldsymbol{y}, \quad \boldsymbol{y} = \begin{pmatrix} y_1 \\ y_2 \end{pmatrix}$$

を行う．このとき，補題 6.1 より

$$^t\boldsymbol{x} = {}^t(U\boldsymbol{y}) = {}^t\boldsymbol{y}\,{}^tU$$

が成り立つ．これらを $f(x_1, x_2) = {}^t\boldsymbol{x}A\boldsymbol{x}$ へ代入すると，$\boldsymbol{u}_1$, $\boldsymbol{u}_2$ は A の固有ベクトルであり，${}^tU = U^{-1}$ が成り立つから

$$^t\boldsymbol{x}A\boldsymbol{x} = {}^t\boldsymbol{y}\,{}^tUAU\boldsymbol{y} = {}^t\boldsymbol{y}U^{-1}AU\boldsymbol{y} = {}^t\boldsymbol{y}D\boldsymbol{y}, \quad D = \begin{pmatrix} \lambda_1 & 0 \\ 0 & \lambda_2 \end{pmatrix}$$

を得る．また，直交行列 U について，定理 6.7 より

$${x_1}^2 + {x_2}^2 = (\boldsymbol{x}, \boldsymbol{x}) = (U\boldsymbol{y}, U\boldsymbol{y}) = (\boldsymbol{y}, \boldsymbol{y}) = {y_1}^2 + {y_2}^2.$$

よって，${y_1}^2 + {y_2}^2 = 1$ のとき，

$$f(y_1, y_2) = {}^t\boldsymbol{y}D\boldsymbol{y} = (y_1\ y_2)\begin{pmatrix} \lambda_1 & 0 \\ 0 & \lambda_2 \end{pmatrix}\begin{pmatrix} y_1 \\ y_2 \end{pmatrix} = \lambda_1{y_1}^2 + \lambda_2{y_2}^2$$

の最小値と最大値を求めればよい．この式から，$(y_1, y_2) = (\pm 1, 0)$ のとき最小値 $\lambda_1 = 1$, $(y_1, y_2) = (0, \pm 1)$ のとき最大値 $\lambda_2 = 6$ となる．したがって，座標変換の式 (2) より，$(x_1, x_2) = \pm\dfrac{1}{\sqrt{5}}(1, -2)$ のとき最小値 1，$(x_1, x_2) = \pm\dfrac{1}{\sqrt{5}}(2, 1)$ のとき最大値 6 である． ◆

問 6.13 $ac - b^2 > 0$ かつ $a > 0$ のとき，2 次形式 $f(x, y) = ax^2 + 2bxy + cy^2$ は正値になることを示せ．

問 6.14 $x^2 + y^2 = 1$ のとき，2 次形式 $f(x, y) = x^2 + 4xy - 2y^2$ の最小値と最大値を求めよ．また，それらを与える x, y を求めよ．

◆ **発展 6.2** 2 変数の 2 次形式と同様に，n 変数の 2 次形式を考えることができる．

$$(*) \qquad f(x_1, x_2, \cdots, x_n) = \sum_{1 \leqq i,j \leqq n} a_{ij}x_ix_j, \quad a_{ij} = a_{ji}$$

を $x_1, x_2, \cdots, x_n$ の **2 次形式**という．対称行列 $A = (a_{ij})$ の固有値を λ_1，$\lambda_2, \cdots, \lambda_n$ とするとき，次が成り立つ．

(i) ${x_1}^2 + {x_2}^2 + \cdots + {x_n}^2 = 1$ のとき，2 次形式 $(*)$ の最小値 m と最大値 M は，

$$m = \min(\lambda_1, \lambda_2, \cdots, \lambda_n), \qquad M = \max(\lambda_1, \lambda_2, \cdots, \lambda_n)$$

で与えられる．また，最小値 m と最大値 M を与える $(x_1, x_2, \cdots, x_n)$ は，m および M に対応する大きさ 1 の固有ベクトルである．

(ii) A が正値対称行列のとき，A の固有値 λ_1，λ_2，$\cdots, \lambda_n$ はすべて正であり，2 次形式 $(*)$ は，$(x_1, x_2, \cdots, x_n) \neq (0, 0, \cdots, 0)$ に対して，常に正の値をとる．

6.4　行列のジョルダン標準形

ここでは，行列を対角化することができないときにどうすべきかを考えてみよう．

まず，最も簡単な 2 次行列の場合から考える．2 次正方行列 A の固有方程式 $|A - \lambda E| = 0$ が重根 α をもっていたとしよう．いま，運良く 2 個の線形独立な固有ベクトル $\boldsymbol{v}_1, \boldsymbol{v}_2$ が見つかったとしよう．このとき，

$$A\boldsymbol{v}_1 = \alpha\boldsymbol{v}_1, \qquad A\boldsymbol{v}_2 = \alpha\boldsymbol{v}_2$$

が成り立つ．上の 2 式をまとめると

$$A(\boldsymbol{v}_1\ \boldsymbol{v}_2) = (\boldsymbol{v}_1\ \boldsymbol{v}_2)\begin{pmatrix} \alpha & 0 \\ 0 & \alpha \end{pmatrix}$$

のように書ける．$\boldsymbol{v}_1, \boldsymbol{v}_2$ は線形独立であるから，$P = (\boldsymbol{v}_1\ \boldsymbol{v}_2)$ とおくと，P は正則で逆行列 P^{-1} をもつ．よって，P^{-1} を上式に左側から掛ければ

$$P^{-1}AP = D, \qquad D = \begin{pmatrix} \alpha & 0 \\ 0 & \alpha \end{pmatrix}$$

を得る．このようにして，行列 A を対角行列 D へ直すことができる（行列の対角化）．しかし，2 個の線形独立な固有ベクトルが見つからなかったときは，対角行列に直せない．このときは，少し妥協して

$$D' = \begin{pmatrix} \alpha & 1 \\ 0 & \alpha \end{pmatrix}$$

という形の行列 D' へ直すことを考えよう．そのためには，

$$A(\boldsymbol{v}_1\ \boldsymbol{v}_2) = (\boldsymbol{v}_1\ \boldsymbol{v}_2)\begin{pmatrix} \alpha & 1 \\ 0 & \alpha \end{pmatrix}$$

すなわち，

$$A\boldsymbol{v}_1 = \alpha\boldsymbol{v}_1, \qquad A\boldsymbol{v}_2 = \alpha\boldsymbol{v}_2 + \boldsymbol{v}_1,$$

$$\therefore \quad (A - \alpha E)\boldsymbol{v}_1 = \boldsymbol{0}, \qquad (A - \alpha E)\boldsymbol{v}_2 = \boldsymbol{v}_1$$

が成立していなければならない．このとき，$\boldsymbol{v}_1$ は A の固有値 α に対する固有ベクトルだが，$\boldsymbol{v}_2$ はそうではない．

いま述べたことを，行列

$$A = \begin{pmatrix} 5 & 1 \\ -1 & 3 \end{pmatrix}$$

で考えてみよう．A の固有方程式は，

$$|A - \lambda E| = \lambda^2 - 8\lambda + 16 = (\lambda - 4)^2 = 0$$

であるから，$\lambda = 4$（2 重根）が A の固有値である．$\boldsymbol{v}_1 = (x_1, y_1)$ とおくと，$(A - 4E)\boldsymbol{v}_1 = \boldsymbol{0}$ より

$$\begin{pmatrix} 1 & 1 \\ -1 & -1 \end{pmatrix}\begin{pmatrix} x_1 \\ y_1 \end{pmatrix} = \begin{pmatrix} 0 \\ 0 \end{pmatrix}$$

であるから，$x_1 + y_1 = 0$ を得る．これより，$\alpha = 4$ に対する A の固有ベクトルとして，例えば，$\boldsymbol{v}_1 = (1, -1)$ を得る．また，$\boldsymbol{v}_2 = (x_2, y_2)$ とおくと，$(A - 4E)\boldsymbol{v}_2 = \boldsymbol{v}_1$ より，

$$\begin{pmatrix} 1 & 1 \\ -1 & -1 \end{pmatrix}\begin{pmatrix} x_2 \\ y_2 \end{pmatrix} = \begin{pmatrix} 1 \\ -1 \end{pmatrix}$$

であるから，$x_2 + y_2 = 1$ を得る．これより，例えば $\boldsymbol{v}_2 = (0, 1)$ を得る．したがって，

$$P = (\boldsymbol{v}_1\ \boldsymbol{v}_2) = \begin{pmatrix} 1 & 0 \\ -1 & 1 \end{pmatrix}$$

とおけば，確かに

$$P^{-1}AP = D', \qquad D' = \begin{pmatrix} 4 & 1 \\ 0 & 4 \end{pmatrix}$$

が成り立つことがわかる．

こうして，行列 A を（対角行列ほどではないが）きれいな形に直すことができた．行列 D' を A の**ジョルダン標準形**という．また，このときの α を A の**退化固有値**といい，固有ベクトル $\boldsymbol{v}_1$ を用いて $(A - \alpha E)\boldsymbol{v}_2 = \boldsymbol{v}_1$ で与えられる $\boldsymbol{v}_2$ を A の**一般化固有ベクトル**（退化固有ベクトル）という．

◆ **発展 6.3**　A の固有値 α に対して，$V_\alpha = \{\boldsymbol{v} \mid (A - \alpha E)\boldsymbol{v} = \boldsymbol{0}\}$ と定義すると，V_α は部分空間になる（章末の練習問題 6.4）．V_α は A の固有値 α に対する**固有空間**とよばれ，固有値 α に対応するすべての固有ベクトルを含んでいる．固有空間 V_α の次元を固有値 α の**幾何学的次元**という．一方，α が固有方程式 $|A - \lambda E| = 0$ の m 重根であるとき，m を固有値 α の**代数的次元**という．一般に，（幾何学的次元）$\leq$（代数的次元）であり，（幾何学的次元）$<$（代数的次元）のとき，一般化固有ベクトルが存在することが知られている．例えば，上の行列

$$A = \begin{pmatrix} 5 & 1 \\ -1 & 3 \end{pmatrix}$$

の場合は，固有値 4 の代数的次元が 2, 幾何学的次元が 1 である．

問 6.15　次の行列のジョルダン標準形を求めよ．

(1) $\begin{pmatrix} 7 & 3 \\ -3 & 1 \end{pmatrix}$　　(2) $\begin{pmatrix} -8 & -9 \\ 4 & 4 \end{pmatrix}$

次に，3 次行列の場合を考える．3 次正方行列 A の固有方程式 $|A - \lambda E| = 0$ が重根をもつときは，次の 2 通りの場合が考えられる．

(i)　単根 α と 2 重根 β をもつ．

(ii)　3 重根 α をもつ．

この場合 A が対角化できなければ，次のような形のジョルダン標準形に直す．

$$
(1)\quad \left(\begin{array}{c|cc} \alpha & 0 & 0 \\ \hline 0 & \beta & 1 \\ 0 & 0 & \beta \end{array}\right) \qquad (2)\quad \left(\begin{array}{c|cc} \alpha & 0 & 0 \\ \hline 0 & \alpha & 1 \\ 0 & 0 & \alpha \end{array}\right) \qquad (3)\quad \begin{pmatrix} \alpha & 1 & 0 \\ 0 & \alpha & 1 \\ 0 & 0 & \alpha \end{pmatrix}
$$

一般には，**ジョルダン細胞**とよばれる次の形の k 次正方行列

$$
J(\alpha, k) = \begin{pmatrix} \alpha & 1 & 0 & \cdots & 0 \\ 0 & \alpha & 1 & \ddots & \vdots \\ 0 & 0 & \alpha & \ddots & 0 \\ \vdots & \vdots & \ddots & \ddots & 1 \\ 0 & 0 & \cdots & 0 & \alpha \end{pmatrix}
$$

をブロックとして構成される正方行列に変換できることが知られている．例えば，3 次正方行列の場合だと，(1) は

$$
J(\alpha, 1) = (\alpha), \qquad J(\beta, 2) = \begin{pmatrix} \beta & 1 \\ 0 & \beta \end{pmatrix}
$$

の 2 つのジョルダン細胞から構成されている．同様に，(2) は $J(\alpha, 1)$ と $J(\alpha, 2)$，(3) は $J(\alpha, 3)$ から構成される．

最後に，ジョルダン標準形に変換するときに，どのような方針で計算を進めていけばよいのかを簡単に説明してこの節を終える．具体的な計算例については，他の書物などを参照して欲しい[*3]．

例えば，(1) の場合を考えてみよう．この場合

$$
A(\boldsymbol{v}_1\ \boldsymbol{v}_2\ \boldsymbol{v}_3) = (\boldsymbol{v}_1\ \boldsymbol{v}_2\ \boldsymbol{v}_3) \begin{pmatrix} \alpha & 0 & 0 \\ 0 & \beta & 1 \\ 0 & 0 & \beta \end{pmatrix}
$$

であるから

[*3] 齋藤正彦『線型代数入門』（東京大学出版会, 1966）の第 6 章 §2 の例 3～例 6.

$$Av_1 = \alpha v_1, \quad Av_2 = \beta v_2, \quad Av_3 = \beta v_3 + v_2,$$

$$\therefore \quad (A - \alpha E)v_1 = \mathbf{0}, \quad (A - \beta E)v_2 = \mathbf{0}, \quad (A - \beta E)v_3 = v_2$$

が成り立つはずである．したがって，

(i) v_1 に関する連立 1 次方程式 $(A - \alpha E)v_1 = \mathbf{0}$ を解いて，α に対する固有ベクトル v_1 を求める．

(ii) v_2 に関する連立 1 次方程式 $(A - \beta E)v_2 = \mathbf{0}$ を解いて，β に対する固有ベクトル v_2 を求める．

(iii) (ii) で求めた v_2 に対し，v_3 に関する連立 1 次方程式 $(A - \beta E)v_3 = v_2$ を解いて，β に対する一般化固有ベクトル v_3 を求める．

という方針で，v_1, v_2, v_3 を求めて $P = (v_1\ v_2\ v_3)$ とおけばよい．他の場合の計算方針も同様に考えていくことができる．

証明は省略するが，次の定理が成り立つ．

定理 6.9　対角化できない行列は，一般化固有ベクトルを利用してジョルダン標準形に直せる（言い換えれば，一般化固有ベクトルをもたない行列は対角化できる）．

✔ **注意 6.5**　行列は必ずしも対角化できるとは限らないが，3 角化はいつでも可能なことがわかる．すなわち，どんな行列 A に対しても，適当な正則行列 P を用いて

$$P^{-1}AP = \begin{pmatrix} \lambda_1 & * & * & \cdots & * \\ 0 & \lambda_2 & * & \cdots & * \\ 0 & 0 & \lambda_3 & \ddots & \vdots \\ \vdots & \vdots & \ddots & \ddots & * \\ 0 & 0 & \cdots & 0 & \lambda_n \end{pmatrix}$$

の形にできる．ここで，$*$ は何らかの数を意味しており，同じ数を示しているのではない．

▶ **参考 6.1**　数学的な理論構成の上では，どんな行列も 3 角化できることを示した後で定理 6.9 を証明する．

練習問題

6.1 次の行列の固有値と固有ベクトルを求めて，対角化せよ．

(1) $\begin{pmatrix} 1 & 2 & -2 \\ 3 & -5 & 3 \\ 3 & 0 & -2 \end{pmatrix}$　　(2) $\begin{pmatrix} 6 & 2 & 1 \\ -6 & -2 & -3 \\ -2 & -2 & 3 \end{pmatrix}$

(3) $\begin{pmatrix} -3 & -2 & -2 & 1 \\ 2 & 3 & 2 & 0 \\ 3 & 1 & 2 & -1 \\ -4 & -2 & -2 & 2 \end{pmatrix}$

6.2 正方行列 A は正則とする．次の各問に答えよ．

(1) A は 0 を固有値にもたないことを示せ．

(2) λ が A の固有値であるとき，λ^{-1} は A^{-1} の固有値であることを示せ．

6.3 正方行列 A の固有値と ${}^tA$ の固有値は一致することを示せ．

6.4 正方行列 A の固有値 λ に対して

$$V_\lambda = \{\boldsymbol{v} \mid (A - \lambda E)\boldsymbol{v} = \boldsymbol{0}\}$$

と定義するとき，V_λ が部分空間になることを示せ．

6.5 行列 A の固有ベクトルが正規直交基底をなすとき，A は対称行列であることを示せ．

6.6 2 次曲線 $C: {x_1}^2 - 2x_1x_2 + {x_2}^2 + 8x_2 + 12 = 0$ の概形を以下の手順に従って調べよ．

(1)

$$A = \begin{pmatrix} 1 & -1 \\ -1 & 1 \end{pmatrix}, \quad \boldsymbol{b} = \begin{pmatrix} 0 \\ 8 \end{pmatrix}, \quad \boldsymbol{x} = \begin{pmatrix} x_1 \\ x_2 \end{pmatrix}$$

とおくと，曲線 C は ${}^t\boldsymbol{x}A\boldsymbol{x} + (\boldsymbol{b}, \boldsymbol{x}) + 12 = 0$ と書けることを示せ．

(2) A の固有値は $\lambda_1 = 2$ と $\lambda_2 = 0$ であり，

$$\boldsymbol{u}_1 = \frac{1}{\sqrt{2}}\begin{pmatrix} 1 \\ -1 \end{pmatrix}, \quad \boldsymbol{u}_2 = \frac{1}{\sqrt{2}}\begin{pmatrix} 1 \\ 1 \end{pmatrix}$$

は，それぞれ λ_1, λ_2 に対する大きさ 1 の固有ベクトルであることを示せ．

(3) $U = (\boldsymbol{u}_1\ \boldsymbol{u}_2)$ とおく．座標変換

$$\boldsymbol{x} = U\boldsymbol{y}, \quad \boldsymbol{x} = \begin{pmatrix} x_1 \\ x_2 \end{pmatrix}, \quad \boldsymbol{y} = \begin{pmatrix} y_1 \\ y_2 \end{pmatrix}$$

を行うと，曲線 C は $C' : {y_1}^2 - 2\sqrt{2}y_1 + 2\sqrt{2}y_2 + 6 = 0$ と表されることを示せ．

(4)　曲線 C' が $(y_1 - \sqrt{2})^2 + 2\sqrt{2}(y_2 + \sqrt{2}) = 0$ と書けることを確かめた後，平行移動

$$\begin{pmatrix} {y_1}' \\ {y_2}' \end{pmatrix} = \begin{pmatrix} y_1 \\ y_2 \end{pmatrix} + \begin{pmatrix} -\sqrt{2} \\ \sqrt{2} \end{pmatrix}$$

を行い，曲線 C が放物線であることを示せ．

6.7　次の 2 次曲線はどのような図形であるか．

(1)　$5x^2 + 4xy + 2y^2 - 4x + 2y + 1 = 0$

(2)　$2x^2 + 4xy - y^2 - 4x - 10y = 0$

(3)　$4x^2 + 4xy + y^2 - 6x + 2y - 1 = 0$

6.8　次の対称行列 A を以下の手順に従って対角化せよ．

$$A = \begin{pmatrix} 1 & 2 & 2 \\ 2 & 1 & 2 \\ 2 & 2 & 1 \end{pmatrix}$$

(1)　A の固有値が $\lambda = 5, -1$（2 重根）であることを確かめよ．

(2)　$\lambda = 5$ のとき $(A - \lambda E)\boldsymbol{v} = \boldsymbol{0}$ を解いて，固有値 5 に対する大きさ 1 の固有ベクトル $\boldsymbol{u}_1$ を求めよ．

(3)　$\lambda = -1$ のとき $(A - \lambda E)\boldsymbol{v} = \boldsymbol{0}$ をみたす $\boldsymbol{v}$ が

$$\boldsymbol{v} = s\boldsymbol{v}_2 + t\boldsymbol{v}_3 = s\begin{pmatrix} 1 \\ -1 \\ 0 \end{pmatrix} + t\begin{pmatrix} 1 \\ 0 \\ -1 \end{pmatrix} \qquad (s, t \text{ は任意})$$

の形で与えられることを示せ．

(4)　$\{\boldsymbol{v}_2, \boldsymbol{v}_3\}$ に対してシュミットの直交化法を用いて，固有値 -1 に対する大きさ 1 の互いに直交する固有ベクトルの組 $\{\boldsymbol{u}_2, \boldsymbol{u}_3\}$ をつくれ．

(5)　$U = (\boldsymbol{u}_1\ \boldsymbol{u}_2\ \boldsymbol{u}_3)$ とおくとき，U が直交行列であることを確かめよ．また，U を用いて A を対角化せよ．

6.9 次の対称行列を直交行列によって対角化せよ．

(1) $\begin{pmatrix} 3 & -2 & 0 \\ -2 & 2 & 2 \\ 0 & 2 & 1 \end{pmatrix}$　　(2) $\begin{pmatrix} 0 & 0 & 0 & 1 \\ 0 & 0 & 1 & 0 \\ 0 & 1 & 0 & 0 \\ 1 & 0 & 0 & 0 \end{pmatrix}$

6.10 次の式で定義される 2 次曲面が楕円面であることを示せ．

$$x^2 + 3y^2 + 3z^2 - 2yz = 4$$

6.11 $x^2 + y^2 + z^2 = 1$ のとき，

$$f(x, y, z) = x^2 + 2y^2 + z^2 + 2xy + 2yz + 4zx$$

の最大値・最小値を求めよ．

6.12 次の各問に答えよ．

(1) 数学的帰納法を用いて，

$$\begin{pmatrix} \alpha & 1 \\ 0 & \alpha \end{pmatrix}^n = \begin{pmatrix} \alpha^n & n\alpha^{n-1} \\ 0 & \alpha^n \end{pmatrix}$$

が成り立つことを示せ．

(2) 次の行列 A のジョルダン標準形を求めよ．また，A^n を求めよ．

$$A = \begin{pmatrix} 9 & 1 \\ -4 & 5 \end{pmatrix}$$

6.13 次の行列のジョルダン標準形を求めよ．

(1) $\begin{pmatrix} 2 & 1 & -1 \\ 0 & 2 & 1 \\ 1 & -2 & 5 \end{pmatrix}$　　(2) $\begin{pmatrix} 4 & -3 & 3 \\ -1 & 3 & -2 \\ -3 & 4 & -3 \end{pmatrix}$

Appendix

付　録

A　集合と写像

ここでは，最も基本的な概念である集合および写像について簡単に説明しておこう．

ものの集まりを**集合**という．実数の集まり，整数の集まりなどはいずれも集合である．1 つの集合 X があるとき，X を構成する個々のメンバーを X の**元**あるいは**要素**という．また，x が X の元であることを，記号を用いて

$$x \in X \quad \text{または} \quad X \ni x$$

で表す．集合を表す方法には，すべての元を具体的に記述する方法と，元がみたすべき条件を記述する方法の 2 通りがある．例えば，

$$X = \{3, 6, 9\},$$
$$X = \{x \mid x \text{ は } 3 \text{ の倍数で } 0 < x < 10 \text{ をみたす}\}$$

はともに同じ集合を表している．

2 つの集合 X と Y において，X のどの元も同時に Y の元である場合，すなわち，$x \in X$ ならば $x \in Y$ が成り立つとき，X は Y の**部分集合**であるといい，記号で

$$X \subset Y \quad \text{または} \quad Y \supset X$$

と表す．例えば，$X = \{x \mid x \text{ は } 6 \text{ の倍数}\}$, $Y = \{y \mid y \text{ は } 3 \text{ の倍数}\}$ のとき，

$X \subset Y$ である．

2つの集合 X と Y に対して，X と Y のどちらにも含まれる元のつくる集合を，X と Y の**共通部分**といい，$X \cap Y$ で表す．また，X と Y の少なくとも一方に含まれる元のつくる集合を X と Y の和集合といい，$X \cup Y$ で表す．したがって，X と Y の共通部分および和集合は，

$$X \cap Y = \{x \mid x \in X \text{ かつ } y \in Y\}, \qquad X \cup Y = \{x \mid x \in X \text{ または } y \in Y\}$$

で定義される．例えば，$X = \{1, 3, 6, 9\}, Y = \{1, 2, 6\}$ のとき，

$$X \cap Y = \{1, 6\}, \qquad X \cup Y = \{1, 2, 3, 6, 9\}$$

である．集合 X と Y に共通な元がない場合は，$X \cap Y$ は元を全くもたない．元を全くもたない集合を**空集合**といい，記号 $\emptyset$ で表す．

集合 X と Y があるとき，X の各元に対して Y の1つの元を対応させる規則を，X から Y への**写像**という．とくに，集合 X から X 自身への写像を X の**変換**という．f が X から Y への写像であることを，記号を用いて

$$f : X \longrightarrow Y$$

と表す．f が X から Y への写像であるとき，X の元 x に対し f によって決まる Y の元を，x の f による像といい，$f(x)$ で表す．例えば，$X = \{x \mid x \text{ は整数}\}$, $Y = \{y \mid y \text{ は偶数}\}$ のとき，X の各元に対し，それを2倍した Y の元を対応させる写像は，

$$f(x) = 2x, \qquad x \in X$$

で定義することができる．

X から Y への写像 f が，X の相異なる元を Y の相異なる元に対応させる，すなわち，

$$x_1, x_2 \in X, \quad x_1 \neq x_2 \quad \text{ならば} \quad f(x_1) \neq f(x_2)$$

をみたすとき，f は**1対1写像**もしくは**単射**であるという．また，Y のすべての元に対して，f によって対応させられる X の元が存在する，すなわち

$$y \in Y \quad ならば \quad y = f(x) となる x \in X がある$$

をみたすとき，f は**上への写像**もしくは**全射**であるという．とくに，上の 2 つの条件を同時にみたすとき，**上への 1 対 1 写像**あるいは**全単射**という．

集合 X, Y, Z があり，さらに X から Y への写像 f, Y から Z への写像 g があるとき，X の元 x に対し Z の元 $g(f(x))$ を対応させる X から Z への写像を，f と g の**合成写像**といい，$g \circ f$ で表す．例えば，集合 X, Y, Z が正の整数からなる集合であるとき，$f : X \longrightarrow Y$, $g : Y \longrightarrow Z$ を，それぞれ $f(x) = x + 1$, $g(y) = y^2$ で定義すれば，$g \circ f : X \longrightarrow Z$ は，

$$g \circ f(x) = g(f(x)) = (x+1)^2 = x^2 + 2x + 1$$

で与えられる．また，集合 X の元 x に対して，x 自身を対応させる写像を X 上の**恒等写像**といい，id_X で表す．すなわち，

$$id_X(x) = x, \qquad x \in X$$

X から Y への写像 $f : X \longrightarrow Y$ が全単射であるとき，f の**逆写像** $f^{-1} : Y \longrightarrow X$ を

$$f^{-1}(y) = x,\ ただし，x \in X は f(x) = y をみたす$$

によって定義する．逆写像の定義から，

$$f^{-1} \circ f = id_X, \qquad f \circ f^{-1} = id_Y$$

が成り立つ．

B　代数系の基本用語

ベクトル空間を考えるとき，スカラーは実数や複素数であることが多い．ここでは，実数や複素数のもつ代数構造（演算規則）について簡単に説明する．

S を空でない集合とし，$S \times S = \{(a, b) \mid a \in S,\ b \in S\}$ であるとする．このとき，写像 $f : S \times S \longrightarrow S$ を S における**演算**という．$(a, b) \in S \times S$ に対

応する S の元 $f((a,b))$ は $a\circ b$ などの記号を用いて表されることが多い．

定義 B.1（**群の定義**）　G に演算 $\circ$ が定義され，次の 3 つの規則をみたすとき，G は演算 $\circ$ に関して**群**であるという．

(1)　$(a\circ b)\circ c=a\circ(b\circ c)$　　（結合法則）

(2)　**単位元**とよばれる元 e が存在して，G のすべての元 a に対して

$$a\circ e=e\circ a=a$$

が成り立つ．

(3)　G の任意の元 a に対し，

$$a\circ x=x\circ a=e$$

となる G の元 x が存在する．これを a の**逆元**といい，a^{-1} で表す．

✔ **注意 B.1**　単位元と逆元がただ 1 つであること（一意性）は，群の定義から自然に導かれる．

交換法則 $a\circ b=b\circ a$ が成り立つような群は可換群またはアーベル群とよばれる．また，可換群は**加法群**とよばれることが多い．その場合は，$a\circ b$ を $a+b$ と書き，単位元を 0 で，a の逆元を $-a$ で表す．

定義 B.2（**環の定義**）　加法群 R に積とよばれる演算 $\cdot$ が定義され，次の規則をみたすとき，R を**環**という．

(1)　$(a\cdot b)\cdot c=a\cdot(b\cdot c)$　　（積に関する結合法則）

(2)　$a\cdot(b+c)=a\cdot b+a\cdot c,\quad (a+b)\cdot c=a\cdot c+b\cdot c$　　（分配法則）

環における積 $a\cdot b$ は，単に ab と表されることが多い．以下では，環における積を ab の形で表す．また，積に関する単位元（加法の単位元とは異なる）をもつ環は，単位元をもつ環とよばれ，積に関する単位元は $1\,(\neq 0)$ で表される．さらに，積に関する交換法則 $ab=ba$ が成り立つ環は可換環とよばれる．例えば，整数全体は通常の加法（和）と乗法（積）に関して単位元をもつ可換環であり，$\boldsymbol{Z}$ で表される．可換環でない環は非可換環とよばれる．

定義 B.3（**体の定義**）　単位元をもつ可換環 K が**体**であるとは，0 以外の任意の元が積に関する逆元をもつときをいう．

有理数全体，実数全体，複素数全体はいずれも通常の加法と乗法に関して体であり，それぞれ $\boldsymbol{Q}$, $\boldsymbol{R}$, $\boldsymbol{C}$ で表される．

本文ではスカラーという用語を用いたが，厳密には「体」という用語を用いなければならない．数学を専攻する学生向けの本では，「体 K 上のベクトル空間 V」などのような記述がある．これは，V が K をスカラーとするベクトル空間であることを意味している．

C　複素ベクトルと複素行列

C.1　複 素 数

実数全体 $\boldsymbol{R}$ は平面上の数直線，すなわち，x 軸とみなすことができる．ここでは，y 軸を利用して 2 乗すると -1 になる数を導入する．

右図を見ればわかるように，x 軸上の点 $(1, 0)$ を反時計回りに 90° 回転すると，y 軸上の点 $(0, 1)$ が得られる．この点を i と表してみよう．このとき，x 軸上の点 $(1, 0)$ を 反時計回りに 90° 回転する操作を 2 回続けて行えば，x 軸上の点 $(-1, 0)$ が得られることから，

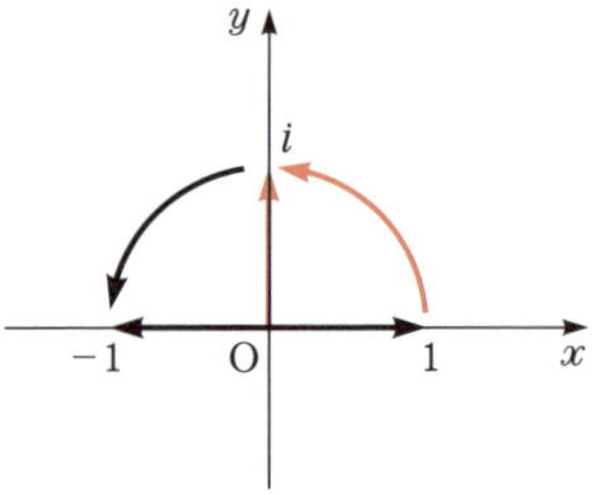

$$i^2 = -1$$

と定義するのは全く自然である．すなわち，2 乗すると -1 になる数は y 軸上の点 $(0, 1)$ であると考えられる．i を**虚数単位**という．

また，平面上の点 $z = (a, b)$ に対応する数を

$$z = (a, b) = (a, 0) + (0, b) = a(1, 0) + b(0, 1)$$

と考えることにより，

$$z = a + bi \qquad (\text{あるいは } a + ib)$$

と表すこともできる．このような形で表される数 z を**複素数**とよび，a を z の**実部**，b を z の**虚部**という．これらを，記号 $a = \mathrm{Re}(z)$, $b = \mathrm{Im}(z)$ で表す．

2 つの複素数 $z = a + bi$ と $w = c + di$ の和と差を

$$z \pm w = (a \pm c) + (b \pm d)i$$

のように定義する．また，$i^2 = -1$ に注意して，2 つの複素数 $z = a + bi$ と $w = c + di$ の積と商を

$$zw = (a + bi)(c + di) = ac + adi + bci + bdi^2 = ac - bd + (ad + bc)i,$$

$$\frac{z}{w} = \frac{a + bi}{c + di} = \frac{(a + bi)(c - di)}{(c + di)(c - di)} = \frac{ac + bd}{c^2 + d^2} + \frac{bc - ad}{c^2 + d^2}\, i \qquad (w \neq 0)$$

のように定義する．

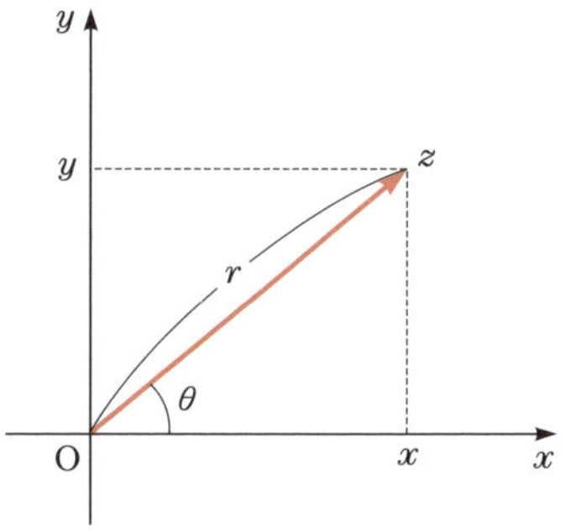

複素数 $z = x + yi$ は，平面上のベクトル $\overrightarrow{\mathrm{O}z} = (x, y)$ とみなすことができることから，z の大きさを

$$r = |z| = \sqrt{x^2 + y^2}$$

で定義する．また，$\overrightarrow{\mathrm{O}z}$ が x 軸の正の向きとなす角 θ を z の偏角とよび $\arg z$ で表す．すなわち，

$$\arg z = \theta$$

である．

さて，$z = x + yi$ の虚部の符号を変えた $x - yi$ を，z の**共役複素数**といい，記号 $\bar{z}$ で表す．共役複素数を用いると，複素数 z の大きさは

$$|z| = \sqrt{z\bar{z}}$$

で与えられる．

C.2　複素ベクトルと複素行列

本文では，主としてベクトルや行列の成分は実数としてきたが，複素数を成

分とするベクトルや行列も全く同様にして扱うことができる．行列の演算，連立1次方程式の解法，行列のランク，ベクトルの線形独立性，線形写像などが，実数の場合と全く同様に議論できる．ただ1つの例外は，ベクトルの内積である．それは，複素数 z の大きさが共役複素数 $\bar{z}$ を用いて $|z| = \sqrt{z\bar{z}}$ で与えられることに原因がある．このことに注意して複素ベクトルの内積を次のように定義する．

定義 C.1　n 個の複素数の組からなるものの集まり（集合）を $\boldsymbol{C}^n$ で表す：

$$\boldsymbol{C}^n = \{(z_1, z_2, \cdots, z_n) \,|\, z_1, z_2, \cdots, z_n \text{ は複素数}\}.$$

$\boldsymbol{C}^n$ には，自然に加法とスカラー倍が定義されてベクトル空間になる．$\boldsymbol{C}^n$ の2つのベクトル $\boldsymbol{z} = (z_1, z_2, \cdots, z_n)$ と $\boldsymbol{w} = (w_1, w_2, \cdots, w_n)$ の内積 $(\boldsymbol{z}, \boldsymbol{w})$ は

$$(\boldsymbol{z}, \boldsymbol{w}) = z_1\overline{w_1} + z_2\overline{w_2} + \cdots + z_n\overline{w_n}$$

で定義される．また，複素ベクトル $\boldsymbol{z}$ の大きさ $\|\boldsymbol{z}\|$ は

$$\|\boldsymbol{z}\| = \sqrt{(\boldsymbol{z}, \boldsymbol{z})}$$

によって定義される．

このとき，複素ベクトルの内積は，次の規則をみたす：

$$(\boldsymbol{z} + \boldsymbol{z}', \boldsymbol{w}) = (\boldsymbol{z}, \boldsymbol{w}) + (\boldsymbol{z}', \boldsymbol{w}), \qquad (\boldsymbol{z}, \boldsymbol{w} + \boldsymbol{w}') = (\boldsymbol{z}, \boldsymbol{w}) + (\boldsymbol{z}, \boldsymbol{w}'),$$

$$(c\boldsymbol{z}, \boldsymbol{w}) = c(\boldsymbol{z}, \boldsymbol{w}), \qquad (\boldsymbol{z}, c\boldsymbol{w}) = \bar{c}(\boldsymbol{z}, \boldsymbol{w}) \qquad (c \text{ は複素数}),$$

$$(\boldsymbol{z}, \boldsymbol{w}) = \overline{(\boldsymbol{w}, \boldsymbol{z})},$$

$(\boldsymbol{z}, \boldsymbol{z}) \geqq 0$，ただし，等号成立は $\boldsymbol{z} = \boldsymbol{0}$ のときに限る．

$\boldsymbol{C}^n$ のように，複素数を用いて考えているベクトル空間を**複素ベクトル空間**という．複素ベクトル空間における内積は，**複素内積**あるいは**ユニタリ内積**とよばれており，上の規則をみたす演算として定義される．また，複素内積が定義され，ベクトルの大きさや2つのベクトルのなす角度が測れる複素ベクトル空間を**複素計量ベクトル空間**あるいは**ユニタリ空間**という．ユニタリ空間では，正

規直交基底が導入できる．

複素行列のうち，重要なのは，実ベクトル空間における対称行列と直交行列の概念を，複素ベクトル空間の場合に拡張した「エルミート行列」と「ユニタリ行列」である．以下では，$A = (a_{ij})$ の**共役転置行列**を記号 A^* で表すことにする．すなわち，$A^* = {}^t\bar{A} = (\overline{a_{ji}})$.

定義 C.2　複素正方行列 A が

$$A^* = A$$

をみたすとき，A を**エルミート行列**という．とくに，エルミート行列 A が実行列，すなわち，A のすべての成分が実数であるとき，A は対称行列である．

定義 C.3　複素正方行列 U が

$$U^*U = UU^* = E$$

をみたすとき，U を**ユニタリ行列**という．とくに，ユニタリ行列 U が実行列，すなわち，U のすべての成分が実数であるとき，U は直交行列である．

証明は省略するが，エルミート行列の固有値は実数であり，その固有ベクトルは正規直交基底をなすことが知られている．また，エルミート行列はユニタリ行列によって対角化される．

D　線形方程式の可解性

ここでは，連立 1 次方程式 $A\boldsymbol{x} = \boldsymbol{b}$ が解をもつための条件を，行列 A のランクを利用しない形で与える．簡単のため，A が 3 次正方行列の場合で説明する．$A\boldsymbol{x} = \boldsymbol{b}$ を

$$x_1\boldsymbol{a}_1 + x_2\boldsymbol{a}_2 + x_3\boldsymbol{a}_3 = \boldsymbol{b}, \qquad A = (\boldsymbol{a}_1\ \boldsymbol{a}_2\ \boldsymbol{a}_3)$$

と書き直せば，$A\boldsymbol{x} = \boldsymbol{b}$ をみたす $\boldsymbol{x}$ が存在するための必要十分条件は

$$\boldsymbol{b} \in \mathrm{span}\{\boldsymbol{a}_1, \boldsymbol{a}_2, \boldsymbol{a}_3\}$$

である．この条件は，拡大係数行列 $B = (\boldsymbol{a}_1\ \boldsymbol{a}_2\ \boldsymbol{a}_3\ \boldsymbol{b})$ を用いて，$r(A) = r(B)$ と表すことができる（定理 3.2(i)．読者はその理由を考えてみよ）．いま，例えば $\mathrm{span}\{\boldsymbol{a}_1, \boldsymbol{a}_2, \boldsymbol{a}_3\} = S$ が $\boldsymbol{R}^3$ 内の原点を通る平面であるとしよう．このとき，$\boldsymbol{\psi}$ を平面 S の法線ベクトルとすると，

$$(\boldsymbol{\psi}, \boldsymbol{b}) = 0$$

ならば $A\boldsymbol{x} = \boldsymbol{b}$ は解をもつ．実際，右図からわかるように，この条件が成り立てば $\boldsymbol{b}$ は平面 S 上のベクトルであり，$\boldsymbol{b} = x_1\boldsymbol{a}_1 + x_2\boldsymbol{a}_2 + x_3\boldsymbol{a}_3$ となる x_1, x_2, x_3 が存在する．

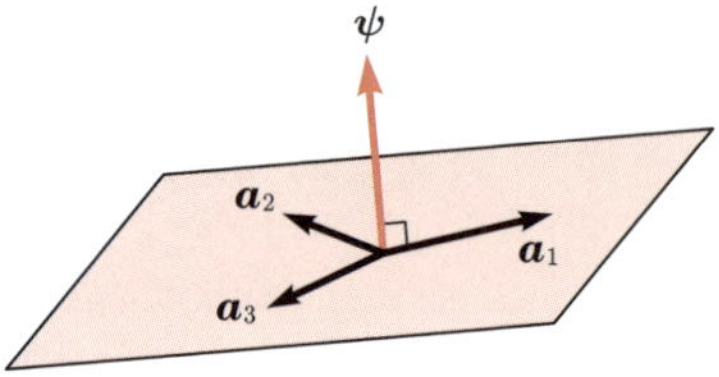

$\boldsymbol{\psi}$ は平面 $S = \mathrm{span}\{\boldsymbol{a}_1, \boldsymbol{a}_2, \boldsymbol{a}_3\}$ の法線ベクトルであるから，

$$(\boldsymbol{\psi}, \boldsymbol{a}_j) = 0, \qquad (j = 1, 2, 3)$$

をみたす．成分を用いて上式を具体的に書いてみよう．

$$\boldsymbol{a}_1 = \begin{pmatrix} a_{11} \\ a_{21} \\ a_{31} \end{pmatrix}, \quad \boldsymbol{a}_2 = \begin{pmatrix} a_{12} \\ a_{22} \\ a_{32} \end{pmatrix}, \quad \boldsymbol{a}_3 = \begin{pmatrix} a_{13} \\ a_{23} \\ a_{33} \end{pmatrix}, \quad \boldsymbol{\psi} = \begin{pmatrix} y_1 \\ y_2 \\ y_3 \end{pmatrix}$$

とおく．このとき，$(\boldsymbol{\psi}, \boldsymbol{a}_j) = 0$ は

$$\begin{cases} a_{11}y_1 + a_{21}y_2 + a_{31}y_3 = 0 \\ a_{12}y_1 + a_{22}y_2 + a_{32}y_3 = 0 \\ a_{13}y_1 + a_{23}y_2 + a_{33}y_3 = 0 \end{cases}$$

すなわち，

$${}^tA\boldsymbol{\psi} = \boldsymbol{0}, \qquad A = \begin{pmatrix} a_{11} & a_{12} & a_{13} \\ a_{21} & a_{22} & a_{23} \\ a_{31} & a_{32} & a_{33} \end{pmatrix}$$

と書ける．以上の考察から，次の定理が成り立つことがわかる．

定理 D.1　連立 1 次方程式 $A\boldsymbol{x} = \boldsymbol{b}$ が解をもつための必要十分条件は

$$(\boldsymbol{\psi}, \boldsymbol{b}) = 0$$

が成り立つことである．ただし，$\boldsymbol{\psi}$ は行列 A の転置行列 ${}^tA$ によって定義される連立 1 次方程式 ${}^tA\boldsymbol{x} = \boldsymbol{0}$ の任意の解であり，

$${}^tA\boldsymbol{\psi} = \boldsymbol{0}$$

をみたす．

◈ **発展 D.1**　上の定理は，無限次元計量ベクトル空間において，（無限次数の）行列のランクが定義できない場合に役立つ．また，直交補空間を用いると，定理 D.1 は

$$\mathrm{Im}(A)^{\perp} = \mathrm{Ker}({}^tA)$$

のように言い換えることができる．

E　命題 5.8 の証明

ここでは，ベクトル空間の次元が定義できることを保証する第 5 章の命題 5.8 を証明する．ベクトルの線形独立性の定義 5.3 とベクトル空間の基底の定義 5.4 だけを用いた議論であることに注意してほしい．

命題 5.8 の証明　$n > m$ と仮定する．$\{\boldsymbol{u}_1, \boldsymbol{u}_2, \cdots, \boldsymbol{u}_m\}$ は V の基底であるから，V のどんなベクトルも $\boldsymbol{u}_1, \boldsymbol{u}_2, \cdots, \boldsymbol{u}_m$ の線形結合で表される．すなわち，

$$\begin{aligned} V &= \mathrm{span}\{\boldsymbol{u}_1, \boldsymbol{u}_2, \cdots, \boldsymbol{u}_m\} \\ &= \{x_1\boldsymbol{u}_1 + x_2\boldsymbol{u}_2 + \cdots + x_m\boldsymbol{u}_m \mid x_1, x_2, \cdots, x_m \text{ は実数}\} \end{aligned}$$

である．

$\boldsymbol{v}_1$ は V 上のベクトルだから

$$(1) \qquad \boldsymbol{v}_1 = c_1\boldsymbol{u}_1 + c_2\boldsymbol{u}_2 + \cdots + c_m\boldsymbol{u}_m$$

と表せる．$\{\boldsymbol{v}_1, \boldsymbol{v}_2, \cdots, \boldsymbol{v}_n\}$ は基底より，$\boldsymbol{v}_1 \neq \boldsymbol{0}$ であるから，$c_j \neq 0$ となる c_j が必ず存在する．必要ならば $\boldsymbol{u}_1, \boldsymbol{u}_2, \cdots, \boldsymbol{u}_m$ の番号を適当に付け替えることにより，$c_1 \neq 0$ と仮定しても一般性は失われない．このとき，式 (1) を $\boldsymbol{u}_1$ について解くと

$$\boldsymbol{u}_1 = {c_1}^{-1}\boldsymbol{v}_1 - {c_1}^{-1}c_2\boldsymbol{u}_2 - \cdots - {c_1}^{-1}c_m\boldsymbol{u}_m.$$

よって，$\boldsymbol{u}_1$ は $\mathrm{span}\{\boldsymbol{v}_1, \boldsymbol{u}_2, \cdots, \boldsymbol{u}_m\}$ に含まれる．一方，$V = \mathrm{span}\{\boldsymbol{u}_1, \boldsymbol{u}_2, \cdots, \boldsymbol{u}_m\}$ であることに注意すると，

$$V = \mathrm{span}\{\boldsymbol{v}_1, \boldsymbol{u}_2, \cdots, \boldsymbol{u}_m\} \tag{2}$$

が成り立つことがわかる．同様に，$\boldsymbol{v}_2$ は V 上のベクトルだから，式 (2) より

$$\boldsymbol{v}_2 = {c_1}'\boldsymbol{v}_1 + s_2\boldsymbol{u}_2 + \cdots + s_m\boldsymbol{u}_m$$

と表せる．このとき，$s_j \neq 0$ となる s_j が必ず存在する．実際，もしもそうでないと仮定すれば，すべての j に対して $s_j = 0$ となり，$\boldsymbol{v}_2 = {c_1}'\boldsymbol{v}_1$ となる．これは，$\boldsymbol{v}_1, \boldsymbol{v}_2$ が線形従属であることを意味しており，$\{\boldsymbol{v}_1, \boldsymbol{v}_2, \cdots, \boldsymbol{v}_n\}$ が基底であることに反する．よって，必要ならば $\boldsymbol{u}_2, \boldsymbol{u}_3, \cdots, \boldsymbol{u}_m$ の番号を適当に付け替えることにより，$s_2 \neq 0$ と考えて

$$\boldsymbol{u}_2 = {s_2}^{-1}\boldsymbol{v}_2 - {s_2}^{-1}{c_1}'\boldsymbol{v}_1 - {s_2}^{-1}s_3\boldsymbol{u}_3 - \cdots - {s_2}^{-1}s_m\boldsymbol{u}_m$$

を得る．したがって，$\boldsymbol{u}_2$ は $\mathrm{span}\{\boldsymbol{v}_1, \boldsymbol{v}_2, \boldsymbol{u}_3, \cdots, \boldsymbol{u}_m\}$ に含まれ，式 (2) より

$$V = \mathrm{span}\{\boldsymbol{v}_1, \boldsymbol{v}_2, \boldsymbol{u}_3, \cdots, \boldsymbol{u}_m\}$$

が成り立つことがわかる．

この議論を続けていき，$\boldsymbol{u}_3, \boldsymbol{u}_4, \cdots,$ を次々に $\boldsymbol{v}_3, \boldsymbol{v}_4, \cdots,$ で置き換えていくと，すべての $\boldsymbol{u}_1, \boldsymbol{u}_2, \cdots, \boldsymbol{u}_m$ が置き換えられて $V = \mathrm{span}\{\boldsymbol{v}_1, \boldsymbol{v}_2, \cdots, \boldsymbol{v}_m\}$ になることがわかる．よって，

$$\boldsymbol{v}_n = t_1\boldsymbol{v}_1 + t_2\boldsymbol{v}_2 + \cdots + t_m\boldsymbol{v}_m$$

となる $t_1, t_2, \cdots, t_m$ が存在する．これは，$\boldsymbol{v}_1, \boldsymbol{v}_2, \cdots, \boldsymbol{v}_n$ が線形従属であるこ

とを意味しており，$\{\boldsymbol{v}_1, \boldsymbol{v}_2, \cdots, \boldsymbol{v}_n\}$ が基底であることに反する．したがって，$n \leq m$ でなければならない．また, $m > n$ と仮定した場合も, $\{\boldsymbol{u}_1, \boldsymbol{u}_2, \cdots, \boldsymbol{u}_m\}$ と $\{\boldsymbol{v}_1, \boldsymbol{v}_2, \cdots, \boldsymbol{v}_n\}$ の役割を入れ替えて，同様の議論をすれば矛盾が生じることもわかる．以上により，$n = m$ となることが示された． ■

問題の略解とヒント

参考にすべき例題がない問題や，単純な計算で処理できないものについては，なるべく詳しい解答やヒントを与えた．そうでない場合は解答を省略したり，答えのみを与えた．解答は各章ごとにまとめている．

第 1 章の問

問 1.2 (1) $\begin{pmatrix} x \\ y \end{pmatrix} = \begin{pmatrix} 0 \\ 3 \end{pmatrix} + t\begin{pmatrix} 1 \\ -2 \end{pmatrix}$ (t は任意)

(2) $\begin{pmatrix} x \\ y \end{pmatrix} = \begin{pmatrix} 4 \\ 1 \end{pmatrix} + t\begin{pmatrix} 6 \\ 1 \end{pmatrix}$ (t は任意)

問 1.3 $x = 1/3,\ y = 4/3$

問 1.4 $\begin{pmatrix} x \\ y \end{pmatrix} = \begin{pmatrix} 2 \\ 1 \end{pmatrix} + t\begin{pmatrix} 3 \\ 7 \end{pmatrix}$ $(0 \leqq t \leqq 1)$

問 1.6 中心 (a, b)，半径 r の円．

問 1.7 (1) $\begin{pmatrix} -1 & 8 \\ 0 & 2 \end{pmatrix}$ (2) $\begin{pmatrix} 4 & 7 \\ -8 & 7 \end{pmatrix}$ (3) $\begin{pmatrix} 3 & 4 \\ -4 & 3 \end{pmatrix}$

(4) $\begin{pmatrix} 5 \\ -9 \end{pmatrix}$ (5) $(3 \quad 5)$

問 1.11 (1) $\dfrac{1}{4}\begin{pmatrix} 1 & 1 \\ -3 & 1 \end{pmatrix}$ (2) $\begin{pmatrix} -4 & 3 \\ 3 & -2 \end{pmatrix}$ (3) なし

問 1.13 (1) $\begin{pmatrix} x \\ y \end{pmatrix} = \begin{pmatrix} 0 \\ 3 \end{pmatrix} + t\begin{pmatrix} 1 \\ -2 \end{pmatrix}$ (t は任意)

(2) $\begin{pmatrix} x' \\ y' \end{pmatrix} = \begin{pmatrix} 0 \\ -3 \end{pmatrix} + t \begin{pmatrix} 1 \\ 2 \end{pmatrix}$　(t は任意)

問 1.14 $\begin{pmatrix} x' \\ y' \end{pmatrix} = \begin{pmatrix} -1 & 0 \\ 0 & 1 \end{pmatrix} \begin{pmatrix} x \\ y \end{pmatrix}$

問 1.15 $\begin{pmatrix} x' \\ y' \end{pmatrix} = \frac{3}{2} \begin{pmatrix} \sqrt{3} \\ 1 \end{pmatrix} + \frac{t}{2} \begin{pmatrix} 1-\sqrt{3} \\ -1-\sqrt{3} \end{pmatrix}$　(t は任意)

問 1.18 $\begin{pmatrix} x' \\ y' \end{pmatrix} = \begin{pmatrix} 1 & 0 \\ \lambda & 1 \end{pmatrix} \begin{pmatrix} x \\ y \end{pmatrix}$

問 1.19 (1) $\Longrightarrow$ (2)：(1) の第 1 式より $f(c_1\boldsymbol{u}_1 + c_2\boldsymbol{u}_2) = f(c_1\boldsymbol{u}_1) + f(c_2\boldsymbol{u}_2)$ となる．また，(1) の第 2 式より，$f(c_1\boldsymbol{u}_1) = c_1 f(\boldsymbol{u}_1)$，$f(c_2\boldsymbol{u}_2) = c_2 f(\boldsymbol{u}_2)$ である．以上により (2) を得る．
(2) $\Longrightarrow$ (1)：(2) において $c_1 = c_2 = 1$ とおくと，(1) の第 1 式を得る．また，(2) において $c_1 = c$, $c_2 = 0$ および $\boldsymbol{u}_1 = \boldsymbol{u}_3$ とおくと (1) の第 2 式を得る．

問 1.21 x 軸と y 軸に平行な辺をもつ正方形は $\boldsymbol{u} = \boldsymbol{u}_0 + s\boldsymbol{e}_1 + t\boldsymbol{e}_2$ $(0 \leqq s, t \leqq \ell)$ と表せる．ここで，ℓ は正方形の 1 辺の長さとする．よって，$A\boldsymbol{u} = A(\boldsymbol{u}_0 + s\boldsymbol{e}_1 + t\boldsymbol{e}_2) = A\boldsymbol{u}_0 + s\boldsymbol{a}_1 + t\boldsymbol{a}_2$，ただし，$\boldsymbol{a}_1 = A\boldsymbol{e}_1$, $\boldsymbol{a}_2 = A\boldsymbol{e}_2$．これは，$\boldsymbol{a}_1$ と $\boldsymbol{a}_2$ でつくられる平行四辺形を ℓ 倍した図形を $A\boldsymbol{u}_0$ だけ平行移動したものであり，その面積はもとの正方形の $|\det A|$ 倍である．

問 1.22 直線 $y = -1/\sqrt{2}$

問 1.23 直線 $9x' - 4y' = -6$

問 1.24 (1) $\lambda_1 = 2,\ \lambda_2 = -4,\ \boldsymbol{v}_1 = (1,1),\ \boldsymbol{v}_2 = (1,-5)$
(2) $\lambda_1 = 1,\ \lambda_2 = 5,\ \boldsymbol{v}_1 = (1,1),\ \boldsymbol{v}_2 = (1,-3)$

問 1.25 $A^n = \frac{1}{5} \begin{pmatrix} 2^{n+3} + (-3)^{n+1} & -2^{n+3} + 8(-3)^n \\ 3 \cdot 2^n + (-3)^{n+1} & -3 \cdot 2^n + 8(-3)^n \end{pmatrix}$

問 1.26 $A = PDP^{-1}$ を用いる．$P = (\boldsymbol{v}_1\ \boldsymbol{v}_2)$ とおくと

$$A = P\begin{pmatrix}1 & 0\\ 0 & 2\end{pmatrix}P^{-1} = \begin{pmatrix}-2 & 2\\ -6 & 5\end{pmatrix}$$

問 1.27 $(\Longrightarrow)$ 背理法を用いる．$\boldsymbol{a} = \boldsymbol{0}$ と仮定すると，$1\boldsymbol{a} = \boldsymbol{a} = \boldsymbol{0}$ となり，$s\boldsymbol{a} = \boldsymbol{0}$ をみたす s が $s = 0$ 以外にはないという線形独立性の定義に反する．
$(\Longleftarrow)$ $s\boldsymbol{a} = \boldsymbol{0}$ とおくと，$sa_1 = sa_2 = 0$．一方，$\boldsymbol{a} = (a_1, a_2) \neq (0, 0)$ により $a_1 \neq 0$ または $a_2 \neq 0$．よって，$a_1 \neq 0$ ならば $sa_1 = 0$ より $s = 0$．$a_2 \neq 0$ ならば $sa_2 = 0$ より $s = 0$．ゆえに，$\boldsymbol{a} \neq \boldsymbol{0}$ は線形独立性の定義をみたす．

問 1.28 第 5 章の定義 5.3 を見よ．

問 1.30 (1) $\det(\boldsymbol{a}, \boldsymbol{b}) = -2 \neq 0$ より線形独立
(2) $\det(\boldsymbol{a}, \boldsymbol{b}) = 0$ より線形従属

問 1.31 直線 $t = 1/2$

問 1.32 (1) $(10, 4)$
(3) $x_1{}', x_2{}'$ の連立 1 次方程式 $x_1{}'\boldsymbol{v}_1 + x_2{}'\boldsymbol{v}_2 = \overrightarrow{\mathrm{OQ}}$ を解いて $x_1{}' = 1, x_2{}' = 2$．点 R の座標は $\overrightarrow{\mathrm{OR}} = y_1{}'\boldsymbol{v}_1 + y_2{}'\boldsymbol{v}_2$ より求められる．
(4) 行列 A によって表される 1 次変換は $\boldsymbol{v}_1 = (2, -1)$ 方向へ $\lambda_1 = 2$ 倍拡大し，$\boldsymbol{v}_2 = (1, 1)$ 方向へ $\lambda_2 = 3$ 倍拡大する変換である（右図）．

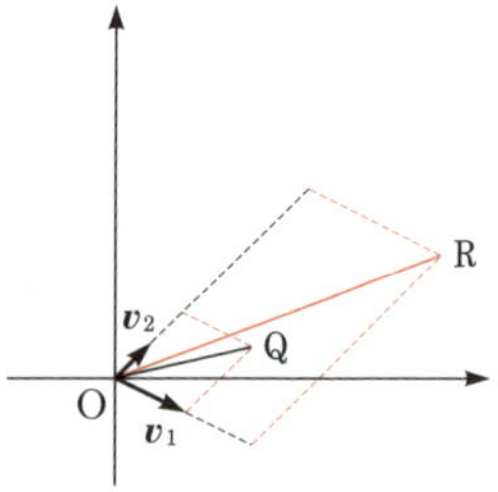

第 1 章の練習問題

1.1 (2) (1) を繰り返し用いる．$a + d = t$ とおくと $A^3 = AA^2 = A\{(a + d)A - (ad - bc)E\} = tA^2 - A = t\{(a + d)A - (ad - bc)E\} - A = (t^2 - 1)A - tE$．$A^3 = E$ より $(t^2 - 1)A = (t + 1)E$．よって，$t^2 - 1 \neq 0$ のとき $A = (t - 1)^{-1}E$ を $A^3 = E$ へ代入して $t = 2$．$t^2 - 1 = 0$ のとき $t + 1 = 0$ より $t = -1$．ゆえに $a + d = 2, -1$．

1.2 f を表す行列を A とおくと，$f(\mathrm{P}) = \mathrm{Q}$, $f(\mathrm{Q}) = \mathrm{R}$ より

$$A\begin{pmatrix}0\\ 1\end{pmatrix} = \begin{pmatrix}2\\ 0\end{pmatrix}, \quad A\begin{pmatrix}2\\ 0\end{pmatrix} = \begin{pmatrix}x\\ y\end{pmatrix}$$

であるから

$$A = \frac{1}{2}\begin{pmatrix} x & 4 \\ y & 0 \end{pmatrix}.$$

よって，$f(\mathrm{R}) = \mathrm{P}$ により

$$A\begin{pmatrix} x \\ y \end{pmatrix} = \frac{1}{2}\begin{pmatrix} x^2 + 4y \\ xy \end{pmatrix} = \begin{pmatrix} 0 \\ 1 \end{pmatrix}$$

これより，$x = -2, y = -1$ および

$$A = \frac{1}{2}\begin{pmatrix} -2 & 4 \\ -1 & 0 \end{pmatrix}$$

を得る．

1.3　求める行列を $A = \begin{pmatrix} a & b \\ c & d \end{pmatrix}$ とおく．ℓ と ℓ' の交点は $\boldsymbol{p}_0 = (5/2, 5)$ であり，$A\boldsymbol{p}_0 = \boldsymbol{p}_0$ より

$$A = \begin{pmatrix} 1 - 2b & b \\ 2 - 2d & d \end{pmatrix}.$$

また，ℓ, ℓ' の方向ベクトルは $\boldsymbol{v} = (3, 4)$, $\boldsymbol{v}' = (1, -2)$ であり，$A\boldsymbol{v} /\!/ \boldsymbol{v}'$, $A\boldsymbol{v}' /\!/ \boldsymbol{v}$ より $\det(A\boldsymbol{v}, \boldsymbol{v}') = \det(A\boldsymbol{v}', \boldsymbol{v}) = 0$ である．これらの条件を用いて計算すると，$b = 7/4, d = 5/2$ より

$$A = \begin{pmatrix} -5/2 & 7/4 \\ -3 & 5/2 \end{pmatrix}.$$

1.4　標準基底 $\{\boldsymbol{e}_1, \boldsymbol{e}_2\}$ の f による像に注目する．$A\boldsymbol{e}_1 = \boldsymbol{a}_1$, $A\boldsymbol{e}_2 = \boldsymbol{a}_2$ とおくと，平面上の任意の点 $\boldsymbol{p} = (x, y)$ は $A\boldsymbol{p} = A(x\boldsymbol{e}_1 + y\boldsymbol{e}_2) = xA\boldsymbol{e}_1 + yA\boldsymbol{e}_2 = x\boldsymbol{a}_1 + y\boldsymbol{a}_2$ に移される．$\det A = 0$ ならば定理 1.3 より $\boldsymbol{a}_1, \boldsymbol{a}_2$ は線形従属，すなわち，$\boldsymbol{a}_1 /\!/ \boldsymbol{a}_2$, $\boldsymbol{a}_1 = \boldsymbol{0}$, $\boldsymbol{a}_2 = \boldsymbol{0}$ のうちの少なくとも 1 つがいえる．よって，$\boldsymbol{a}_1 = \boldsymbol{a}_2 = \boldsymbol{0}$ のときは，すべての点は f によって原点に移される．そうでないときは，原点を通る直線に移される．

1.5　(1)

$$A\begin{pmatrix} 1 \\ 0 \end{pmatrix} = \begin{pmatrix} a - 1 \\ -a \end{pmatrix}, \quad A\begin{pmatrix} a \\ 1 \end{pmatrix} = \begin{pmatrix} a^2 - 1 \\ a - a^2 \end{pmatrix}$$

であるから

$$A = \begin{pmatrix} a-1 & a-1 \\ -a & a \end{pmatrix}.$$

(2) $|A| = 2a(a-1) \neq 0$ より A は逆行列をもつ．逆変換の考え方（例題 1.7）を用いて考えると，この円は楕円

$$\frac{x^2}{2(a-1)^2} + \frac{y^2}{2a^2} = 1$$

に移される．

1.6 f, g を表す行列は，それぞれ

$$A = \begin{pmatrix} 0 & 1 \\ 1 & 0 \end{pmatrix}, \quad B = \begin{pmatrix} -1 & 0 \\ 0 & 1 \end{pmatrix}$$

である．このとき

$$BA = \begin{pmatrix} 0 & -1 \\ 1 & 0 \end{pmatrix} = \begin{pmatrix} \cos 90^\circ & -\sin 90^\circ \\ \sin 90^\circ & \cos 90^\circ \end{pmatrix}.$$

1.7 (1), (2), (3), (5) は線形独立．(4), (6), (7), (8) は線形従属．

1.8 仮に 3 個のベクトル $\boldsymbol{a}_1, \boldsymbol{a}_2, \boldsymbol{a}_3$ が線形独立であったとする．このとき，$\boldsymbol{a}_1, \boldsymbol{a}_2$ は線形独立と考えてよい（正確には命題 5.1）．$s_1\boldsymbol{a}_1 + s_2\boldsymbol{a}_2 + s_3\boldsymbol{a}_3 = \boldsymbol{0}$ とおく．これを s_1, s_2 に関する連立 1 次方程式と見て，$s_1\boldsymbol{a}_1 + s_2\boldsymbol{a}_2 = -s_3\boldsymbol{a}_3$ と考え，例題 1.11(2) と同様の議論を用いる．このとき，定理 1.3 より $A = (\boldsymbol{a}_1\ \boldsymbol{a}_2)$ は $|A| \neq 0$ をみたし，逆行列をもつことに注意せよ．

1.9 (2) (a) $P = \begin{pmatrix} -2 & 1 \\ 1 & 1 \end{pmatrix}, \quad D = P^{-1}AP = \begin{pmatrix} 3 & 0 \\ 0 & 6 \end{pmatrix}$

(b) $P = \begin{pmatrix} -1 & -2 \\ 1 & 1 \end{pmatrix}, \quad D = P^{-1}AP = \begin{pmatrix} -1 & 0 \\ 0 & 2 \end{pmatrix}$

1.10 (3) $P = \frac{1}{2}\begin{pmatrix} 2 & -1 \\ 2 & 2 \end{pmatrix}, \quad D = P^{-1}AP = \begin{pmatrix} 1 & 0 \\ 0 & -2 \end{pmatrix}$

(4) $a_n = 1/3 - (-2)^{n+1}/3$

1.11　(1)　$\lambda_1 = 2,\ \lambda_2 = -1$
(2)　$P_1 + P_2 = E, 2P_1 - P_2 = A$ を行列 P_1, P_2 に関する連立 1 次方程式と見て P_1, P_2 について解くと

$$P_1 = \frac{1}{3}\begin{pmatrix} 5 & -5 \\ 2 & -2 \end{pmatrix}, \quad P_2 = \frac{1}{3}\begin{pmatrix} -2 & 5 \\ -2 & 5 \end{pmatrix}.$$

(4)　上の (3) より $P_1P_2 = P_2P_1 = O, {P_1}^2 = P_1, {P_2}^2 = P_2$ であるから，$A^2 = (\lambda_1 P_1 + \lambda_2 P_2)^2 = {\lambda_1}^2 P_1 + {\lambda_2}^2 P_2$ を得る．同様に考えると

$$\begin{aligned} A^n &= {\lambda_1}^n P_1 + {\lambda_2}^n P_2 \\ &= \frac{2^n}{3}\begin{pmatrix} 5 & -5 \\ 2 & -2 \end{pmatrix} + \frac{(-1)^n}{3}\begin{pmatrix} -2 & 5 \\ -2 & 5 \end{pmatrix}. \end{aligned}$$

第 2 章の問

問 2.1　60°

問 2.2　(1)　$\overrightarrow{\mathrm{BC}} = \boldsymbol{c} - \boldsymbol{b},\ \overrightarrow{\mathrm{CA}} = \boldsymbol{a} - \boldsymbol{c}$
(2)　OA ⊥ BC, OB ⊥ CA より $(\boldsymbol{a}, \boldsymbol{c} - \boldsymbol{b}) = (\boldsymbol{b}, \boldsymbol{a} - \boldsymbol{c}) = 0$ であるから，$(\boldsymbol{a}, \boldsymbol{c}) = (\boldsymbol{a}, \boldsymbol{b}) = (\boldsymbol{b}, \boldsymbol{c})$．これより $(\overrightarrow{\mathrm{OC}}, \overrightarrow{\mathrm{AB}}) = (\boldsymbol{c}, \boldsymbol{b} - \boldsymbol{a}) = 0$.

問 2.4　7/6

問 2.5　連立 1 次方程式 $1 - t = 3 + s,\ 2t = 4 + s,\ 2 = -1 + s$ をみたす s, t は存在しないので，交わらない．

問 2.6　$(x, y, z) = (1, -1, 0) + s(2, -1, -1) + t(-1, 5, 2)$ (s, t は任意), $x - y + 3z = 2$.

問 2.7　平面 α の 1 次方程式は $x - 3y + 2z = 4$ である．
(1)　$(2, 2, 4)$
(2)　点 $(3, 7, -3)$ を通り方向ベクトルが $\boldsymbol{u}$ の直線と平面 α の交点を求めて $(5, 1, 1)$ を得る．

問 2.8　連立 1 次方程式 $x - y + 2z = 1,\ 2x + y - z = 2$ を解いて，$(x, y, z) = (1, 0, 0) + t(-1, 5, 3)$　(t は任意).

問 2.9 $\begin{pmatrix} 1 & 0 & 0 \\ 0 & \cos\theta & -\sin\theta \\ 0 & \sin\theta & \cos\theta \end{pmatrix}$

第 2 章の練習問題

2.1 法線ベクトルのなす角を求める．60°．

2.2 (1) $\overrightarrow{\mathrm{MN}} = (-\boldsymbol{a} + \boldsymbol{b} + \boldsymbol{c})/2$
(2) $|2\overrightarrow{\mathrm{MN}}|^2 = (-\boldsymbol{a} + \boldsymbol{b} + \boldsymbol{c}, -\boldsymbol{a} + \boldsymbol{b} + \boldsymbol{c}) = |\boldsymbol{a}|^2 + |\boldsymbol{b}|^2 + |\boldsymbol{c}|^2 + 2(\boldsymbol{b}, \boldsymbol{c}) - 2(\boldsymbol{a}, \boldsymbol{b}) - 2(\boldsymbol{c}, \boldsymbol{a})$．ここで，$|\boldsymbol{a}| = \ell, (\boldsymbol{a}, \boldsymbol{b}) = |\boldsymbol{a}||\boldsymbol{b}|\cos 60^\circ = \ell^2/2$ などを用いると $|2\overrightarrow{\mathrm{MN}}|^2 = 2\ell^2$．よって，$|\overrightarrow{\mathrm{MN}}| = \ell/\sqrt{2}$．
(3) $\cos\theta = \dfrac{(\overrightarrow{\mathrm{MN}}, \overrightarrow{\mathrm{OB}})}{|\overrightarrow{\mathrm{MN}}||\overrightarrow{\mathrm{OB}}|} = \dfrac{(-\boldsymbol{a} + \boldsymbol{b} + \boldsymbol{c}, \boldsymbol{b})}{\sqrt{2}\ell^2} = \dfrac{1}{\sqrt{2}}$ より $\theta = 45^\circ$．

2.3 平面 α と x, y, z 軸の交点をそれぞれ A, B, C とする．体積 $V = |(\overrightarrow{\mathrm{OA}} \times \overrightarrow{\mathrm{OB}}, \overrightarrow{\mathrm{OC}})|/6 = 1/3$．面積 $S = |\overrightarrow{\mathrm{AB}} \times \overrightarrow{\mathrm{AC}}|/2 = 3/2$ である．

2.4 点 P を通り，単位方向ベクトル

$$\boldsymbol{u} = \frac{1}{\sqrt{a^2 + b^2 + c^2}}(a, b, c)$$

をもつ直線 $m : \boldsymbol{p} = \overrightarrow{\mathrm{OP}} + t\boldsymbol{u}$ を考える．直線 m と平面 α の交点を与える t の絶対値 $|t|$ が求める距離になる．

2.5 $\mathrm{P}(2s, -2s, 3s)$ と $\mathrm{Q}(t+1, 2t, 3t-1)$ の中点は，$(x, y, z) = \{(1, 0, -1) + s(2, -2, 3) + t(1, 2, 3)\}/2$ である．s, t は任意なので，これは平面のベクトル方程式である．1 次方程式の形に直すと $4x + y - 2z = 3$．

2.6 (1) 求める平面の法線ベクトルは $\overrightarrow{\mathrm{AB}} \times \overrightarrow{\mathrm{CD}}$ で与えられることに注意せよ．$2x + y - 2z = 3$．(2) n と ℓ, m の交点をそれぞれ Q, R とする．点 Q の座標は $(x, y, z) = (1, 1, 0) + s\overrightarrow{\mathrm{AB}} = (1 + s, 1, s)$，点 R の座標は $(x, y, z) = (1, 1, 1) + t\overrightarrow{\mathrm{CD}} = (1, 1 + 2t, 1 + t)$ とおける．点 P, Q, R は 1 直線上にあるから $\overrightarrow{\mathrm{PQ}} /\!/ \overrightarrow{\mathrm{PR}}$ より $s = 2, t = -1$ を得る．$(3, 1, 2)$，$(1, -1, 0)$．

2.7 (1) 空間は $2x + y - z - 1 > 0$ と $2x + y - z - 1 < 0$ の 2 つの部分に分けられる．点 P と Q はともに $2x + y - z - 1 > 0$ をみたす．

(2)　点 Q の平面 α に関する対称点を S とする．点 S は直線 $(x, y, z) = (1, 8, -3) + t(2, 1, -1)$ 上にある．この直線と平面 α の交点に対応する t の値は $t = -2$ である．よって，$t = -4$ に対応する $(-7, 4, 1)$ が S の座標を与える．点 R は，線分 PS と平面 α の交点 $(-1, 4, 1)$ である．

2.8　求める平面上の点の座標を (x', y', z') とおく．逆変換の考え方（例題 1.7）を用いると，(x', y', z') を z 軸のまわりに $-45°$ 回転させた点が平面 $x - y + z = 1$ 上にある．$\sqrt{2}x' + z' = 1$.

2.9　(1)　$(x-3)^2 + (y+4)^2 + (z-2)^2 = 7^2$ より球面 S の中心は $(3, -4, 2)$，半径は 7.
(2)　$(x-3)^2 + (y+4)^2 + (z-2)^2 = 7^2$ で $z = 0$ とおくと，$(x-3)^2 + (y+4)^2 = (3\sqrt{5})^2$ となる．これは，xy 平面上における円であり，求める円の中心の座標は $(3, -4, 0)$，半径は $3\sqrt{5}$.

2.10　球面の中心を C$(0, 0, 1)$ とすると，△APC は直角三角形であり，AP $= 2$．よって，P(x, y, z) に対して $x^2 + (y-1)^2 + (z-3)^2 = 4$ を得る．一方，P は球面上の点なので $x^2 + y^2 + (z-1)^2 = 1$ である．この 2 式の差をとり，$y + 2z = 3$.

第 3 章の問

問 3.1　$\begin{pmatrix} 5 & 6 & -1 \\ -6 & -5 & -2 \end{pmatrix}$,　$\begin{pmatrix} 6 & 7 & 7 \\ 6 & 2 & 4 \\ 0 & 9 & 6 \end{pmatrix}$

問 3.2　(1)　$\begin{pmatrix} 3 & 3 & 1 \\ 5 & 0 & 1 \end{pmatrix}$　　(2)　不可　　(3)　$\begin{pmatrix} 1 \\ 1 \\ 1 \end{pmatrix}$

(4)　$\begin{pmatrix} 14 & 4 & 3 \end{pmatrix}$　　(5)　$\begin{pmatrix} 1 & 3 \\ 1 & 3 \\ 0 & 0 \end{pmatrix}$　　(6)　不可

問 3.3　$\begin{pmatrix} 3 & 3 & 4 & 3 \\ 2 & 4 & 1 & 2 \\ 2 & 1 & 1 & 0 \\ 2 & -1 & 4 & 0 \end{pmatrix}$

問 3.4　$x = 1,\ y = -2,\ z = 1$

問 3.5　(1)　解なし　　(2)　$x = -5,\ y = 3,\ z = -2$
(3)　$(x, y, z) = (1, -1, 1) + t(-3, 1, 2)$　(t は任意)

問 3.6　$(x, y, z, w) = (7, -2, 0, -1) + t(-1, -1, 1, 0)$　(t は任意)

問 3.8　(1)　なし　　(2)　$\begin{pmatrix} 5 & -2 & -1 \\ 1 & 1 & -1 \\ -2 & 0 & 1 \end{pmatrix}$　　(3)　$\begin{pmatrix} -1/3 & -1 & 2/3 \\ 2/3 & 1/2 & -1/3 \\ -1 & 1/2 & 0 \end{pmatrix}$

問 3.10　例えば

$$P = \begin{pmatrix} 1 & 0 & 0 \\ -1 & 1 & 0 \\ -1 & 0 & 1 \end{pmatrix}, \quad Q = \begin{pmatrix} 1 & -2 & -3 \\ 0 & 1 & 0 \\ 0 & 0 & 1 \end{pmatrix}$$

問 3.11　(1)　2　　(2)　3　　(3)　2

問 3.12　$a - b + c = 0$ のときに限り解をもつ．

問 3.13　$A\boldsymbol{x} = \boldsymbol{b}$ と $A\boldsymbol{x}_0 = \boldsymbol{b}$ の両辺の差をとると，$A(\boldsymbol{x} - \boldsymbol{x}_0) = \boldsymbol{0}$ を得る．これより，$\boldsymbol{x} - \boldsymbol{x}_0 = \boldsymbol{x}'$, $A\boldsymbol{x}' = \boldsymbol{0}$ すなわち，$\boldsymbol{x} = \boldsymbol{x}_0 + \boldsymbol{x}'$, $A\boldsymbol{x}' = \boldsymbol{0}$ を得る．

第 3 章の練習問題

3.1　(1)　$(x_1, x_2, x_3) = t(1, 2, -3)$　(t は任意)　　(2)　$(x_1, x_2, x_3) = (1, 0, 2)$
(3)　解なし　　(4)　$(x_1, x_2, x_3, x_4) = (3, 0, 0, -1) + t(1, 1, -1, 0)$　(t は任意)
(5)　$(x_1, x_2, x_3, x_4) = (7, 0, 4, 0) + s(3, 1, 0, 0) + t(-2, 0, 0, 1)$　(s, t は任意)
(6)　$(x_1, x_2, x_3, x_4, x_5) = (2, 0, -1, 0, 1) + s(2, 1, 0, 0, 0) + t(-3, 0, 1, 1, 0)$　(s, t は任意)

3.2　(1)　$\begin{pmatrix} 1 & -1 & -1 \\ -1 & 2 & 2 \\ 2 & 1 & 2 \end{pmatrix}$　　(2)　なし　　(3)　$\begin{pmatrix} 0 & -1 & 0 & 0 \\ -1 & 0 & 1 & 0 \\ 0 & 1 & 0 & -1 \\ 0 & 0 & -1 & -1 \end{pmatrix}$

3.3 $A^{-1} = \begin{pmatrix} B^{-1} & -B^{-1}CD^{-1} \\ O & D^{-1} \end{pmatrix}$

3.4 (1) 2　(2) $x = 1$ のとき 1，$x = -1/2$ のとき 2，それ以外のとき 3
(3) $a = b = 0$ のとき 0，$a = b \neq 0$ のとき 1，$a \neq b$ のとき 4.

3.5 (1) $a = 7$，$(x, y, z) = (1, 1, 0) + t(-1, 1, 1)$ (t は任意)
(2) $a = 3$，$(x, y, z, w) = (0, 1, 0, 0) + s(1, -2, 1, 0) + t(2, -3, 0, 1)$ (s, t は任意)

3.6 (1) $\tilde{A} = \begin{pmatrix} 1 & 0 \\ 0 & 1 \\ 0 & 0 \end{pmatrix}$ である．例えば

$$P = \frac{1}{3}\begin{pmatrix} 3 & 0 & 0 \\ 2 & -1 & 0 \\ 3 & -6 & 3 \end{pmatrix}, \quad Q = \begin{pmatrix} 1 & -4 \\ 0 & 1 \end{pmatrix}.$$

(2) $\tilde{A} = \begin{pmatrix} 1 & 0 & 0 & 0 \\ 0 & 1 & 0 & 0 \\ 0 & 0 & 0 & 0 \end{pmatrix}$ である．例えば

$$P = \begin{pmatrix} 1 & 0 & 0 \\ -2 & 1 & 0 \\ 3 & -1 & 1 \end{pmatrix}, \quad Q = \begin{pmatrix} 1 & -1 & -2 & -7 \\ 0 & 0 & 1 & 0 \\ 0 & 1 & 0 & 3 \\ 0 & 0 & 0 & 1 \end{pmatrix}.$$

第 4 章の問

問 4.3 偶置換

問 4.5 (1) 0　(2) -9　(3) 9

問 4.6 (1) -4　(2) 7　(3) 16

問 4.7 一般には，A の次数に関する数学的帰納法によって，定理 4.3 は証明できることが知られている．A が 5 次正方行列，B が 3 次正方行列のときは，

$$\begin{vmatrix} B & C \\ O & D \end{vmatrix} = b_{11}\begin{vmatrix} b_{22} & b_{23} & c_{21} & c_{22} \\ b_{32} & b_{33} & c_{31} & c_{32} \\ 0 & 0 & d_{11} & d_{12} \\ 0 & 0 & d_{21} & d_{22} \end{vmatrix}$$

$$-b_{21}\begin{vmatrix} b_{12} & b_{13} & c_{11} & c_{12} \\ b_{32} & b_{33} & c_{31} & c_{32} \\ 0 & 0 & d_{11} & d_{12} \\ 0 & 0 & d_{21} & d_{22} \end{vmatrix} + b_{31}\begin{vmatrix} b_{12} & b_{13} & c_{11} & c_{12} \\ b_{22} & b_{23} & c_{21} & c_{22} \\ 0 & 0 & d_{11} & d_{12} \\ 0 & 0 & d_{21} & d_{22} \end{vmatrix}$$

$$= \left(b_{11}\begin{vmatrix} b_{22} & b_{23} \\ b_{32} & b_{33} \end{vmatrix} - b_{21}\begin{vmatrix} b_{12} & b_{13} \\ b_{32} & b_{33} \end{vmatrix} \right.$$

$$\left. + b_{31}\begin{vmatrix} b_{12} & b_{13} \\ b_{22} & b_{23} \end{vmatrix} \right) \begin{vmatrix} d_{11} & d_{12} \\ d_{21} & d_{22} \end{vmatrix} = |B|\,|D|.$$

問 4.8　(1)　12　　(2)　-4

問 4.10　(1)　$a \neq 1/2$　　(2)　$a \neq -1$

問 4.11　(1)　$\lambda = 4, 8$
(2)　$\lambda = 4$ のとき $(x, y) = s(1, -1)$ (s は任意)，$\lambda = 8$ のとき $(x, y) = t(3, 1)$ (t は任意)

問 4.12　5

第 4 章の練習問題

4.1　(1)　-6　　(2)　18　　(3)　2　　(4)　-4　　(5)　5
(6)　-7　　(7)　0

4.2　(1)　$x = 1,\ 2,\ -1$　　(2)　$x = 3,\ -1$ (2 重解)

4.3　(1)　$\lambda = 1,\ 5$
(2)　$\lambda = 1$ のとき $(x, y, z) = s(1, 0, -1) + t(0, 1, -1)$ (s, t は任意)，$\lambda = 5$ のとき $(x, y, z) = t(1, 2, 1)$ (t は任意)

4.4　与えられた行列式を第 1 列で展開すると，x, y, z の 1 次方程式，つまり，平面を表すことがわかる．一方，行列式は同じ列が 2 つあれば 0 になるという性質をもつので，例えば，与えられた行列式の第 1 列に $(x, y, z) = (a_1, a_2, a_3)$ を代入すると 0 になる．よって，点 A はこの 1 次方程式が定める平面上にある．同様に考えて点 B, C もこの平面上にある．

4.5　(1) $\begin{pmatrix} 0 & a \\ -a & 0 \end{pmatrix}$,　$\begin{pmatrix} 0 & a & b \\ -a & 0 & c \\ -b & -c & 0 \end{pmatrix}$

(2)　行列式の転置不変性より，$|{}^tA| = |A|$ である．一方，行列式の列に関するスカラー倍の性質を n 回用いると $|-A| = (-1)^n|A|$ を得る．よって，${}^tA = -A$ のとき，n が奇数なら $|A| = -|A|$ となり，$|A| = 0$.

4.6　(2)　4.3 節で述べた行列式の列に関する性質 (1), (2) を繰り返し用いることにより，$\det(\boldsymbol{b}, \boldsymbol{a}_2, \boldsymbol{a}_3) = \det(x_1\boldsymbol{a}_1 + x_2\boldsymbol{a}_2 + x_3\boldsymbol{a}_3, \boldsymbol{a}_2, \boldsymbol{a}_3) = x_1 \det(\boldsymbol{a}_1, \boldsymbol{a}_2, \boldsymbol{a}_3) + x_2 \det(\boldsymbol{a}_2, \boldsymbol{a}_2, \boldsymbol{a}_3) + x_3 \det(\boldsymbol{a}_3, \boldsymbol{a}_2, \boldsymbol{a}_3)$．ここで，行列式は同じ列が 2 つあれば 0 になるので，$\det(\boldsymbol{b}, \boldsymbol{a}_2, \boldsymbol{a}_3) = x_1 \det(\boldsymbol{a}_1, \boldsymbol{a}_2, \boldsymbol{a}_3)$.

4.8　(2)　行列式の値は同じ行が 2 つあれば 0 になるので，$\det A' = |A'| = 0$.
(3)　上の (2) と同様に考えると $a_{i1}\Delta_{k1} + a_{i2}\Delta_{k2} + a_{i3}\Delta_{k3} = 0\ (i \neq k)$ が示される．これと (1) により，$A\tilde{A} = |A|\,E$ が成り立つ．
(4)　行列式の列に関する余因子展開公式を用いて，上と同様に考えると，$a_{1k}\Delta_{1k} + a_{2k}\Delta_{2k} + a_{3k}\Delta_{3k} = |A|$, $a_{1i}\Delta_{1k} + a_{2i}\Delta_{2k} + a_{3i}\Delta_{3k} = 0\ (i \neq k)$ が示される．これより，$\tilde{A}A = |A|\,E$ が成り立つ．

第 5 章の問

問 5.2　(2)　連立 1 次方程式 $x + y - z = 0$, $3x - y + 2z = 0$ を解く．原点を通る直線 $(x, y, z) = t(1, -5, -4)$ (t は任意).

問 5.3　$\det(\boldsymbol{a}_1, \boldsymbol{a}_2, \boldsymbol{a}_3, \boldsymbol{a}_4) = -1 \neq 0$ より線形独立.

問 5.4　命題 5.1 について：例えば，$\boldsymbol{a}_1, \boldsymbol{a}_2, \cdots, \boldsymbol{a}_k$ のうちの最初の ℓ 個のベクトル $\boldsymbol{a}_1, \boldsymbol{a}_2, \cdots, \boldsymbol{a}_\ell$ が線形独立でないと仮定すると，$t_1\boldsymbol{a}_1 + t_2\boldsymbol{a}_2 + \cdots + t_\ell\boldsymbol{a}_\ell = \boldsymbol{0}$ をみたす $t_j \neq 0\ (1 \leqq j \leqq \ell)$ が存在する．このとき $t_1\boldsymbol{a}_1 + t_2\boldsymbol{a}_2 + \cdots + t_\ell\boldsymbol{a}_\ell + 0\boldsymbol{a}_{\ell+1} + \cdots + 0\boldsymbol{a}_k = \boldsymbol{0}$ が成り立ち，$\boldsymbol{a}_1, \boldsymbol{a}_2, \cdots, \boldsymbol{a}_k$ が線形独立であることに反する．
命題 5.2 について：注意 5.3 の議論を一般化すればよい．

問 5.5　$r=2$，例えば $\boldsymbol{a}_1$，$\boldsymbol{a}_4$ は線形独立で，$\boldsymbol{a}_2=\boldsymbol{a}_1+2\boldsymbol{a}_4$，$\boldsymbol{a}_3=\boldsymbol{a}_1+\boldsymbol{a}_4$.

問 5.6　行列 $A=(\boldsymbol{a}_1\ \boldsymbol{a}_2\ \boldsymbol{a}_3)$ のランクは 3 である.

問 5.7　標準基底を考える.

問 5.8　部分空間であることは例題 5.1 と同様にして示せる．連立 1 次方程式 $x-y+2z-w=0$, $x+2y-z=0$ を解いて，W 上の任意のベクトルは $(x,y,z,w)=s\boldsymbol{v}_1+t\boldsymbol{v}_2$，$\boldsymbol{v}_1=(1,0,1,3)$，$\boldsymbol{v}_2=(0,1,2,3)$，($s,t$ は任意) と表せる．次に，$\{\boldsymbol{v}_1,\boldsymbol{v}_2\}$ が線形独立であることを確かめて $\dim W=2$.

問 5.9　1.8 節の冒頭の議論を用いよ.

問 5.10　例えば $\{\boldsymbol{v}_1,\boldsymbol{v}_2\}$ は W の基底で $\dim W=2$

問 5.13　$x+y-z=0$ に $(x,y,z)=t(2,1,-1)$ を代入すると $t=0$ となり，$W_1\cap W_2=\{\boldsymbol{0}\}$．また, $\dim W_1=2$, $\dim W_2=1$ より, $\dim \boldsymbol{R}^3=\dim W_1+\dim W_2$. 定理 5.7 より，$\boldsymbol{R}^3=W_1\oplus W_2$.

問 5.14　(1)　$f(\boldsymbol{u}_1+\boldsymbol{u}_2)=f(\boldsymbol{u}_1)+f(\boldsymbol{u}_2)$ において $\boldsymbol{u}_1=\boldsymbol{u}_2=\boldsymbol{0}$ とおくと，$f(\boldsymbol{0}+\boldsymbol{0})=f(\boldsymbol{0})+f(\boldsymbol{0})$ より $f(\boldsymbol{0})=\boldsymbol{0}$ を得る.
(2)　第 1 章の問 1.19 の解答を参照.

問 5.15　平面 $\boldsymbol{R}^2$ から空間 $\boldsymbol{R}^3$ の部分空間である平面 $\{(x',y',z')\,|\,ax'+by'-z'=0\}$ への線形写像.

問 5.16　$\boldsymbol{u}_1,\boldsymbol{u}_2\in\mathrm{Ker}(f)$ とする．f の線形性より $f(\boldsymbol{u}_1+\boldsymbol{u}_2)=f(\boldsymbol{u}_1)+f(\boldsymbol{u}_2)=\boldsymbol{0}$ であるから, $\boldsymbol{u}_1+\boldsymbol{u}_2\in\mathrm{Ker}(f)$．同様に, $f(c\boldsymbol{u}_1)=cf(\boldsymbol{u}_1)=\boldsymbol{0}$ より $c\boldsymbol{u}_1\in\mathrm{Ker}(f)$. よって，$\mathrm{Ker}(f)$ は部分空間．$\mathrm{Im}(f)$ が部分空間であることも，f の線形性を用いて同様に示せる.

問 5.17　(1)　連立 1 次方程式 $A\boldsymbol{x}=\boldsymbol{0}$ を解いて $\mathrm{Ker}(A)=\mathrm{span}\{\boldsymbol{v}\}$，$\boldsymbol{v}=(-3,1,2)$.
(3)　例題 5.5 と同様の議論を用いる．$\mathrm{Im}(A)=\mathrm{span}\{\boldsymbol{a}_1,\boldsymbol{a}_3\}$，$(\boldsymbol{a}_2=3\boldsymbol{a}_1-2\boldsymbol{a}_3)$.

問 5.18　(1)　$f(\boldsymbol{e}_1)=(1,1)=\boldsymbol{e}_1+\boldsymbol{e}_2$，$f(\boldsymbol{e}_2)=(1,-1)=\boldsymbol{e}_1-\boldsymbol{e}_2$ より

$(f(\boldsymbol{e}_1)\ f(\boldsymbol{e}_2)) = (\boldsymbol{e}_1\ \boldsymbol{e}_2)\begin{pmatrix}1 & 1\\ 1 & -1\end{pmatrix}$ であるから $A = \begin{pmatrix}1 & 1\\ 1 & -1\end{pmatrix}$.

(2)　$(f(\boldsymbol{u}_1)\ f(\boldsymbol{u}_2)) = (\boldsymbol{v}_1\ \boldsymbol{v}_2)A$ より $A = (\boldsymbol{v}_1\ \boldsymbol{v}_2)^{-1}(f(\boldsymbol{u}_1)\ f(\boldsymbol{u}_2))$ と考えてもよい．$A = \begin{pmatrix}-3 & -1\\ -1 & 0\end{pmatrix}$.

問 5.19　(2)　行列 $(\boldsymbol{u}_1\ \boldsymbol{u}_2)$ と $(\boldsymbol{v}_1\ \boldsymbol{v}_2\ \boldsymbol{v}_3)$ のランクが，それぞれ 2 と 3 であることを示す．

(3)　$f(\boldsymbol{u}_1) = 2\boldsymbol{v}_2$，$f(\boldsymbol{u}_2) = \boldsymbol{v}_1 + \boldsymbol{v}_2$

(4)　$(f(\boldsymbol{u}_1)\ f(\boldsymbol{u}_2)) = (\boldsymbol{v}_1\ \boldsymbol{v}_2\ \boldsymbol{v}_3)\begin{pmatrix}0 & 1\\ 2 & 1\\ 0 & 0\end{pmatrix}$ より $A = \begin{pmatrix}0 & 1\\ 2 & 1\\ 0 & 0\end{pmatrix}$.

問 5.20　$f(\boldsymbol{u}_1{}') = (1,0) = \boldsymbol{v}_2{}'$，$f(\boldsymbol{u}_2{}') = (1,1) = \boldsymbol{v}_1{}' + 2\boldsymbol{v}_2{}'$ より $(f(\boldsymbol{u}_1{}')\ f(\boldsymbol{u}_2{}'))$ $= (\boldsymbol{v}_1{}'\ \boldsymbol{v}_2{}')\begin{pmatrix}0 & 1\\ 1 & 2\end{pmatrix}$ であるから，$B = \begin{pmatrix}0 & 1\\ 1 & 2\end{pmatrix}$ を得る．B と問 5.18 (2) で求めた A との間に $B = Q^{-1}AP$ が成り立つことを確かめる．

問 5.21　(2)　$P = \begin{pmatrix}1 & 2 & 3\\ 1 & 3 & 4\\ 2 & 4 & 7\end{pmatrix}$　　(3)　$Q = \begin{pmatrix}1 & -1\\ 1 & 1\end{pmatrix}$

(4)　$QB = AP$ を示してもよい．$B = \begin{pmatrix}1 & 0 & 0\\ 0 & -1 & 0\end{pmatrix}$.

問 5.22　例えば $\boldsymbol{u}_1 = (3/5, 4/5)$，$\boldsymbol{u}_2 = (4/5, -3/5)$.

問 5.24　$(\boldsymbol{a}, \boldsymbol{b}) = a_1b_1 + a_2b_2 + \cdots + a_nb_n$，　$\|\boldsymbol{a}\| = \sqrt{(\boldsymbol{a}, \boldsymbol{a})} = \sqrt{{a_1}^2 + {a_2}^2 + \cdots + {a_n}^2}$

問 5.25　$\boldsymbol{v} = (1/\sqrt{3})\boldsymbol{a} + (4/\sqrt{6})\boldsymbol{b}$

問 5.26　$\boldsymbol{u}_1 = (1/\sqrt{2}, 1/\sqrt{2}, 0)$，$\boldsymbol{u}_2 = (0, 0, -1)$，$\boldsymbol{u}_3 = (-1/\sqrt{2}, 1/\sqrt{2}, 0)$.

問 5.29　$W^{\perp}$ は平面 W に直交する直線である．$W^{\perp} = \{(x, y, z) \mid (x, y, z) = t(1, 2, 1)\}$.

第5章の練習問題

5.2　$W = \mathrm{span}\{\boldsymbol{v}_1, \cdots, \boldsymbol{v}_k\}$ とおく．$\boldsymbol{0} = 0\boldsymbol{v}_1 + \cdots + 0\boldsymbol{v}_k \in W$ である．また，$\boldsymbol{w} = s_1\boldsymbol{v}_1 + \cdots + s_k\boldsymbol{v}_k \in W$，$\boldsymbol{w}' = t_1\boldsymbol{v}_1 + \cdots + t_k\boldsymbol{v}_k \in W$ のとき $\boldsymbol{w} + \boldsymbol{w}' = (s_1\boldsymbol{v}_1 + \cdots + s_k\boldsymbol{v}_k) + (t_1\boldsymbol{v}_1 + \cdots + t_k\boldsymbol{v}_k) = (s_1 + t_1)\boldsymbol{v}_1 + \cdots + (s_k + t_k)\boldsymbol{v}_k \in W$．さらに，$\boldsymbol{w}'' = u_1\boldsymbol{v}_1 + \cdots + u_k\boldsymbol{v}_k \in W$ のとき $c\boldsymbol{w}'' = c(u_1\boldsymbol{v}_1 + \cdots + u_k\boldsymbol{v}_k) = (cu_1)\boldsymbol{v}_1 + \cdots + (cu_k)\boldsymbol{v}_k \in W$．よって W は部分空間である．

5.3　(1), (3), (4) は部分空間でない．(2) は部分空間（原点を通る直線）である．

5.4　$r = 3$，例えば $\boldsymbol{a}_1$，$\boldsymbol{a}_2$，$\boldsymbol{a}_3$ は線形独立で，$\boldsymbol{a}_4 = 2\boldsymbol{a}_1 - \boldsymbol{a}_2 - 2\boldsymbol{a}_3$．

5.5　例えば $\{\boldsymbol{v}_1, \boldsymbol{v}_2, \boldsymbol{v}_3\}$ は W の基底で $\dim W = 3$.

5.6　問 5.17 と同様の議論を用いる．

(1)　$\mathrm{Ker}(A) = \mathrm{span}\{\boldsymbol{v}_1, \boldsymbol{v}_2\}$，$\boldsymbol{v}_1 = (-2, 1, 3, 0)$，$\boldsymbol{v}_2 = (-4, 0, 1, 1)$.

(2)　$\mathrm{Im}(A) = \mathrm{span}\{\boldsymbol{a}_1, \boldsymbol{a}_3\}$，$(\boldsymbol{a}_2 = 2\boldsymbol{a}_1 - 3\boldsymbol{a}_3$，$\boldsymbol{a}_4 = 4\boldsymbol{a}_1 - \boldsymbol{a}_3)$.

5.7　(2)　$A = \begin{pmatrix} 0 & 1 \\ 1 & -1 \\ 1 & 1 \end{pmatrix}$　　(3)　$P = \begin{pmatrix} 1 & 1 \\ -1 & 1 \end{pmatrix}$

(5)　$Q = \begin{pmatrix} 0 & 1 & 1 \\ 1 & 0 & 1 \\ 1 & 1 & 0 \end{pmatrix}$　　(6)　$B = \dfrac{1}{2}\begin{pmatrix} 3 & 1 \\ -3 & 3 \\ 1 & -1 \end{pmatrix}$

5.8　(2)　$\boldsymbol{u}_1 = (1/2, -1/2, 1/2, 1/2)$，$\boldsymbol{u}_2 = (1/2, 1/2, 1/2, -1/2)$，$\boldsymbol{u}_3 = (1/\sqrt{2}, 0, -1/\sqrt{2}, 0)$，$\boldsymbol{u}_4 = (0, 1/\sqrt{2}, 0, 1/\sqrt{2})$　　(3)　$(2, 0, -\sqrt{2}, 2\sqrt{2})$

5.9　連立 1 次方程式 $x + 2y + z = 0$，$2x + 3y - z = 0$ を解いて $W = \mathrm{span}\{\boldsymbol{v}\}$．ただし，$\boldsymbol{v} = (5, -3, 1)$．よって，$W^{\perp}$ は原点を通り，$\boldsymbol{v}$ を法線ベクトルとする平面 $5x - 3y + z = 0$ である．

5.10　問題の意味がよくわからない場合は，$n = 2$ または $n = 3$ の場合で考えてみよ．

(3) $\begin{pmatrix} 0 & 1 & 0 & 0 & \cdots & 0 \\ 0 & 0 & 2 & 0 & \cdots & 0 \\ 0 & 0 & 0 & 3 & \cdots & 0 \\ \vdots & \vdots & \vdots & \vdots & \ddots & \vdots \\ 0 & 0 & 0 & 0 & \cdots & n \\ 0 & 0 & 0 & 0 & \cdots & 0 \end{pmatrix}$

第 6 章の問

問 6.1　(1)　$\lambda_1 = 2+\sqrt{3}i,\ \lambda_2 = 2-\sqrt{3}i,\ \boldsymbol{v}_1 = (2, 1-\sqrt{3}i),\ \boldsymbol{v}_2 = (2, 1+\sqrt{3}i)$
(2)　$\lambda_1 = 2$ (2 重解), $\boldsymbol{v}_1 = (1, -1)$
(3)　$\lambda_1 = 1,\ \lambda_2 = -1,\ \lambda_3 = 2,\ \boldsymbol{v}_1 = (2, 1, 1),\ \boldsymbol{v}_2 = (1, 0, 1),\ \boldsymbol{v}_3 = (1, -1, 1)$
(4)　$\lambda_1 = 1,\ \lambda_2 = \lambda_3 = 2$ (2 重解), $\boldsymbol{v}_1 = (1, 1, -2),\ \boldsymbol{v}_2 = (1, 0, 1),\ \boldsymbol{v}_3 = (0, 1, -2)$

問 6.2　定理 6.1 の証明と同様の議論を用いる．$m-1$ 個の固有ベクトル $\boldsymbol{v}_1, \cdots, \boldsymbol{v}_{m-1}$ が線形独立であると仮定して，m 個の固有ベクトル $\boldsymbol{v}_1, \cdots, \boldsymbol{v}_m$ が線形独立であることを示す．

$$(*)\qquad x_1\boldsymbol{v}_1 + \cdots + x_m\boldsymbol{v}_m = \boldsymbol{0}$$

とおく．この両辺に A を左から掛けると $x_1A\boldsymbol{v}_1 + \cdots + x_mA\boldsymbol{v}_m = \boldsymbol{0}$ すなわち $x_1\lambda_1\boldsymbol{v}_1 + \cdots + x_m\lambda_m\boldsymbol{v}_m = \boldsymbol{0}$ を得る．式 $(*)$ の両辺に λ_m を掛けて，この式と引き算して $x_1(\lambda_1 - \lambda_m)\boldsymbol{v}_1 + \cdots + x_{m-1}(\lambda_{m-1} - \lambda_m)\boldsymbol{v}_{m-1} = \boldsymbol{0}$. 帰納法の仮定より，$\boldsymbol{v}_1, \cdots, \boldsymbol{v}_{m-1}$ が線形独立なので，$x_1(\lambda_1 - \lambda_m) = \cdots = x_{m-1}(\lambda_{m-1} - \lambda_m) = 0$ である．$\lambda_1, \cdots, \lambda_m$ は相異なるから，$x_1 = \cdots = x_{m-1} = 0$ となる．よって，$x_m\boldsymbol{v}_m = \boldsymbol{0}$ と $\boldsymbol{v}_m \neq \boldsymbol{0}$ により $x_m = 0$ を得る．

問 6.3　$n = 3$ のときは $|A - \lambda E| = (\lambda_1 - \lambda)(\lambda_2 - \lambda)(\lambda_3 - \lambda)$ の両辺を比較する．$\lambda = 0$ とおくと $|A| = \lambda_1\lambda_2\lambda_3$ を得る．また, $|A-\lambda E| = -\lambda^3 + (a_{11}+a_{22}+a_{33})\lambda^2 + \cdots$ であるから $\mathrm{tr}\,A = \lambda_1 + \lambda_2 + \lambda_3$ となる．一般の n のときも同様に考えられる．

問 6.4　(1)　$P = \begin{pmatrix} 1 & 1 & 1 \\ 1 & 1 & 0 \\ -1 & 0 & 1 \end{pmatrix}, \qquad P^{-1}AP = \begin{pmatrix} 2 & 0 & 0 \\ 0 & 3 & 0 \\ 0 & 0 & 3 \end{pmatrix},$

$$A^n = \begin{pmatrix} 2^n & -2^n + 3^n & -2^n + 3^n \\ 2^n - 3^n & -2^n + 2\cdot 3^n & -2^n + 3^n \\ -2^n + 3^n & 2^n - 3^n & 2^n \end{pmatrix}$$

(2) $P=\begin{pmatrix}1&-2&1\\-1&1&-1\\0&2&-2\end{pmatrix},\quad P^{-1}AP=\begin{pmatrix}1&0&0\\0&2&0\\0&0&3\end{pmatrix},$

$$A^n=\begin{pmatrix}2^{n+1}-3^n & -1+2^{n+1}-3^n & \frac{1}{2}-\frac{1}{2}\cdot 3^n\\ -2^n+3^n & 1-2^n+3^n & -\frac{1}{2}+\frac{1}{2}\cdot 3^n\\ -2^{n+1}+2\cdot 3^n & -2^{n+1}+2\cdot 3^n & 3^n\end{pmatrix}$$

問 6.5　(1)　対称でない．

(2)　対称．$\lambda_1=1,\ \lambda_2=-1,\ \boldsymbol{v}_1=(1/\sqrt{2},-1/\sqrt{2}),\ \boldsymbol{v}_2=(1/\sqrt{2},1/\sqrt{2})$

(3)　対称でない．

問 6.6　(1)　$U=\frac{1}{\sqrt{2}}\begin{pmatrix}1&-1\\1&1\end{pmatrix},\quad {}^tUAU=\begin{pmatrix}4&0\\0&2\end{pmatrix},$

$$A^n=\frac{1}{2}\begin{pmatrix}4^n+2^n & 4^n-2^n\\ 4^n-2^n & 4^n+2^n\end{pmatrix}$$

(2)　対称でない．

(3)　$U=\frac{1}{\sqrt{5}}\begin{pmatrix}2&-1\\1&2\end{pmatrix},\quad {}^tUAU=\begin{pmatrix}8&0\\0&3\end{pmatrix},$

$$A^n=\frac{1}{5}\begin{pmatrix}4\cdot 8^n+3^n & 2\cdot 8^n-2\cdot 3^n\\ 2\cdot 8^n-2\cdot 3^n & 8^n+4\cdot 3^n\end{pmatrix}$$

問 6.10　2 次直交行列 $U=(\boldsymbol{u}_1\ \boldsymbol{u}_2)$ の場合と同様の議論を用いる．

問 6.11　(1)　対称．$U=\begin{pmatrix}-\frac{1}{\sqrt{6}} & \frac{1}{\sqrt{3}} & -\frac{1}{\sqrt{2}}\\ \frac{2}{\sqrt{6}} & \frac{1}{\sqrt{3}} & 0\\ -\frac{1}{\sqrt{6}} & \frac{1}{\sqrt{3}} & \frac{1}{\sqrt{2}}\end{pmatrix},\quad {}^tUAU=\begin{pmatrix}6&0&0\\0&-3&0\\0&0&-2\end{pmatrix}$

(2)　対称でない　　(3)　対称でない　　(4)　対称．$U=\frac{1}{3}\begin{pmatrix}1&2&2\\-2&2&-1\\2&1&-2\end{pmatrix},$

$$ {}^tUAU = \begin{pmatrix} 0 & 0 & 0 \\ 0 & 3 & 0 \\ 0 & 0 & -3 \end{pmatrix} $$

問 6.12　双曲線 ${y_1}^2 - 2{y_2}^2 = 1$

問 6.13　2 次形式 $f(x, y)$ に対応する対称行列

$$ A = \begin{pmatrix} a & b \\ b & c \end{pmatrix} $$

の固有値 λ_1, λ_2 が正であることを示せばよい．定理 6.2 より $\lambda_1\lambda_2 = |A| = ac - b^2 > 0$ と $\lambda_1 + \lambda_2 = a + c$ である．一方，$ac > b^2 > 0$ と $a > 0$ より $c > 0$ なので $a + c > 0$. よって，$\lambda_1 + \lambda_2 > 0$ となり，$\lambda_1, \lambda_2 > 0$.

問 6.14　$(x, y) = \pm(2/\sqrt{5}, 1/\sqrt{5})$ のとき最大値 2，$(x, y) = \pm(1/\sqrt{5}, -2/\sqrt{5})$ のとき最小値 -3.

問 6.15　(1)　$P = \begin{pmatrix} 3 & 1 \\ -3 & 0 \end{pmatrix}$，$P^{-1}AP = \begin{pmatrix} 4 & 1 \\ 0 & 4 \end{pmatrix}$

(2)　$P = \begin{pmatrix} -3 & 2 \\ 2 & -1 \end{pmatrix}$，$P^{-1}AP = \begin{pmatrix} -2 & 1 \\ 0 & -2 \end{pmatrix}$

第 6 章の練習問題

6.1　(1)　$P = \begin{pmatrix} 1 & 0 & -1 \\ 1 & 1 & 4 \\ 1 & 1 & 1 \end{pmatrix}$，$P^{-1}AP = \begin{pmatrix} 1 & 0 & 0 \\ 0 & -2 & 0 \\ 0 & 0 & -5 \end{pmatrix}$

(2)　$P = \begin{pmatrix} 1 & 1 & 0 \\ -3 & 0 & 1 \\ -1 & -2 & -2 \end{pmatrix}$，$P^{-1}AP = \begin{pmatrix} -1 & 0 & 0 \\ 0 & 4 & 0 \\ 0 & 0 & 4 \end{pmatrix}$

(3)　$P = \begin{pmatrix} 1 & 1 & 0 & 1 \\ 0 & -2 & -1 & -1 \\ -1 & 0 & 1 & 0 \\ 1 & 1 & 0 & 2 \end{pmatrix}$，$P^{-1}AP = \begin{pmatrix} 0 & 0 & 0 & 0 \\ 0 & 2 & 0 & 0 \\ 0 & 0 & 1 & 0 \\ 0 & 0 & 0 & 1 \end{pmatrix}$

6.2　(1)　A は正則なので $|A| \neq 0$ である．一方，定理 6.2 より $|A| = \lambda_1 \cdots \lambda_n$ である．よって，$\lambda_1 \cdots \lambda_n \neq 0$
(2)　$A\boldsymbol{v} = \lambda\boldsymbol{v}$ とおく．この両辺に A^{-1} を左から掛けて $\boldsymbol{v} = \lambda A^{-1}\boldsymbol{v}$．(1) より $\lambda \neq 0$ なので $A^{-1}\boldsymbol{v} = \lambda^{-1}\boldsymbol{v}$．

6.3　補題 6.1 と行列式の転置不変性（4.3 節）より，$|A - \lambda E| = |{}^t(A - \lambda E)| = |{}^tA - \lambda{}^tE| = |{}^tA - \lambda E|$ であるから，A と ${}^tA$ の固有方程式（多項式）は等しい．

6.4　$A\boldsymbol{0} = \boldsymbol{0} = \lambda\boldsymbol{0}$ より $\boldsymbol{0} \in V_\lambda$ である．$\boldsymbol{v}_1, \boldsymbol{v}_2 \in V_\lambda$ とすると，$A(\boldsymbol{v}_1 + \boldsymbol{v}_2) = A\boldsymbol{v}_1 + A\boldsymbol{v}_2 = \lambda\boldsymbol{v}_1 + \lambda\boldsymbol{v}_2 = \lambda(\boldsymbol{v}_1 + \boldsymbol{v}_2)$．よって，$\boldsymbol{v}_1 + \boldsymbol{v}_2 \in V_\lambda$．$\boldsymbol{v}_3 \in V_\lambda$ とすると，$A(c\boldsymbol{v}_3) = cA\boldsymbol{v}_3 = c(\lambda\boldsymbol{v}_3) = \lambda(c\boldsymbol{v}_3)$．よって，$c\boldsymbol{v}_3 \in V_\lambda$．

6.5　A の固有ベクトルからなる正規直交基底を用いて $U = (\boldsymbol{u}_1 \ \cdots \ \boldsymbol{u}_n)$ とおくと，$AU = UD$ である．ここで，D は A の固有値からなる対角行列である．このとき，$A = UD\,{}^tU$ である．D は対角行列なので対称行列であり，${}^tD = D$．よって，補題 6.1 を用いて ${}^tA = {}^t(UD\,{}^tU) = {}^t({}^tU)\,{}^tD\,{}^tU = UD\,{}^tU = A$．

6.6　(1)〜(3)　例題 6.4 の議論を用いる．

6.7　上の練習問題 6.6 の議論を用いる．
(1)　楕円　$x'^2 + 6y'^2 = 5/2$　　(2)　双曲線　$2y'^2 - 3x'^2 = 1$
(3)　放物線　$y' = -(\sqrt{5}/2)x'^2$

6.8　(2)　$\boldsymbol{u}_1 = (1/\sqrt{3}, 1/\sqrt{3}, 1/\sqrt{3})$
(4)　$\boldsymbol{u}_2 = (1/\sqrt{2}, -1/\sqrt{2}, 0)$，$\boldsymbol{u}_3 = (1/\sqrt{6}, 1/\sqrt{6}, -2/\sqrt{6})$

6.9　(1)　$U = \dfrac{1}{3}\begin{pmatrix} 2 & -2 & 1 \\ 1 & 2 & 2 \\ 2 & 1 & -2 \end{pmatrix}$，${}^tUAU = \begin{pmatrix} 2 & 0 & 0 \\ 0 & 5 & 0 \\ 0 & 0 & -1 \end{pmatrix}$

(2)　$U = \dfrac{1}{\sqrt{2}}\begin{pmatrix} 1 & 0 & 0 & 1 \\ 0 & 1 & 1 & 0 \\ 0 & 1 & -1 & 0 \\ 1 & 0 & 0 & -1 \end{pmatrix}$，${}^tUAU = \begin{pmatrix} 1 & 0 & 0 & 0 \\ 0 & 1 & 0 & 0 \\ 0 & 0 & -1 & 0 \\ 0 & 0 & 0 & -1 \end{pmatrix}$

6.10 $A = \begin{pmatrix} 1 & 0 & 0 \\ 0 & 3 & -1 \\ 0 & -1 & 3 \end{pmatrix}$, $\boldsymbol{x} = \begin{pmatrix} x \\ y \\ z \end{pmatrix}$ とおくと, 与えられた曲面は ${}^t\boldsymbol{x}A\boldsymbol{x} = 4$ と表せる．例題 6.4 と同様の議論により, 座標変換 $\boldsymbol{x} = U\boldsymbol{y}$, $U = \dfrac{1}{\sqrt{2}}\begin{pmatrix} \sqrt{2} & 0 & 0 \\ 0 & 1 & 1 \\ 0 & 1 & -1 \end{pmatrix}$, $\boldsymbol{y} = \begin{pmatrix} X \\ Y \\ Z \end{pmatrix}$ を行って，$X^2/4 + Y^2/2 + Z^2 = 1$.

6.11 $A = \begin{pmatrix} 1 & 1 & 2 \\ 1 & 2 & 1 \\ 2 & 1 & 1 \end{pmatrix}$， $\boldsymbol{x} = \begin{pmatrix} x \\ y \\ z \end{pmatrix}$ とおくと，$f(x,y,z) = {}^t\boldsymbol{x}A\boldsymbol{x}$ と表せる．A の固有値は，$\lambda = 4, 1, -1$ であり，対応する大きさ 1 の固有ベクトルはそれぞれ $\boldsymbol{v}_1 = \pm(1/\sqrt{3}, 1/\sqrt{3}, 1/\sqrt{3})$，$\boldsymbol{v}_2 = \pm(1/\sqrt{6}, -2/\sqrt{6}, 1/\sqrt{6})$，$\boldsymbol{v}_3 = \pm(1/\sqrt{2}, 0, -1/\sqrt{2})$ である．例題 6.5 と同様の議論により，$f(x,y,z)$ は $(x,y,z) = \pm(1/\sqrt{3}, 1/\sqrt{3}, 1/\sqrt{3})$ のとき最大値 4，$(x,y,z) = \pm(1/\sqrt{2}, 0, -1/\sqrt{2})$ のとき最小値 -1 をとる．

6.12 (2) $P = \begin{pmatrix} 1 & 0 \\ -2 & 1 \end{pmatrix}$， $P^{-1}AP = \begin{pmatrix} 7 & 1 \\ 0 & 7 \end{pmatrix}$， $A^n = 7^{n-1}\begin{pmatrix} 2n+7 & n \\ -4n & -2n+7 \end{pmatrix}$

6.13 与えられた行列を A とする．

(1) A の固有値は $\lambda = 3$ (3 重根)．連立 1 次方程式 $(A - 3E)\boldsymbol{v}_1 = \boldsymbol{0}$ を解いて $\boldsymbol{v}_1 = (0,1,1)$．次に，$(A - 3E)\boldsymbol{v}_2 = \boldsymbol{v}_1$ を解いて $\boldsymbol{v}_2 = (-1,-1,0)$．最後に，$(A - 3E)\boldsymbol{v}_3 = \boldsymbol{v}_2$ を解いて $\boldsymbol{v}_3 = (2,0,-1)$．よって

$$P = \begin{pmatrix} 0 & -1 & 2 \\ 1 & -1 & 0 \\ 1 & 0 & -1 \end{pmatrix}, \quad P^{-1}AP = \begin{pmatrix} 3 & 1 & 0 \\ 0 & 3 & 1 \\ 0 & 0 & 3 \end{pmatrix}.$$

(2) A の固有値は $\lambda = 2$ と 1 (2 重根)．連立 1 次方程式 $(A - 2E)\boldsymbol{v}_1 = \boldsymbol{0}$ を解いて $\boldsymbol{v}_1 = (3,1,-1)$．次に，$(A - E)\boldsymbol{v}_2 = \boldsymbol{0}$ を解いて $\boldsymbol{v}_2 = (0,1,1)$．最後に，$(A - E)\boldsymbol{v}_3 = \boldsymbol{v}_2$ を解いて $\boldsymbol{v}_3 = (1,1,0)$．よって

$$P = \begin{pmatrix} 3 & 0 & 1 \\ 1 & 1 & 1 \\ -1 & 1 & 0 \end{pmatrix}, \quad P^{-1}AP = \begin{pmatrix} 2 & 0 & 0 \\ 0 & 1 & 1 \\ 0 & 0 & 1 \end{pmatrix}.$$

索　引

【い】

1 次結合　34, 144
1 次写像　158
1 次従属　33
1 次独立　32, 140
1 次変換　13, 54, 158
1 対 1 写像　217
一般化固有ベクトル　210

【う】

ヴァンデルモンドの行列式　132
上への写像　218

【え】

エルミート行列　223
演算　218

【か】

階数　91
外積　47
階段行列　95
核　159, 162
拡大係数行列　97
加法群　219
環　219

【き】

奇置換　110
基底　37, 147
基底変換　170
基本行列　87
基本変形　83, 88
逆行列　11, 79
逆元　219
逆写像　218
逆変換　25
球面　58
行　7
行ベクトル　7, 60
共役転置行列　223
共役複素数　221
行列　6, 59
行列式　11, 105, 108, 112
虚数単位　220
虚部　221

【く】

空集合　217
偶置換　110
クラメルの公式　106, 131
クロネッカーのデルタ　67
群　219

【け】

係数行列　9, 97
計量ベクトル空間　175
ケーリー・ハミルトンの定理　41
元　216

【こ】

合成写像　218
合成変換　24
交代行列　131
恒等写像　218
固有空間　210
固有多項式　185
固有値　27, 184
——の幾何学的次元　210
——の代数的次元　210
固有ベクトル　27, 184
固有方程式　185

【さ】

座標　36, 150
サラスの方法　108

【し】

次元　37, 148
実部　221
写像　217
集合　216
シュミットの直交化法　178
小行列式　118
ジョルダン細胞　211
ジョルダン標準形　210

【す】

数ベクトル空間　136

【せ】

正規直交基底　174

正規直交系　178
正則行列　79
正値対称行列　206
正値 2 次形式　206
成分　7, 60
正方行列　60
零行列　10, 64
線形空間　135
線形結合　34, 144
線形写像　156
線形従属　33
線形性　20, 156
線形独立　32, 140
線形部分空間　137
線形変換　156
全射　218
全単射　218

【そ】

像　159, 162

【た】

体　220
対角化　29, 192
対角行列　30, 192
対角成分　7
退化固有値　210
退化固有ベクトル　210
対称行列　195
単位行列　10, 64
単位元　219
単射　217

【ち】

置換　110
直線のベクトル方程式　5, 49
直和　154
直交行列　198
直交補空間　180

【て】

転置行列　68

【と】

トレース　190

【な】

内積　3, 45, 175

【に】

2 次曲線　203, 204
——の標準化　203
2 次曲面　204
2 次形式　205, 207, 208
——の最小値と最大値　205

【の】

ノルム　175

【は】

掃き出し法　72

【ひ】

左基本変形　88
表現行列　165, 168
標準基底　37

【ふ】

複素計量ベクトル空間　222
複素数　221
複素内積　222
複素ベクトル空間　222
部分空間　137
部分集合　216

【へ】

平面
——の 1 次方程式　51
——のベクトル方程式　50
ベクトル空間　135
変換　217

【ほ】

法線ベクトル　50

【み】

右基本変形　88
右手系　47

【ゆ】

有限次元ベクトル空間　148
ユニタリ行列　223
ユニタリ空間　222
ユニタリ内積　222

【よ】

余因子　119
余因子行列　127, 133
余因子展開　119, 121
要素　216

【ら】

ランク　91, 146
ランク標準形　91

【れ】

零行列　10, 64
列　7
列ベクトル　7, 60

【わ】

和空間　153
和集合　217

著者略歴

桑村　雅隆（くわむら　まさたか）

1964年山口県生まれ．1988年広島大学理学部卒業，1994年広島大学大学院理学研究科博士課程修了．同年広島商船高等専門学校講師，1995年和歌山大学システム工学部講師，2002年神戸大学発達科学部助教授，2007年神戸大学大学院人間発達環境学研究科准教授，2013年より神戸大学大学院人間発達環境学研究科教授，現在に至る．博士（理学）．

線形代数学入門 — 平面上の1次変換と空間図形から —

2016年 2 月25日　第1版1刷発行
2024年 9 月25日　第1版3刷発行

検印
省略

定価はカバーに表示してあります．

著作者　桑　村　雅　隆
発行者　吉　野　和　浩
発行所　東京都千代田区四番町 8-1
電　話　03-3262-9166（代）
郵便番号　102-0081
株式会社　裳　華　房
印刷所　三美印刷株式会社
製本所　牧製本印刷株式会社

一般社団法人
自然科学書協会会員

ISBN 978-4-7853-1566-5